BASTEI LÜBBE

Ervin Laszlo

DAS FÜNFTE FELD

Materie, Geist und Leben – Vision der neuen Wissenschaften

Aus dem Englischen von
Peter A. Schmidt

BASTEI LÜBBE

BASTEI LÜBBE TASCHENBUCH
Band 60477

1. Auflage: April 2000
2. Auflage: Januar 2002

Bastei Lübbe Taschenbücher ist ein Imprint
der Verlagsgruppe Lübbe

Deutsche Erstveröffentlichung

Die Originalausgabe erschien 1996 unter dem Titel
»The Whispering Pond« bei Element Books, Inc.
Rockport, Ma. 01966, USA.

Textredaktion: Martin Sulzer-Reichel
Einbandgestaltung: Guido Klütsch, Köln
Titelfotos: Image Bank, Düsseldorf (Sonne);
Tony Stone, München (Auge)
Satz: Siebel, Lindlar
Druck und Verarbeitung: Elsnerdruck, Berlin
Printed in Germany
ISBN 3-404-60477-6

Sie finden uns im Internet unter
http://www.luebbe.de

Der Preis dieses Bandes versteht sich einschließlich
der gesetzlichen Mehrwertsteuer.

INHALT

VORWORT I

Von David Loye
Co-Direktor des Center for Partnership Studies, Carmel, Kalifornien

Es ist ein Merkmal dieses Jahrhunderts, daß die wissenschaftlichen »Wahrheiten« der Moderne zunehmend an Gültigkeit verlieren. Seit ungefähr zehn Jahren hagelt es Meldungen, daß man von mühsam gewonnenen »neuesten Erkenntnissen« wieder abgekommen sei, wobei uns im gleichen Atemzug noch neuere »neueste Erkenntnisse« präsentiert werden. Im Bereich der Thermodynamik und der chemischen Vorgänge, auf denen sich die unbelebte und die belebte Natur aufbaut, zeichnete Ilya Prigogine das bisherige Weltbild eines Kosmos im Spannungsfeld von Ordnung und Chaos neu und entwarf das Bild einer Ordnung, die im, aus dem und durch das Chaos gewährleistet wird. In der Hirnforschung stieß Karl Pribram unsere Vorstellungen vom Funktionieren des Gehirns mit einer geheimnisvollen mathematischen Mixtur aus holographischer und holonomischer Theorie völlig um. In der Physik trieb David Bohm in seiner Theorie von der kraftvollen Wechselwirkung einer überzeitlichen impliziten Ordnung mit unserer zeitlich definierten expliziten Ordnung den »mystischen« Einschlag, der sich schon bei Niels Bohr andeutet, bis zum Äußersten voran. Schließlich erschütterte Rupert Sheldrake mit seinem Argument, daß sich kumulative und ewige morphogenetische Felder im Massengedächtnis einprägen, die Biologie – und nicht nur diese, sondern sämtliche Kommunikationswissenschaften im weitesten Sinne des Begriffs.

Jedesmal, wenn eine dieser neuen Sichtweisen auf den Plan trat, erhoben die Wächter der herrschenden Meinung warnend ihre Stimme. Doch von Anfang an hatten die »Häretiker« etwas zu bieten, was Tausenden von Lesern, den Laien wie den Fachleuten, plausibel erschien. Auch wenn sich manche dieser Theorien mit dem Fortschreiten der Wissenschaft als Irrwege erwiesen, machten sie jedenfalls deutlich, daß es eine Vielzahl neuer »Wahrheiten« gab, die nicht nur auf ihre Entdeckung warteten, sondern – wegen ihres Potentials, das längst fällige Umdenken in Gang zu setzen – vielmehr geradezu darauf drängten, ans Licht gebracht zu werden.

Die Erkenntnisse dieser neuen Forscher – und vieler anderer Wissenschaftler aller modernen Disziplinen – bilden das Gedankengut, das Ervin Laszlo mit seinem bekannten Talent für die schlüssige Synthese grundlegenden Wissens in souveräner Weise zusammenfaßt. Eine der Schwierigkeiten bei der Darstellung dieser neuen Erkenntnisse ergibt sich aus ihrer Bruchstückhaftigkeit. Deshalb ist es ratsam, sie in einen sinnvollen Zusammenhang zu bringen. Da uns das Wissen um den Gesamtzusammenhang jedoch fehlt und somit die Zuordnung der diversen vorhandenen Fragmente schwerfällt, besteht die Gefahr, daß uns die Erkenntnisse, die sie zu vermitteln vermögen, allzu schnell wieder entgleiten. Ein weiteres Problem hängt eng damit zusammen: Die aktuellsten Entwicklungen der »neuen Wissenschaft« erreichen uns als Fragmente in der jeweiligen speziellen Fachsprache und der Vorstellungswelt von hochkomplexen und ihre Grenzen oftmals auf verwirrende Weise sprengenden Einzelwissenschaften. Wir tun zwar so, als ob wir verstünden, aber wenn wir ehrlich sind, muß praktisch jeder von uns zugeben, daß es schwerfällt, in dieser Informationsflut nicht unterzugehen.

Laszlo zeigt in seinem Buch die seltene Gabe, unsere bisherigen Einblicke in einen neuen Kosmos zu einem sinnvollen und verständlichen Ganzen zu verknüpfen. Für viele Leser wird »Das fünfte Feld« zu einer höchst reizvollen intellektuellen Reise werden. Das Buch zeigt auf vorbildliche Weise, wie der kühne Durchbruch des Denkens präsentiert werden sollte, den unsere Zeit so dringend braucht. Die Disziplin, die Weite des Blicks und die Argumentationsschärfe dieses Buches erinnern an die brillante Geistesschärfe der Philosophen vergangener Jahrhunderte. Dabei kommt uns heute aber zusätzlich zugute, daß Laszlo sich in den neuesten Entwicklungen der modernen Wissenschaft auf anregendste Weise zu bewegen versteht. Dieses Buch ist jedoch weitaus mehr als die dringend notwendige Zusammenfassung des bisherigen Denkens: Bei seiner Lektüre, die uns die neuen Gebiete der Wissenschaft näher bringt, entpuppt es sich als das Tagebuch eines Forschers im Entdeckungsprozeß. Ein Forscher, der seiner Zeit um einige Jahre voraus ist, führt den Leser in das Fundament eines im Aufbau befindlichen Gedankengebäudes und zieht diesen Bau um den Leser herum allmählich hoch.

Laszlo entwickelt sein »quasi-gesamtheitliches Konzept« aus der Verschmelzung der »Supertheorien« der neuen Physik (inflationäres Weltall, Schwarze Löcher, Superstrings et cetera) mit den neuen Evolutionstheorien allen Lebens, einschließlich unseres menschlichen. Auf diese Weise läßt er das neue Weltbild der Wissenschaft zum Vorschein kommen. Man erhält einen Eindruck von der Großartigkeit dieser neuen Vision, wenn man sie als eine Darstellung des Werdens und der Entwicklung der Natur betrachtet, als eine neue Sicht der Dinge, die sich, ausgehend von der physikalischen Realität, bis zu den entrückten Sphären des Lebens, des Geistes und des Bewußtseins emporschwingt. Dieses sich entwickelnde und in seiner Gesamtheit als Feld aufgefaßte Universum koppelt alles, was wir tun und denken, zu uns zurück. In diesen Kosmos sind wir nicht nur eingebettet, wir sind ein Teil davon. Unserem isolierten Verstand mag der Kosmos absolut und fremd erscheinen, aber auch dann fordert er unser Staunen heraus – denn er ist ein Universum schöpferischer Querverbindungen, nämlich der auf Information und Erinnerung beruhenden Evolution.

In dieser neuen Entwicklung wird die Wissenschaft zum Instrument der Bewahrung der Ganzheit des Universums und damit auch der Ganzheit von allem, was darin existiert, einschließlich unserer selbst samt unserer Gedanken, Gefühle, Träume und Hoffnungen – und vor allem unserer Visionen und unserer Kreativität.

Laszlos Fähigkeit sowohl zur Zusammenfassung als auch zur Neuerung zeigt sich insbesondere in seinem Geschick, die entscheidenden bislang ungelösten Fragen einer ganzen Reihe von Wissenschaftsgebieten herauszuarbeiten. Mit faszinierendem Einfallsreichtum legt er das eine um das andere Mal dar, wie ein Schlüsselkonzept – und die sich dahinter entfaltende ganzheitliche Sicht – eine durchaus nicht fragmentarische, sondern eben ganzheitliche Antwort auf die jeweiligen »Schwarzen Löcher« unseres Verständnisses von Bewußtsein und Kosmos zu liefern vermag.

In diesem Zusammenhang möchte ich besonders auf die von Laszlo dargelegten kosmologischen Implikationen hinweisen. Es ist eine Tour de force, die zu großen Hoffnungen für die langfristige Zukunft der

Menschheit Anlaß gibt. Laszlo schildert nicht einfach einen einmaligen Urknall, den »Big Bang«, dem ein allmählicher vollständiger Ausgleich bis zum absoluten Stillstand folgt. Vielmehr führt er uns eine dauernde Abfolge von wiederkehrenden Universen vor Augen, die durch Informationen, die im »Gedächtnis« eines allumfassenden Feldes gespeichert sind, miteinander verbunden bleiben. In diesem Zusammenhang bietet er uns auch die seit vielen Jahren wohl produktivsten Ausführungen zu zwei Themen, denen ein besonders breit gestreutes Interesse gilt. Das eine sind die von der offiziellen Wissenschaft bislang ausgegrenzten sogenannten Psi-Phänomene (von der Telepathie bis zur Re-inkarnations-Therapie) und die Frage, wie sich diese in das überkommene Bild des Lebendigen einfügen lassen. Das andere Thema ist der Brückenschlag zwischen dem fernöstlichen und dem abendländischen Denken, zwischen spirituellem Verstehen und experimenteller Wissenschaft.

In einem kritischen Augenblick der menschlichen Evolution leistet Laszlos »Das fünfte Feld« einen außergewöhnlichen Beitrag zu unserem Selbstverständnis. Dieses Buch gibt uns auf anschauliche Weise entscheidende Teilstücke einer ans Licht drängenden »Wahrheit« an die Hand. Darüber hinaus vermittelt es uns das bislang noch unterentwickelte, aber noch viel wichtigere Bewußtsein von einem sinnerfüllten Ganzen, in das sich diese Teilstücke einfügen. Das Buch selbst wie auch die wegweisende wissenschaftliche Untersuchung, auf der es fußt – Laszlos zuvor veröffentlichtes Werk »The Interconnected Universe« – erinnern an das epochemachende Werk des 18. Jahrhunderts, an »Die Kritik der reinen Vernunft«. Auch da hat ein Philosoph mit einer ähnlich frappierenden Fähigkeit zu integrativem Denken – Immanuel Kant – die Fesseln der Wissenschaft und Philosophie seiner Zeit in seiner Synthese so nachhaltig zu sprengen vermocht, daß er den Rahmen für praktisch das gesamte moderne Denken schuf. Man darf gespannt sein, ob sich die Geschichte wiederholt.

VORWORT II

Von Karan Singh
Präsident des International Centre for Science, Culture and Consciousness
Jammu und New Delhi, Indien

Vielleicht wird sich die wachsende Konvergenz zwischen dem (vorwiegend, aber keineswegs ausschließlich ostasiatischen) mystischen Weltverständnis und dem Paradigma der wissenschaftlichen Realität, das langsam an der vordersten Front der zeitgenössischen Forschung zum Vorschein kommt, als die bedeutsamste unter den neueren Entwicklungen erweisen. Zwar haben sich bereits einige wichtige Bücher mit diesem Thema auseinandergesetzt, dem aber dennoch bislang keine gebührende Beachtung zuteil wurde. »Das fünfte Feld«, das letzte Buch in einer Reihe von wichtigen Werken, mit denen Ervin Laszlo die Topographie der Realität nachzeichnet, füllt diese Lücke und leistet damit einen beträchtlichen Beitrag zur Korrektur dieses Mißstandes.

Das Buch zeigt mit verblüffender Prägnanz und Klarheit eine atemberaubende Perspektive auf. Sein bemerkenswertestes Ergebnis lautet, daß der Kosmos höchstwahrscheinlich einem offenen Schicksal entgegensieht. Seine Geschicke und seine Bestimmung sind nicht besiegelt. Die Zukunft wird nicht nur stattfinden, sie wird wahrscheinlich sogar kreativ gestaltet werden können. Hier zeigt sich eine frappierende Ähnlichkeit mit der von dem bedeutendsten modernen hinduistischen Philosophen, Sri Aurobindo, vertretenen These, die besagt, daß mit dem Menschen zum ersten Mal ein Geschöpf auf den Plan getreten sei, das aktiv mit den Kräften der Evolution zusammenarbeiten kann und muß, um den Evolutionsprozeß zu beschleunigen. Und der nächste Entwicklungsschritt des Menschen wird sich nicht im äußeren Bereich seiner körperlichen Merkmale vollziehen, sondern in der inneren Konstellation des Bewußtseins. Das hinduistische Konzept des Yoga – das durch psycho-physische Praktiken das menschliche mit dem kosmischen Bewußtsein verknüpft – liefert uns eine Methode, die es erlaubt, diesen Übergang kreativ zu vollziehen. Im Westen haben C. G. Jung und Teilhard de Chardin, um nur zwei herausragende Denker zu nennen, in ihren Werken einen ähnlichen und vergleichbaren Versuch zur Erforschung der ganzen Tragweite der Evolution des Bewußtseins unternommen.

Angesichts der Globalisierung der menschlichen Zivilisation, die sich vor unseren Augen abspielt, ist die Ausbildung eines globalen Bewußtseins dringend geboten, wenn es nicht dazu kommen soll, daß die Menschheit durch ihre Unfähigkeit zum verantwortungsvollen Umgang mit ihren technischen Möglichkeiten sich und alles andere Leben auf diesem Planeten vernichtet. Die notwendige Voraussetzung für die Entwicklung eines solchen globalen Bewußtseins ist ein Weltverständnis, in dem sich Wissenschaft und Spiritualität versöhnlich die Hand reichen. Und die Veröffentlichung von »Das fünfte Feld« ist ein wesentlicher Schritt auf dem Weg zu diesem Ziel.

Das im Schlußkapitel skizzierte Bild vom kosmischen Reigen eines allem zugrunde liegenden, subtilen universalen Feldes weist interessante Parallelen und Gleichklänge mit hinduistischem Gedankengut auf. Wie Laszlo schreibt, ist die Möglichkeit nicht mehr von der Hand zu weisen, daß der Kosmos aus mehr als dem blinden Fließen von Energieströmen und zufällig auftauchenden und wieder verschwindenden Ansammlungen von Materie besteht. Eine der frühesten und gewiß umfassendsten Darstellungen dieses Standpunktes liefert die Welterklärung der Upanishaden. An deren Anfang steht die Vorstellung, daß sich hinter dem unablässigen Wandel der jeweiligen Erscheinungsformen von Materie und Energie – sei es im intergalaktischen, sei es im subnuklearen Bereich – der ewige und ewig gleiche Brahman befindet, das unwandelbare »Feld«, in dem und aus dem sich alles Sein manifestiert. Dieses Feld ist sozusagen die ewige Projektionsleinwand für die Phantasmagorie der Welt der Erscheinungen in den endlos großen Zyklen der Zeit.

Des weiteren findet sich in den Upanishaden die Vorstellung des *akasha* als des Elements, das alles, was je irgendwann und irgendwo im Kosmos geschah und geschieht, unablässig aufzeichnet und bewahrt, und zwar mittels eines Prozesses, der analog zu jenem zu verstehen ist, der sich, wie Laszlo es bezeichnet, im Psi-Feld vollzieht. In der »Shvetashwatara Upanishade« wird Shiva als der »Schöpfer der Zeit« und zugleich auch als ihr »Zerstörer« beschrieben. Mit anderen Worten: Während sich die Manifestationen des Ewigen in der Beschränktheit eines raum-zeitlichen Kontinuums vollziehen, geht die übergeordnete Wirklichkeit, da sie ewig ist, den periodischen Umsetzungen in eine kosmische Realität ebenso voraus, wie sie sie überlebt.

Das Bild des Shiva Nataraja, des tanzenden kosmischen Herrschers, versinnbildlicht besser als jedes andere von Menschen geschaffene Werk die neuen Dimensionen der Kosmologie. In einer seiner vier Hände hält Shiva die Trommel – das schöpferische Wort, durch das in jeder Sekunde Millionen von Galaxien erschaffen werden, und in der anderen das Feuer, das die Zerstörung eben dieser Welten symbolisiert. Das Universum wird als *samsana* begriffen, als etwas, was sich im dauernden Wandel befindet. Die Haltung der beiden anderen Hände – die eine ist in segnender Geste erhoben, die andere deutet auf seinen Fuß – ist ein Hinweis auf den Pfad des persönlichen Kontakts mit dem Göttlichen, den zu beschreiten uns im kosmischen Kreislauf von Schöpfung und Zerstörung auferlegt ist.

Das Alter unseres Universums wird gegenwärtig auf etwa acht bis fünfzehn Milliarden Jahre geschätzt. Aber dürfen wir davon ausgehen, daß es das einzige Universum ist, das existiert? Die Hindu-Kosmologie neigt zu der Vorstellung einer unendlichen Zahl von Universen, die ihre Existenz dem alles durchwaltenden Brahman verdanken. Wie groß auch die Zahl der Big Bangs gewesen sein mag, die unendliche Unerschöpflichkeit des Brahman wird davon nicht berührt. Oder wie es ein vedischer Hymnus ausdrückt: »Dies ist unendlich, das ist unendlich, das Unendliche entspringt dem Unendlichen. Wenn dem Unendlichen ein Unendliches entnommen wird, so bleibt doch das Unendliche zurück.« Auf dieser Grundlage bieten sich endlose Möglichkeiten zur schöpferischen, die Kulturen überspannenden Analyse. Es ist höchste Zeit für eine gründliche Erforschung der Parallelen zwischen der Hindu-Kosmologie und den Vorstellungen der modernen Naturwissenschaft.

Die naturwissenschaftliche Deutung des Universums, die sich momentan abzeichnet, kann durch einen eingehenden Dialog mit dem auf den Upanishaden aufbauenden Modell klarer herausgearbeitet und erleuchtet werden. Laszlo stellt sich dieser Aufgabe, und das ist der Grund, weshalb sein wegweisendes Werk nicht nur Bewunderung findet, sondern auch schöpferischen Widerhall herausfordert.

Ein besonders herausragendes Merkmal von Laszlos bislang letztem Buch »Das fünfte Feld« ist die elegante Einfachheit der Darlegungen und der besonders für den Nichtfachmann unter den Lesern wohltuende Verzicht auf jegliche mathematische Form der Darstellung. Durch seinen intensiven Erfahrungsaustausch mit einer Vielzahl von kreativen Einzelpersonen und Institutionen aus dem Bereich von Wissenschaft und Erziehung hat Laszlo ein außergewöhnliches Geschick zur Vermittlung seiner Einsichten in die Natur des von uns bewohnten Universums entwickelt – und er ist in der Lage, die Starrheiten des dualistisch-materialistischen Paradigmas (das ich das kartesianisch-newtonsch-marxistische Modell nennen möchte) zu überwinden. Das befähigt ihn zu einem tiefen Einblick in die jüngsten naturwissenschaftlichen Konzepte, aus deren Verständnis er uns begreiflich macht, weshalb die Evolution auf den weitgespannten Bahnen ihrer Entwicklung immer komplexere Phänomene von zunehmend höherer Ordnung hervorbringt und nicht etwa immer mehr Unordnung und größere Zusammenhanglosigkeit.

Unsere Milchstraße ist eine unter Milliarden, unsere Sonne ist ein Stern unter Milliarden von anderen, der Mensch ist ein Geschöpf unter Milliarden von anderen Lebewesen auf diesem Planeten – doch dieses Lebewesen Mensch ist so großartig und geheimnisvoll, daß wir uns allmählich einer Form des Begreifens dieses Mysteriums des Seins annähern können, das jenseits aller Worte liegt. Wir, Kinder der Vergangenheit wie auch der Zukunft, Kinder der Erde wie auch des Himmels, des Lichtes und der Dunkelheit, des Menschlichen und des Göttlichen, der Welt und des Jenseitigen, gleichermaßen vergänglich und ewig, zeitgebunden und zeitlos – wir sind unglaublicherweise mit einer Gabe gesegnet, die es uns gestattet, unsere eigene Situation zu erkennen, uns über die Schranken unseres irdischen Daseins zu erheben und schließlich vielleicht sogar die Überwindung des gähnenden Abgrunds von Raum und Zeit in Angriff zu nehmen. So wartet ein bislang beispielloses Abenteuer auf all jene, die sich mit der Lektüre von »Das fünfte Feld« im unsteten Schein eines Silberstreifs, der an der vordersten Forschungsfront der zeitgenössischen Naturwissenschaft aufschimmert, zu einer Reise in die noch unerforschten Gefilde des neuen Bewußtseins aufmachen.

EINLEITUNG

Im Jahre 1597, beinahe ein Jahrhundert vor Newton, prägte der englische Philosoph Francis Bacon den Satz »Wissen ist Macht«. Heute gilt dieses geflügelte Wort mehr denn je, allerdings unter dem Vorbehalt, daß das fragliche Wissen wissenschaftlichen Ursprungs zu sein hat oder doch zumindest eine gewisse wissenschaftliche Legitimation aufweisen muß. Die Wissenschaft ist zu einer bedeutenden, wenn nicht zur bedeutendsten Kraft bei der Gestaltung der heutigen Welt avanciert.

Die Wissenschaft hat sich, ob es uns nun gefällt oder nicht, zu einer Art weltlicher Religion entwickelt. Während das Verhältnis der Kirche zum Staat im Mittelalter noch eines zwischen Herr und Knecht war, ist in den drei auf Newton folgenden Jahrhunderten die Rolle des Herrn auf die Apostel der Wissenschaft übergegangen. Die tonangebenden Kreise der Wissenschaft haben sich eine hochgebildete Priesterschaft mit einem privilegierten Zugang zu den höheren Weihen des Wissens zugelegt. Dieser wissenschaftliche Zirkel liefert die Legitimation für politische Entscheidungen und definiert die Normen des Verhaltens. Seine heiligen Schriften sind die Abhandlungen aus der Feder der theoretischen und experimentellen Wissenschaftler. Für Natur- und Sozialwissenschaften sind die Lehrsätze der Physiker zu verbindlichen Handlungsanweisungen geworden; die Entdeckungen der Biologie beeinflussen die Gesetzgebung auf dem Gebiet der Gesundheitsfür- und -vorsorge. Die Formeln der Betriebswirtschaft sind die Leitlinien für das Management der Unternehmen, und die Lehren der Volkswirtschaft beeinflussen die Gestaltung des nationalen und internationalen wirtschaftlichen Geschehens.

Die langfristige Entwicklung und selbst die plötzlichen Umschwünge unserer gegenwärtigen Gesellschaftssysteme werden weniger von der Macht und dem Gestaltungswillen der Politiker und Manager vorangetrieben, als vielmehr von den sozialen und technologischen Auswirkungen und Nebenprodukten der wissenschaftlichen Neuerungen. So hat der Durchbruch der Mikroelektronik dem globalen Informationsaustausch eine Datenautobahn eröffnet und schwemmt deren Nutzern Ideen und Bilder aus allen erdenklichen Gebieten ins Haus: vom globalen Klatsch bis zur globalen Krise. Die technische Umsetzung von Neuheiten auf dem Gebiet der Information und Steuerung hat vielen Menschen verkürzte Arbeitszeiten und mehr Freizeit sowie die Möglichkeit beschert, sich praktisch jederzeit mit jedermann zu relativ geringen Kosten zu unterhalten. Durch die Neuerungen im Transportwesen können Massenströme von Touristen und Geschäftsleuten mit einem Optimum an Sicherheit und Komfort in wenigen Stunden jeden Ort auf den sechs Kontinenten erreichen. Bahnbrechende Biotechnologien ermöglichen eine Vergrößerung des verfügbaren Nahrungsmittelangebots wie auch die Verlängerung unserer Lebenszeit und versprechen die Entwicklung neuer Therapien für die vielen Krankheiten, mit denen das menschliche Dasein immer noch belastet ist. Paradoxerweise verdanken wir sogar das Ausbleiben größerer kriegerischer Auseinandersetzungen gewissermaßen dem Fortschritt der wissenschaftlichen Technologie: Die Vernichtungskraft moderner Waffen ist so groß, daß sie inzwischen auch eine Gefahr für den potentiellen Sieger darstellt, der allenfalls auf Trümmerhaufen als Kriegsbeute hoffen darf, die darüber hinaus verstrahlt oder vergiftet sind.

Dieser Liste der Errungenschaften und Nutzanwendungen der Wissenschaft läßt sich jedoch auch eine Liste ihrer schädlichen Wirkungen und Nachteile gegenüberstellen. Die kurzsichtige Umsetzung der wissenschaftlichen Möglichkeiten geht auf Kosten der Umwelt und führt zum Raubbau an wertvollen natürlichen Rohstoffen. Sie polarisiert die Gesellschaften in zwei Gruppen: jene, die mit den Komplexitäten der Wissenschaft umzugehen verstehen, und jene, die es nicht können – oder nicht wollen. Schließlich entsteht, zumindest auf den ersten Blick, durch die Glaubenssätze der Wissenschaft das Bild einer entmenschlichten Welt – trocken und abstrakt, reduziert auf Zahlen und Formeln ohne Gefühl und Werte, ohne Herz und Seele.

Unabhängig davon, ob wir die Wissenschaft bewundern oder fürchten und ob wir ihre Anwendungen und Begleiterscheinungen begrüßen oder ablehnen, müssen wir zur Kenntnis nehmen, daß sie in einem höheren Maß, als die meisten von uns glauben – und als vielen recht ist –, in unser Denken Eingang gefunden hat. Die wissenschaftlichen Elemente, die sich in unserem Leben wiederfinden, sind nicht nur die harten technischen Nutzanwendungen, sondern auch so »weiche« Faktoren wie unser Verständnis von der Natur, vom Menschen und von der Welt. Die von ihr kreierten Vorstellungen formen unsere Wahrnehmung, färben unsere Gefühle und prägen massiv unsere Begriffe von dem, was den persönlichen Wert und das soziale Verdienst eines Menschen ausmacht. Sie finden in jenes Knäuel von Ideen, Gefühlen, Wunsch- und Wertvorstellungen Eingang, das wir das menschliche Bewußtsein nennen: in das Gewebe unserer unmittelbaren Erfahrungen.

Die Frage ist nicht mehr, ob die Wissenschaft unser Leben und unser Bewußtsein beeinflußt, sondern vielmehr, ob uns dieser Einfluß zum Besseren oder zum Schlechteren gereicht – ob sie uns hilft, unsere Ziele zu erreichen und unsere Wünsche zu verwirklichen, oder ob sie uns ein ungutes Erwachen in unmenschlichen Zuständen bescheren wird.

Das »wissenschaftliche Weltbild«, das in den Köpfen der meisten Menschen herumspukt, ist nicht gerade angenehm. Darin erscheint all das, was den Kern der menschlichen Gattung ausmacht, bloß als das Ergebnis einer Abfolge willkürlicher Ereignisse, die sich in der Geschichte des Lebens auf der Erde zufällig so ergeben haben. Das einzelne menschliche Individuum verdankt dabei seine Einzigartigkeit ausschließlich der glücklichen Kombination der Gene, mit denen der oder die Betreffende auf die Welt gekommen ist. Der ständige Überlebenskampf, in dem jeder einzelne, jedes Wirtschaftsunternehmen und jede Gesellschaft steht, hat uns zu Ausbünden des Egoismus geformt, die allem, was jenseits der Begrenzungen des eigenen Körpers und der persönlichen und beruflichen Interessen angesiedelt ist, beziehungslos gegenüberstehen.

Das Weltbild, das uns die zeitgenössische Naturwissenschaft in ihren Leitgedanken und Theorien nahelegt, sieht jedoch ganz anders aus. In ihren am weitesten fortgeschrittenen Bereichen zeichnet sich ein tiefgründigerer Zusammenhang ab, der jenseits des Zusammenspiels von ungerichteter Mutation und natürlicher Auslese und jenseits einer vom zufälligen Zusammenprall der Atome und Teilchen beherrschten Welt angesiedelt ist. Das soll aber keineswegs heißen, daß sich die Naturwissenschaftler für die Erklärung der Prozesse, die zur Entstehung des Menschen geführt haben, bei den transzendentalen Zeit- und Geistesströmungen anbiedern möchten. Sie kommen vielmehr der allumfassenden Dynamik der Prozesse auf die Spur, die den Menschen (und alle anderen Objekte des beobachtbaren Universums) hervorgebracht haben. Für die umfassende Sichtweise, die sich zur Zeit abzeichnet, ist absolut alles, was sich im Universum entwickelt hat – Mozart und Einstein, Sie und ich, die größten Galaxien und das unbedeutendste Insekt –, das Ergebnis eines ganz und gar nicht willkürlichen, überwältigenden Prozesses der Selbstschöpfung mit offenem Ende. Nichts, was sich jemals entwickelt hat, existiert für sich allein. Alles ist mit allem verbunden, alles ist Teil eines organischen Ganzen.

In der Perspektive der modernsten Zweige der Forschung zeigt sich die Welt als ein aus ihren Teilen nahtlos zusammengesetztes Ganzes, ja, mehr noch, als ein Ganzes, dessen Teile in einem dauernden gegenseitigen *Austausch* begriffen sind. Zwischen den Dingen, die sich gemeinsam in diesem Universum befinden und entwickeln, gibt es einen fortwährenden, intimen Kontakt. Sie sind durch Beziehungen und Botschaften verknüpft, die unsere Wirklichkeit zu einem gewaltigen Netzwerk aus Interaktion und Kommunikation werden lassen: zu einer allumfassenden kosmischen Ganzheit.

In einer Zeit, in der wir und unsere Gesellschaften sich mehr und mehr in ein interagierendes und interdependentes Netz von Technologie, Finanzen, Produktion, Konsum und sogar von Freizeit und Kultur verstricken, ist es lebenswichtig geworden, daß nicht die alte, sondern diese neue Perspektive in unserem Bewußtsein an Raum gewinnt. Wir müssen begreifen, daß die Idee einer dauerhaften Verbundenheit der Menschen untereinander und der Menschen mit der Natur von größter Wichtigkeit und Bedeutung ist. Ein solches Verständnis könnte in einer Welt der gefährdeten Beziehungssysteme und des zunehmenden Chaos die Rückkehr zu Harmonie und Ausgewogenheit einläuten.

Die Vorstellung von einem Universum feinster andauernder Verbindungen kann uns auf dem gemeinsamen Weg, der über die Zukunft unserer Art entscheidet, als zuverlässiger Leitstrahl dienen, während wir unseren individuellen Weg zu unserer persönlichen Erfüllung beschreiten.

BEMERKUNGEN ZUM INHALT UND AUFBAU DIESES BUCHES

Die fachlichen Einzelheiten des Weltbilds, die sich aus den gegenwärtigen Entwicklungen der Wissenschaft ergeben, sind Gegenstand einer gesonderten Abhandlung des Autors, die sich vor allem an das wissenschaftliche Fachpublikum richtet (»The Interconnected Universe. Conceptual Foundations for Transdisciplinate Unified Theory«, World Scientific Limited, London, New York und Singapur, 1995). Das vorliegende Buch hält sich kaum mit streng abgeleiteten wissenschaftlichen Darlegungen auf, sondern befaßt sich unmittelbar mit den grundsätzlichen Fragen nach Sinn und Zusammenhang und deren Bedeutung für die menschliche Existenz.

Teil I beschreibt das »herrschende« Weltbild, das den gängigen Theorien und Vorstellungen der Naturwissenschaft zugrunde liegt, und liefert eine Bestandsaufnahme des Wissens über den Kosmos, die Materie, das Leben und das Bewußtsein, wie es sich nach Ansicht der meisten Wissenschaftler zur Zeit darstellt. Über dieses Weltbild besteht eine nie zuvor gekannte Einigkeit, und seine Bedeutsamkeit steht außer Frage. Dennoch ist hier noch längst nicht das letzte Wort gesprochen. Das gegenwärtige Weltbild ist bislang unvollständig und enthält zur Zeit noch eine ganze Reihe von Nebelfeldern und sogar einige »Schwarze Löcher«.

Teil II befaßt sich mit den Nebelfeldern, die das allseits bekannte Bild trüben. So geht es nicht um die übliche Darstellung dessen, was die Naturwissenschaft auf ihren wichtigen Gebieten für gesichert hält, sondern vielmehr darum aufzuzeigen, was in den anerkannten Theorien rätselhaft und paradox bleibt.

Teil III zeichnet die jüngsten Entwicklungen an der vordersten Front der wissenschaftlichen Forschung nach. In der Wissenschaft gibt es keine abgeschlossenen Kapitel. Angesichts von Rätseln und Widersprüchen läßt die Forschung die überkommenen Theorien und Vorstellungen hinter sich und begibt sich mit ihren Untersuchungen auf neue Wege. Eine solche »Revolution« ist gegenwärtig im Gange. In der Physik ereignet sie sich auf den Gebiet der Großen Vereinheitlichten Theorien (englisch

»Grand Unified Theories«, abgekürzt GUTs), die eine einheitliche Beschreibung des physikalischen Universums zu geben versuchen; in der Biologie sind es die ganzheitlichen Vorstellungen des Developmentialismus, die den altehrwürdigen Darwinismus herausfordern. Sie treten im Verein mit einer die einzelnen klassischen Fächer überspannenden Evolutionstheorie auf, die zu erforschen sucht, wie sich aus dem Nichtlebendigen das Leben und daraus wiederum das Bewußtsein entwickelt hat.

Teil IV dieses Buches greift schließlich noch weiter aus: Er liefert uns eine Vorschau auf die Wissenschaft des heraufdämmernden 21. Jahrhunderts. Unsere Vorhersage der kommenden wissenschaftlichen Revolution stützt sich auf die jüngsten Arbeiten auf den Gebieten der Physik und der Biologie wie auch auf Theorien, die nach Erklärungen dafür suchen, wie sich Leben und Bewußtsein aus den frühesten Anfängen des physikalischen Universums seit dessen Ursprung im Feuerball des Urknalls – oder vielleicht sogar noch davor – entwickelt haben. Unser Verständnis dieser Arbeiten gipfelt dann in der krönenden Vision der neuen Wissenschaften: Dem Bild eines mit Erinnerungen angefüllten, vernetzten und sich selbst erzeugenden Kosmos.

TEIL I
DAS HERRSCHENDE WELTBILD

1 DIE EVOLUTION DES KOSMOS

Wie bei einer Entdeckungsreise in der wirklichen Welt müssen wir auch zu unserer Reise zur Erforschung des heraufdämmernden wissenschaftlichen Weltbildes von bekannten Gestaden aus aufbrechen: Von unseren bisherigen wissenschaftlichen Erkenntnissen. Natürlich werden wir an dieser Küste nicht unnötig lange verweilen, denn der etablierte Wissensstand ist nie endgültig. Wir müssen die bekannten Ufer mit ihren markanten Konturen und ihren gelegentlich wohlverstandenen Einzelheiten früher oder später hinter uns lassen, um uns der offenen See und bisher noch verschwommenen Horizonten zuzuwenden. Das ist unumgänglich, weil jedes Versatzstück unseres wissenschaftlichen Bestandes – die Beschaffenheit des bekannten Ufers – zwar zum gegenwärtigen Zeitpunkt verifiziert sein mag (vorsichtigere Wissenschaftler begnügen sich mit dem Ausdruck »bestätigt«), doch es kann jederzeit falsifiziert werden. Die Falsifizierbarkeit ist, wie der Wissenschaftsphilosoph Sir Karl Popper dargelegt hat, das entscheidende Merkmal jeder Theorie und jedes Konzepts, die der wissenschaftlichen Beobachtung und dem Experiment zugänglich sind.

Wie die Wissenschaftler und Wissenschaftshistoriker sehr wohl wissen, wurden mit den zunehmenden Erkenntnissen nicht immer nur neue Fakten und Gegebenheiten in den anerkannten Wissensschatz eingegliedert, sondern viele Annahmen erwiesen sich dadurch als Irrtum und wurden im Lichte einer Erkenntnis oder durch eine neue, zwingendere Beweisführung falsifiziert. Hin und wieder geriet sogar grundlegend geglaubtes Wissen über die beobachtete Welt in Zweifel. Wenn solche grundlegenden Vorstellungen aufgegeben werden müssen, geschieht dies natürlich nicht allein aufgrund neuer Erkenntnisse: Ehe man einen solch radikalen Schritt unternimmt, sucht man intensiv nach alternativen Annahmen und brauchbaren Hypothesen. Erst wenn solide verankerte neue Einsichten vorliegen, werden die bis dahin gültigen Grundannahmen über Bord geworfen. Dann kommt es zu einer wissenschaftlichen Revolution, zu einem sogenannten »Paradigmenwechsel« – die Wissenschaftler räumen ihre Habseligkeiten zusammen, um sich von den vertrauten Gefilden der bisherigen Erkenntnis zu den neuentdeckten Kontinenten aufzumachen.

Im allgemeinen vollzieht sich der wissenschaftliche Fortschritt so, daß auf Perioden der Ansammlung von Wissen Zeiten der Umwälzung folgen. Führende Theoretiker machen immer wieder neue Horizonte aus, und nachdem sie diese beschrieben haben, liegt es an ihren Kollegen, die Einzelheiten genauer zu untersuchen. Dabei versinken die bisherigen Gefilde des überkommenen Wissens langsam in der Vergangenheit, während die neue, bis dahin nur verschwommen wahrnehmbare Küste immer schärfere Konturen annimmt. Sobald das neue Wissensgebiet dann ausreichend abgesteckt ist, gehen die Forscher in ihrem jeweiligen Fachgebiet von einem neuen und veränderten Bild der empirisch erforschten Welt aus.

Ein solcher Szenenwechsel hat mehr als nur akademische Bedeutung. Wissenschaftler beobachten nicht einfach, sondern sie stehen auch in einer Wechselwirkung mit dem, was sie beobachten. Das geschieht bereits, wenn sie ihre Beobachtungen überprüfen, und es setzt sich fort, wenn sie mit Hilfe ihrer Kollegen und unter Mitarbeit von Technikern und Ingenieuren nach Wegen suchen, wie sich die Ergebnisse ihrer Beobachtungen in der Praxis umsetzen lassen. Natürlich ist das nicht in allen Gebieten der wissenschaftlichen Forschung möglich; die praktische Umsetzung bei der Beobachtung ferner Galaxien zum Beispiel dürfte hierfür kaum in Frage kommen. Dennoch hat fast jede grundlegende Annahme über die Natur der Realität Rückwirkungen auf das Leben des Menschen – schließlich ist der Mensch integraler Bestandteil der von der Wissenschaft beschriebenen Wirklichkeit. Das bedeutet, daß es nicht nur von theoretischem Interesse, sondern auch von praktischem Wert ist, sich mit den von der Wissenschaft entdeckten und erforschten neuen Horizonten vertraut zu machen. Nur auf diese Weise läßt sich der zur jeweiligen Zeit bestmögliche Einblick in die Natur der wissenschaftlich zugänglichen Realität gewinnen – und darüber hinaus ein geeigneter Hebel bekommen, um mit einigen Aspekten dieser Wirklichkeit in praktische Beziehung zu treten.

Die Reise, die wir in diesem Buch antreten, hat letztlich das Ziel, die neuesten Horizonte, die an der vordersten Front der modernen Wissenschaft aufgetaucht sind, zu benennen und zu erforschen. Natürlich können wir nicht einfach mit einem einzigen Sprung direkt zu den neuen Kontinenten gelangen. Zuerst müssen wir den dazwischenliegenden Ozean bezwingen, auch wenn er sich zuweilen als stürmisch und neblig erweist. Wir müssen mit unserem Schiff von unserer Küste aus in See stechen, von unserem überkommenen Wissen ausgehen. Daher widmet sich der erste Teil dieser Untersuchung der Aufgabe, die markantesten Gegebenheiten dieses Ufers ins Bewußtsein zu rufen.

ZEITLOSE FRAGEN

Die allgemeinen Umrisse der Küstenlinie des überkommenen Wissens beschreiben die Zweige der Naturwissenschaft, die sich mit der Erforschung der grundlegenden Gesetze und Regeln des Universums befassen. Das sind die *physikalischen Kosmologien*. Auf diesem Gebiet entsprechen sich der Wissensdurst des Forschers und die staunende Neugier der Allgemeinheit, denn seit Hunderten, wenn nicht gar Tausenden von Jahren haben nur wenige Fragen von wissenschaftlicher Bedeutung die Phantasie der Öffentlichkeit so stark beschäftigt wie die Frage nach der Beschaffenheit des Kosmos. Was liegt jenseits der vertrauten Welt der Bäume, Felsen, Flüsse und Meere, die unsere Behausungen und Städte umgibt? Die Sterne scheinen immer gleich weit entfernt, ob man sie nun aus einem tiefen Tal oder vom höchsten Berggipfel aus betrachtet. Waren sie immer schon da, oder sind sie irgendwann einmal geschaffen worden? Und wenn letzteres der Fall ist, war ihre Erschaffung das Werk der gleichen Kräfte, die Bäume und Felsen haben entstehen lassen – und auch den Menschen?

Zu diesen Fragen gesellen sich mittlerweile neue hinzu. Ist das Universum wirklich aus jener Explosion hervorgegangen, die wir den Urknall, den Big Bang nennen – und wenn ja, was war vorher? Wird das Leben in den riesigen Weiten des Kosmos bis in alle Ewigkeit weitergehen, oder wird es – muß es – irgendwann einmal ein Ende nehmen? Wie steht es mit den Sternen und den Planeten und den zahllosen Galaxien selbst? Gibt es auf und in einigen von ihnen Leben? Wie sieht ihre Zukunft aus? Was ist die Zukunft von Raum und Zeit, in denen diese Gebilde existieren?

Das sind die größten Fragen, die wir an die Wissenschaft richten und bei denen wir auf eine fundierte Antwort hoffen können. Es ist ein Zeichen für den gegenwärtigen bemerkenswerten Fortschritt der Naturwissenschaft, daß sich die Antwort auf einige dieser Fragen (wenn auch nicht unbedingt auf alle) allmählich abzeichnet. Ungeachtet der Konkurrenz zwischen verschiedenen *Kosmologien* (Theorien über die Natur und Entwicklung des Kosmos) und *Kosmogonien* (Theorien über den Ursprung des Kosmos) sind sich die Wissenschaftler inzwischen über die großen Züge der Entstehung und Entwicklung des Universums einig.

Das war nicht immer so. Kosmologien und Kosmogonien sind zwar so alt wie die Geschichte des menschlichen Geistes – seit die Gattung *homo* auf diesem Planeten existiert, hat das Geheimnis des samtschwarzen, mit leuchtenden Sternen übersäten Himmels die Aufmerksamkeit und Phantasie der Menschen erregt –, doch die frühen Erklärungen waren metaphysisch und spekulativ, ja oft schlichtweg esoterisch. Theorien über den Ursprung und die Entwicklung des Universums, die die Bezeichnung »wissenschaftlich« verdienen, gibt es erst seit 200 Jahren.

EIN HINTERGRUND VON SPEKULATIONEN

Die Alten Sumerer, Babylonier, Ägypter wie auch die Inder und Chinesen brachten umfangreiche Schriften hervor, in denen sie ihre Vorstellungen von der wahren Natur des Menschen und des Kosmos detailliert niederlegten. Auch in den präkolumbianischen Kulturen der Maya, Inka und Azteken sowie in den Stammeskulturen Afrikas wurden mythische Kosmologien entwickelt. Dabei handelt es sich um Schöpfungsmythen, in denen die Welt von übernatürlichen Wesen mit übernatürlichen Kräften erschaffen wurde. Manche Mythen gehen von einem Widerstreit zwischen diesen Wesen aus, und die Natur der realen Welt erscheint als der symbolische Ausdruck des Sieges des einen über das andere. Anderswo wurde der Gegensatz der Kräfte als schöpferisch interpretiert und als Ursache der Spannung – zwischen Yin und Yang – verstanden, aus der heraus sich das vielfältige Spektakel des Universums entfaltet. In den meisten Kosmologien, zumal den östlichen, vollzieht sich der Schöpfungsprozeß der Welt über viele Stufen, wobei jede Stufe immer den Ausgangspunkt für die nächste darstellt.

Als im klassischen Griechenland die Denker die mythischen Schöpfungsberichte zugunsten rationaler Spekulationen aufgaben, traten anspruchsvollere Kosmologien auf den Plan. Zwar waren diese Theorien im einzelnen so unterschiedlich wie die Denker, die sie hervorbrachten, sie haben jedoch gewisse gemeinsame Grundzüge. Die Entstehung der Welt wurde aus einer möglichst geringen Zahl von Elementen oder Grundprinzipien abgeleitet, so zum Beispiel aus Feuer, Wasser, Luft und Erde oder aus einer Kombination dieser Elemente. Der Schöpfungsprozeß selbst verkörperte eine zunehmende Vervollkommnung – im Gegensatz zu den uralten Mythen vom »Goldenen Zeitalter«, in denen der Gang der Welt als unaufhaltsamer Verfall verstanden wurde, der in einer anfänglichen Ära der Vollkommenheit seinen Ausgang nahm.

Die meisten griechischen Philosophen vertraten die Ansicht, daß das Universum keine naturgegebene räumliche oder zeitliche Begrenzung habe und von einer Anzahl unwandelbarer Gesetze mit einem eigenen, wiederkehrenden Rhythmus beherrscht werde. Ihr Axiom von der einheitlichen und zusammenhängenden tieferen Wirklichkeit jenseits der Vielfalt der von Auge und Ohr aufgenommenen Bilder und Klänge spiegelt eine alte Erkenntnis der fernöstlichen Philosophie wider: Alles, was existiert, ist stufenweise aus einem ursprünglichen Quell hervorgegangen. Dieser Quell selbst ist unsichtbar und in seinem ursprünglichen Wesen jenseits von Raum und Zeit angesiedelt. Anders als die asiatischen Weisen waren die Griechen jedoch davon überzeugt, daß es möglich sei, diesen Urquell und die schrittweise aus ihm hervorgehende Vielfalt der realen Welt begreifen zu können, ohne auf mystische Erklärungen zurückgreifen zu müssen.

In der klassischen Periode der griechischen Philosophie wird der kosmische Prozeß optimistisch und rational aufgefaßt. Unter der Herrschaft eines ordnenden Prinzips schreitet die Welt vom »Chaos« zum »Kosmos« voran. Bei Platon ist es ein geistiges Prinzip der Intelligenz (*nous*), während Aristoteles in der Natur selbst die ordnende Kraft sah.

Diese Betrachtungsweisen übten viele Jahrhunderte lang einen prägenden Einfluß aus, unterlagen aber nach dem Aufstieg des Christentums im Abendland einigen bedeutungsvollen Änderungen: Die ursprüngliche Schöpferkraft wurde mit Gott als dem allmächtigen Schöpfer des Himmels und der Erde gleichgesetzt. Die Sterne waren keine unabhängigen Gebilde mehr, sondern wurden zu festen Anhängseln einer riesigen kristallenen Sphäre, die den Hintergrund für die menschliche Welt bildete und sich einmal am Tag um die Erde drehte. Die Erde nahm eine herausragende Stellung als Mittelpunkt des Universums ein und war die Wohnstatt des Menschen, den Gott nach seinem eigenen Bild erschaffen hatte. Das Universum unterlag nicht nur keinem Wandel, sondern war per se unwandelbar: So wie Gott es geschaffen hatte, würde es für ewige Zeiten existieren. Durch die umlaufende Sphäre der Sterne war es allerdings räumlich begrenzt, und der unendliche Raum jenseits davon war von der Unendlichkeit Gottes erfüllt.

Im 16. Jahrhundert machte der Astronom Tycho Brahe mit den kristallenen Sphären ein Ende, die sich in der mittelalterlichen Vorstellung hinter der Sonne, dem Mond und den Sternen befinden mußten, um deren Bewegung zu erklären. In Brahes System dreht sich die Sonne um die Erde, und die Planeten drehen sich um die Sonne. Dieses raffinierte, aber immer noch geozentrische kosmologische System erhielt einen merklichen (wenn auch bewußt behutsam geführten) Schlag, als Nikolaus Kopernikus im Jahre 1543 erstmals erklärte, die Berechnungen der Astronomen könnten beträchtlich vereinfacht werden, wenn man annimmt, daß nicht die Erde, sondern die Sonne im Mittelpunkt des Universums steht. Ergänzend fügte er hinzu, daß dies durchaus die Wahrheit sein könnte, denn die Natur liebe die Einfachheit. Im kopernikanischen heliozentrischen Universum dreht sich die Erde alle 24 Stunden einmal um ihre Achse und ruft dadurch den Wechsel von Tag und Nacht und die scheinbare Rotation des nächtlichen Himmels hervor.

Die kopernikanische Revolution hatte noch eine weitere wichtige Konsequenz: Es war nicht mehr nötig, die Sterne einer die Erde umschließenden Kristallsphäre zuzuordnen. Sie konnten sich jetzt in jeder beliebigen Entfernung befinden und in ihren Positionen feststehen. Darin stimmte Kopernikus mit einer These überein, die der deutsche Kardinal Nikolaus von Kues schon 1440, ein ganzes Jahrhundert zuvor, vertreten hatte. In seiner Schrift »De docta ignorantia« bezeichnete er das Universum als unendlich, sowohl in seiner Ausdehnung als auch hinsichtlich der Zahl der Elemente, aus denen es aufgebaut ist. Die Erde ist in Rang und Würde allen anderen Sternen gleichgestellt. Wie Gott befindet sich auch der Mittelpunkt des Universums überall und allerorten. Nach der Veröffentlichung der kopernikanischen Theorie wurde diese Ansicht von Giordano Bruno übernommen, einem visionären Wissenschaftler, der seine »Irrlehre« mit dem Tod auf dem Scheiterhaufen bezahlte.

Dem englischen Mathematiker Thomas Digges ist es zu verdanken, daß das kopernikanische Weltbild eine größere Verbreitung fand. Im Jahre 1576 nahm er die Beschreibung das heliozentrischen Systems in sein Buch auf, in dem er einen Großteil der kopernikanischen Abhandlungen übersetzte. Kopernikus selbst lehnte die Lehre, daß die Fixsterne in einer endlichen Entfernung von der Erde einen festen Ort einnehmen, nicht ab. (Die Entfernung konnte nicht *unendlich* sein, denn dann müßte der Umlauf dieser Sterne, wie schon Aristoteles zu bedenken gegeben hatte, mit unendlicher Geschwindigkeit erfolgen). Digges allerdings ging mit kategorischer Bestimmtheit von der Unendlichkeit des Universums aus. Ferne Sterne waren ihrerseits Sonnen, die nur wegen der größeren Entfernung von der Erde eine geringere Leuchtkraft hatten. Solche sonnenähnlichen Sterne, sagte er, sind über das ganze Universum verteilt, wobei ihre Entfernungen bis ins Unendliche reichen können.

Nachdem sich die Vorstellung vom unendlichen Universum durchgesetzt hatte, gingen die Wissenschaftler vor allem der Frage nach, ob die Verteilung der Sterne sich bis ins Unendliche in der Weise fortsetzt, wie wir sie in unserer eigenen Himmelsregion beobachten, oder ob die Sterne allmählich spärlicher würden, um sich schließlich ins Nichts zu verflüchtigen. Newton veröffentlichte 1692 seine Theorie, daß das Universum aus einer Vielzahl von durch große Entfernungen voneinander getrennten einzelnen Massen bestehen müsse. Unter dem Einfluß der Schwerkraft neige die Materie dazu, Klumpen zu bilden. Diese gigantischen Materiegebilde seien gleichmäßig über den ganzen unendlichen Raum des Universums verteilt. Daß wir nur eine endliche Zahl von Sternen sehen können, gehe lediglich auf die begrenzte Leistungsfähigkeit unserer Fernrohre zurück. Immanuel Kant entwickelte die Vorstellung eines unendlichen Universums, das sich aus einzelnen »Welteninseln« zusammensetzt. Diese Ansicht war von der Mitte des 18. Jahrhunderts an bestimmend. Sie erhielt weiteren Auftrieb, als William Herschel zu Beginn des 19. Jahrhunderts unsere Galaxie mit bemerkenswerter Genauigkeit vermaß und den Standort anderer Galaxien (er nannte sie *nebula*) ebenfalls grob festlegen konnte. Letztere stellten, wie er sagte, weitere Welteninseln jenseits unserer eigenen dar.

Die nächste bahnbrechende Entwicklung in der wissenschaftlichen Kosmologie verdanken wir Albert Einstein. Er veröffentlichte sein Modell des Universums im Jahre 1917, ein Jahr nach der Allgemeinen Relativitätstheorie, auf die es sich stützt. Einsteins Modell brach mit der Vorstellung einer langsam immer spärlicher werdenden Verteilung von »einzelnen Inseln in einem unendlichen Raumozean«. Nach seiner Darlegung würde in diesem Fall die Energie der Sterne in Form von Strahlung aus den dichter besetzten Gebieten in die dünner besetzten Gebiete diffundieren und schließlich in den unendlichen Weiten des Raumes versickern. Ebenso lehnte Einstein die Vorstellung ab, daß im Verlauf unendlicher Zeiträume immer wieder einzelne Sterne durch zufällige Kollisionen in den sie umgebenden Raum hinauskatapultiert würden und so die Sternbesetzung des beobachtbaren Teils des Universums allmählich bis zum Wert null abfallen müßte. Er verknüpfte vielmehr die Zeit mit dem Raum und erklärte, daß die nicht-euklidische, gekrümmte vierdimensionale Geometrie dieses Raum-Zeit-Kontinuums zwar endlich, aber unbegrenzt sei. Die Raumzeit krümmt sich in sich selbst zurück, so daß ein Weltraumreisender nur lange genug und weit genug geradeaus fliegen müßte, um am Ende wieder an seinem Ausgangspunkt anzukommen – wobei der Reisende selbst den Eindruck hätte, er sei nie von seinem geraden Kurs abgewichen.

Einsteins mathematische Kosmologie setzt voraus, daß die Materie gleichmäßig über die Raumzeit verteilt sei. In einem solchen Universum hätte die Materie jedoch – wegen der Schwerkraft ihrer Masse – die Tendenz, sich im Mittelpunkt zu einem einzigen Klumpen zusammenzuballen. Da dies nicht den Beobachtungen entspricht, führte Einstein eine Gegenkraft ein (die sogenannte kosmologische Konstante), die gerade groß genug ist, um die Anziehung der Schwerkraft auszugleichen. Dadurch bleibe, wie er sagte, der stabile Zustand des Universums für immer erhalten.

Einsteins stabiles dreidimensionales Universum innerhalb seiner unendlichen vierdimensionalen Raumzeit hatte gefällige mathematische Eigenschaften und sogar einen benennbaren und plausiblen Radius (der auf 109 Lichtjahre geschätzt wurde – fast genauso viel wie die Reichweite des 200-Zoll-Teleskops auf dem Mount Palomar). Dennoch mußte Einsteins Modell eines stabilen Universums aufgegeben werden. Im Jahre 1917 fand der holländische Astronom Willem de Sitter eine andere Lösungsmöglichkeit für Einsteins relativistische Gleichungen. Aus de Sitters Berechnungen ging hervor, daß eine in das Raum-Zeit-Kontinuum eingeführte Masse sich bei wachsender Entfernung mit zunehmender Geschwindigkeit vom Beobachter weg bewegt. Parallel dazu verlangsamt sich mit wachsender Entfernung vom Beobachter der Lauf der Zeit, um an der Grenze des Beobachtungshorizonts zum Stillstand zu kommen.

Der englische Astronom Sir Arthur Eddington wies darauf hin, daß in einem Einsteinschen Universum jede Ausdehnung oder Kontraktion zu einer unaufhaltsamen Bewegung der Materie in der jeweiligen Richtung führen mußte. Als Konsequenz dessen schien das Einsteinsche Universum lediglich eine Übergangsphase zum de Sitterschen zu sein (falls sich die Materie im Zustand der Ausdehnung befand).

Die Mathematik dieses instabilen Universums wurde im Jahre 1922 von Alexander Friedmann entdeckt. In seiner Lösung modifizierte er Einsteins kosmologische Konstante und führte eine neue Konstante ein, die einen positiven, einen negativen oder den Wert null annehmen konnte.

Je nach dem zugrunde gelegten Wert ergab sich ein wachsendes, ein schrumpfendes oder, wenn der Wert auf null zustrebte, ein statisches Universum.

DER AUFSTIEG DER URKNALL-KOSMOLOGIE

Vom Jahr 1923 an zeigte Edwin Hubble im Observatorium auf dem Mount Wilson in einer überzeugenden Versuchsreihe die astronomische Erscheinungsform des Doppler-Effekts (die Veränderung der Grundfrequenz von Wellen, je nachdem, ob sich ihre Quelle dem Beobachter nähert oder von ihm entfernt. Die Wellen von näher kommenden Strahlungsquellen werden zu höheren Frequenzen zusammengedrückt, während die Frequenz abnimmt, wenn sich die Quelle entfernt). Das Lichtspektrum ferner Galaxien zeigt eine Verschiebung in den langwelligeren, roten Bereich, die sogenannte »Rotverschiebung«, wie sie für sich entfernende Lichtquellen charakteristisch ist. Diese Rotverschiebung ist um so größer, je weiter die Galaxien entfernt sind.

Mit dieser Beobachtung schien die Expansion des Universums endgültig nachgewiesen. Es blieb allerdings die große Frage: Wie war diese Expansion des Kosmos in Gang gekommen? In den fünfziger Jahren standen anerkannte Kosmologien für ein stabiles Universum (»steady-state«-Kosmologien) zur Verfügung. Auf eine Anregung von James Jeans hin wurde in diesen Kosmologien die Hypothese von der in den unendlichen Weiten des Kosmos verlorengehenden Materie und Energie durch die Theorie ersetzt, daß in den zentralen Regionen des Kosmos laufend neue Materie und Energie erzeugt werden. Damit war die Tür zur modernen Urknall-Theorie aufgestoßen.

Das Standard-Urknall-Szenario stammt aus den achtziger Jahren. Die entsprechenden Postulate sind durch Computeranalysen der ungefähr 300 Millionen Meßdaten bestätigt worden, die der NASA-Satellit COBE, der »*Co*smic *B*ackground *E*xplorer Satellite« (Satellit zur Erforschung der kosmischen Hintergrundstrahlung), im Laufe des Jahres 1991 zusammengetragen hat. Die umfangreichen Messungen des Satelliten haben ergeben, daß die Schwankungen der kosmischen Hintergrundstrahlung noch aus dem Urknall stammende Fluktuationen sind und nicht – wie gelegentlich vermutet – von strahlenden Himmelskörpern ausgelöste Störungen. Diese Unregelmäßigkeiten stammen noch aus einer Zeit, als das Universum erst 300 000 Jahre alt war, und weisen auf das Vorhandensein großer Materiewolken hin, den Vorläufern der Galaxien. Man glaubt, daß diese Wolken auf minimale Fluktuationen zurückzuführen sind, die sich eine Billionstel Sekunde nach dem Urknall im Inneren des kosmischen Feuerballs ereigneten.

Der Urknall selbst hat sich nach dem Standard-Szenario in zwei dicht aufeinanderfolgenden Phasen vollzogen. Die erste Phase führte zur explosiven Aufblähung des fluktuierenden »Vakuums«, jenes kosmischen Schoßes, aus dem das Universum hervorgegangen ist. Da die Bedingungen dieser Phase den von De-Sitter aufgestellten Gleichungen entsprechen, spricht man vom de Sitter-Universum. In der zweiten Phase erfolgt der Übergang vom inflationären Universum in das Robertson-Walker-Universum mit seiner weniger stürmischen Expansion, in dem wir heute leben. Später, als das Universum zwischen 50 000 und 1 Million Jahre alt war, fand ein dritter Phasenumschwung statt: Die Materie koppelte sich von der Strahlung ab. Der Raum wurde durchsichtig, und in den immer größer werdenden Tiefen des kosmischen Raums bildeten sich die Teilchen der Materie. Von diesem Zeitpunkt an war die Geschichte des uns bekannten Universums die Geschichte einer sich in Raum und Zeit vollziehenden Entwicklung von Galaxien und Sternen.

Nach gegenwärtiger Anschauung hat sich die Materie, die heute die riesigen Räume des Kosmos erfüllt, in den ersten Millisekunden nach dem Urknall gebildet. Doch die Materie bildete sich nicht wie eine schaumgeborene Venus schlagartig und in all ihren Einzelheiten gleichzeitig und an derselben Stelle im Raum. Bei den extrem hohen Temperaturen, die im frühen Universum geherrscht haben, gab es nur überheißes Plasma. Atome existierten noch nicht, da sich im »Wärmerauschen« der extremen Temperaturen keine Elektronen an die Atomkerne anlagern konnten. Als das Plasma langsam abkühlte, ordneten sich die Elektronen auf Kreisbahnen um die Kerne herum an, und es bildete sich ein Gas aus heißen Ato-

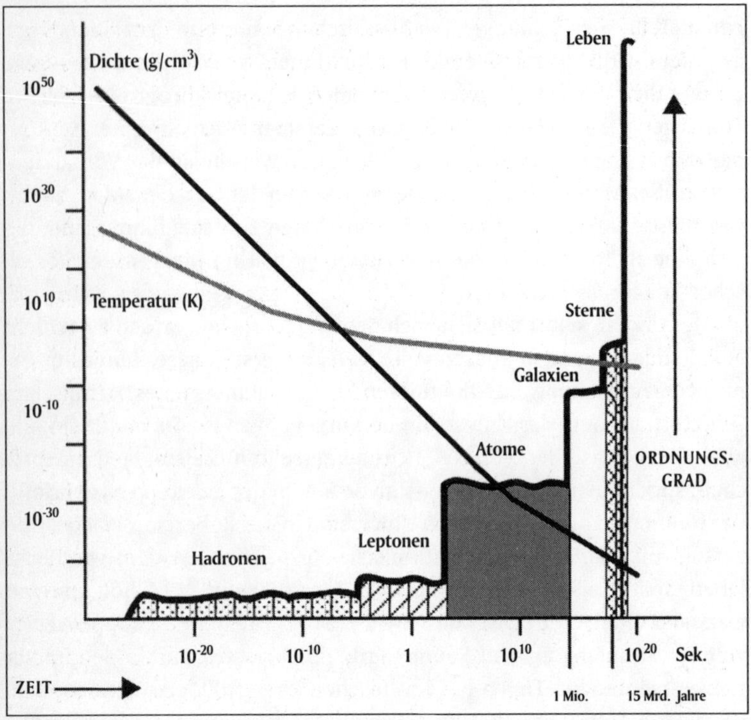

1 Die Bildung höherer Ordnungsgrade im Verhältnis zur abnehmenden Dichte und Temperatur.

men. Zu dieser Zeit kondensierten aus dem Plasma die Galaxien und innerhalb der Galaxien die Sterne. Mit fortschreitender Abkühlung fanden sich verschiedene Atome zu einfachen Molekülen zusammen. Bei weiter fallenden Temperaturen entstanden auch komplexe Molekülstrukturen, wobei die Materie vom gasförmigen in den flüssigen Zustand überging und schließlich die uns vertraute feste, kristalline Form annahm.

Aus den Materieansammlungen, die sich unter dem Einfluß der Schwerkraft bildeten, entstanden die Galaxien und in den Galaxien die Sterne und Sternsysteme. Auf geeigneten Planeten von aktiven Sternen kam es zu einer Fortentwicklung der molekularen und kristallinen Strukturen. Zellartige Strukturen, sogenannte Protobionten, traten auf. Unter der Voraussetzung, daß sie auf günstige thermische und chemische Bedingungen trafen, dürfte sich die Tür zur Entwicklung noch höherer Organisationsformen geöffnet haben, die den Nährboden für die Entstehung des Lebens bilden.

Das Standard-Szenario ordnet die Abfolge dieser Ereignisse einem bestimmten Zeitrahmen zu. Als erste Partikel wurden die Hadronen (schwere Teilchen wie die Protonen und Neutronen) synthetisiert. Sie entstanden innerhalb der ersten 10^{-24} bis 10^{-3} Sekunden nach dem Urknall, also zu einer Zeit, als das Universum noch weit weniger als eine Tausendstel Sekunde alt war. Sie müssen als freie und ungebundene Teilchen existiert haben, wobei es bei der immensen Dichte und Temperatur des frühen Universums häufig zu Kollisionen und Wechselwirkungen gekommen sein muß. Die extrem hohe Temperatur dieser Epoche – sie wird auf ungefähr 10^{15} Kelvin geschätzt – hat verhindert, daß sich die Teilchen zu Atomen vereinigen konnten. Die Hadronen haben sich in der weiteren Entwicklung mit größter Wahrscheinlichkeit selbst vernichtet, wobei sie zu Photonen zerfielen und dem gewaltigen Feuerball aus Strahlung weitere Nahrung gaben. Nach der ersten Millisekunde (10^{-3} Sekunden) hatte sich der Feuerball unter den Schwellenwert abgekühlt, bis zu dem Hadronen entstehen können, so daß nun Teilchen wie Elektronen und Neutrinos (leichte Teilchen, die unter dem Begriff Leptonen zusammengefaßt werden) das Geschehen bestimmten. Das Universum dehnte sich weiter aus und verlor an Dichte, sein Materiegehalt fiel von 10^{30} auf 10^{10} Gramm pro Kubikzentimeter. Doch als die erste Lebenssekunde des Universums verstrichen war, hatten sich auch die Leptonen in Photonen zerstrahlt, die dem Feuerball zusätzliche hochfrequente Strahlung zuführten.

In dieser ersten Sekunde übertraf die Zahl der Photonen die Zahl der Materieteilchen bei weitem. Die Energie des Universums bestand überwiegend aus Strahlung, da die vorhandenen Materieteilchen sich nicht zu höher organisierten Strukturen zusammenballen konnten. Sämtliche komplexeren Gebilde wurden von der starken Strahlung zertrümmert. Materie war allenfalls als feiner Niederschlag in einem intensiven Strahlungsfeld vorhanden.

Als das Universum das respektable Alter von 100 Sekunden erreicht hatte, war seine Durchschnittstemperatur auf ungefähr 10^5 Kelvin gefallen, die durchschnittliche Dichte betrug 10^{-10} Gramm pro Kubikzentimeter. Das sind Werte, wie sie heute noch im Inneren von aktiven Sternen herrschen. Diese Bedingungen ermöglichten den elektromagnetischen Zusammenschluß von Hadronen und Leptonen zu neutralen Atomen. Das erste Element, das sich bildete, war der Wasserstoff, bei dem ein einziges Elektron elektromagnetisch an ein Proton angebunden ist. Da die »Brenntemperatur« des Feuerballs immer noch groß genug war, um über die Proton-Proton-Kette zwei Wasserstoffatome zu einem Heliumatom zu verschmelzen (mit einer geschätzten Rate von einem Heliumatom auf zehn Wasserstoffatome), füllte sich das junge Universum mit einem Gasgemisch aus Wasserstoff und Helium. Als sich schließlich genügend Materie von der Strahlung entkoppelt hatte, dämmerte die Epoche herauf, in der sich die Galaxien zusammenballten.

Der zeitliche Rahmen der Galaxienbildung ist umstritten; es gibt mehrere konkurrierende Modelle. Mit großer Wahrscheinlichkeit haben sich die Galaxien gebildet, als das Universum zwischen 10^6 und 10^9 Jahre (zwischen 1 Million und 1 Milliarde Jahre) alt war. Während dieser Zeit fiel die Durchschnittstemperatur auf ungefähr 300 Kelvin, und die Dichte war um den Faktor 1 zu 10 Milliarden auf ungefähr 10^{-20} Gramm pro Kubikzentimeter gefallen.

In den riesigen galaktischen Wolken aus Wasserstoff und Helium ließ die ungleichmäßige Verteilung der Gaspartikel unter dem Einfluß der Schwerkraft noch weitere Zusammenballungen entstehen, die sich allmählich stark verdichteten und aufheizten, bis erneut die nukleare Zündungstemperatur erreicht wurde – diesmal im Inneren der jungen Sterne. Dies führte zur Synthese einiger schwererer Elemente wie Kohlenstoff, Sauerstoff und Eisen.

Der Prozeß der Kernverschmelzung von Wasserstoff zu Helium läßt die aktiven Sterne kontinuierlich Strahlung an den sie umgebenden Raum abgeben. Wo die Sterne von Planeten umkreist werden, trifft ein Teil dieses Energiestroms auch diese Begleiter. In der vielfältigen Durchmischung der Elemente auf den Planeten können sich noch komplexere Verbindungen aufbauen, vorausgesetzt, die Planeten befinden sich in einer Entfernung vom Zentralgestirn, in der der Energiezustrom weder so stark ist, daß das Wasser verdampft, noch so schwach, daß es zu Eis erstarrt. Hier und da dürften sich großmolekulare Strukturen gebildet haben, die wohl in einigen Fällen, wie bei uns auf der Erde, einen so großen Komplexitätsgrad erreicht haben, daß die für das Leben unerläßlichen selbsterhaltenden Stoffwechselprozesse in Gang kommen konnten.

Laut dem Standard-Szenario ist das Universum bei einer mittleren Dichte von 10^{-30} Gramm pro Kubikzentimeter und einer Hintergrundtemperatur von 2,7 Kelvin etwa 15 Milliarden Jahre alt (vielleicht ist es auch nur acht oder sieben Milliarden Jahre »jung«). Unsere Sonne ist einer von mehr als 200 Milliarden Sternen in unserer Milchstraße unter ungefähr 10^{22} (zehn Milliarden Billionen) Sternen im gesamten Universum, und unsere Milchstraße ist eine unter den vielen anderen Galaxien der Lokalen Gruppe. Darüber hinaus gibt es noch 100 Milliarden weitere Galaxien, von denen einige ganz erstaunlich große Ausmaße aufweisen.

DIE KOSMISCHEN ZUKUNFTSSZENARIEN

Das ist das Universum, wie es sich nach unserem heutigen Wissensstand darstellt. Aber wie wird es morgen aussehen ... und wie in noch fernerer Zukunft?

Auf diese Frage gibt es verschiedene Antworten. Das Universum könnte »offen« sein (dehnt sich unendlich in den kosmischen Raum aus), »geschlossen« (die Ausdehnung kehrt sich zu einem letzten großen Kollaps um), oder es ist vielleicht »flach«, das heißt, es befindet sich in einem fein ausbalancierten, stabilen Zustand auf des Messers Schneide zwischen Ausdehnung und Kontraktion. Ist das Universum flach, werden die nach außen gerichteten Trägheitskräfte der im Urknall beschleunigten Massen exakt durch die nach innen gerichteten Kräfte der Gravitation austariert, um dann auf ewig in diesem Zustand zu verharren. Daher ist ein flaches Universum zwar räumlich begrenzt (es gibt eine äußerste Grenze der Ausdehnung, die nicht mehr überschritten wird), aber zeitlich unendlich. Falls das Universum jedoch offen ist, wird seine Ausdehnung die galaktischen Massen immer weiter und weiter auseinanderdriften lassen: Ein solch offenes Universum wäre sowohl räumlich als auch zeitlich unendlich. Ein geschlossenes Universum schließlich, bei dem die Kraft der Gravitation die Kräfte der Ausdehnung letztlich übertrifft, wird eines Tages aufhören, sich auszudehnen (vielleicht 1000 Milliarden Jahre nach dem Urknall), um sich dann mit stetig wachsender Geschwindigkeit wieder zusammenzuziehen. Es wird in einem großen Kollaps in sich selbst zusammenstürzen. Der zeitliche Horizont dafür dürfte schätzungsweise 2000 Milliarden Jahre betragen. Ein geschlossenes Universum ist folglich räumlich ebenso wie zeitlich begrenzt.

Wir wissen zur Zeit noch nicht, ob das Universum offen, geschlossen oder flach ist, denn das setzt die genaue Kenntnis der über den kosmischen Raum verteilten Gesamtmasse voraus. Wenn diese den kritischen Schwellenwert von 5×10^{-27} kg/cm^3 *überschreitet*, leben wir in einem geschlossenen Universum. Wenn sie genau *diesem* Wert entspricht, ist unser Kosmos flach, während das Universum offen ist, wenn der Wert *darunter* liegt.

Für das Schicksal der Materie und des Lebens sind diese Alternativen jedoch letztlich ohne Bedeutung. In der Entwicklung des Kosmos kann die Phase des Aufbaus nicht endlos weitergehen – bei allen drei Szenarien muß die kosmische Evolution früher oder später in einen kosmischen Niedergang übergehen. Dieser Umschwung wird nicht an allen Orten gleichzeitig eintreten, doch wenn er erst einmal eingesetzt hat, ist er unumkehrbar. Letzten Endes wird alle Materie des Kosmos zerfallen und verschwinden.

Auch die Großstrukturen des Kosmos – die Sterne, Sternsysteme und die galaktischen Gruppen – werden zerfallen. Die Grundzüge des kosmischen Niedergangs lassen sich etwa wie folgt bestimmen:

> In etwa 10^{12} (1 Billion) Jahren werden keine neuen Sterne mehr entstehen. Die bestehenden Sterne haben ihren Wasserstoff alle schon in Helium umgewandelt, den Hauptbrennstoff der superkompakten, aber immer noch leuchtenden Sterne im Stadium des Weißen Zwergs. Irgendwann ist auch das Helium aufgebraucht, und der Lichtschein

der Galaxien wechselt ins Rötliche. Mit der allmählichen Abkühlung der Sterne werden die Galaxien langsam unsichtbar werden.

Durch Gravitationswellen verlieren die Galaxien an Energie, und die einzelnen Sterne rücken näher zusammen. Die Wahrscheinlichkeit von Sternkollisionen wächst. Bei den Zusammenstößen werden einige Sterne in das Zentrum ihrer Galaxien geschleudert, während andere in den extragalaktischen Raum hinausgetragen werden. Die Größe der Galaxien nimmt ab, und ebenso schrumpfen die Galaxienhaufen. Galaxien und Galaxienhaufen stürzen am Ende zusammen und implodieren zu Schwarzen Löchern.

Im schwindelerregenden Zeitabstand von 10^{34} Jahren hat sich die Materie des Kosmos auf Strahlung, Positronen (Paare von Protonen und Elektronen) und auf Atomkerne reduziert, die in Schwarzen Löchern zusammengepackt sind. Die Schwarzen Löcher zerfallen in einem Prozeß, der von Stephen Hawking als »Verdampfen« bezeichnet worden ist. Ein aus dem Kollaps einer Galaxie hervorgegangenes Schwarzes Loch »verdampft« in ungefähr 10^{99} Jahren. Ein Schwarzes Loch, das die riesige Masse eines galaktischen Superhaufens enthält, verschwindet in 10^{117} Jahren. Jenseits dieser unvorstellbaren Zeithorizonte enthält der Kosmos Materieteilchen nur noch in Form von Positronen, Neutrinos und Gammastrahlenphotonen.

Wie lange die Materie im Kosmos fortbesteht, hängt davon ab, ob es einen Protonenzerfall gibt oder nicht. Wenn es ihn gibt, werden Protonen und die Zerfallsprodukte anderer Baryonen (schwere Materieteilchen) in einem Zeitraum von 10^{117} Jahren in supergalaktischen Schwarzen Löchern verschwinden. Wenn es diesen Zerfall nicht gibt, erweitert sich der Zeitrahmen auf 10^{122} Jahre. Dann »verdampfen« selbst nicht zerfallende Protonen in den letzten der noch vorhandenen Schwarzen Riesenlöchern.

Mit dem Schicksal der kosmischen Materie ist auch das Schicksal des Lebens besiegelt. In der Tat werden die komplexen Strukturen, die für die Entstehung und Aufrechterhaltung des Lebens erforderlich sind, schon lange vor dem Zerfall der Materie als solcher verschwunden sein.

In einem *geschlossenen* Universum, das am Ende in sich selbst zusammenstürzt, nimmt die Hintergrundstrahlung langsam, aber unaufhaltsam zu. Die Wellenlänge der Strahlung schrumpft vom Radiowellenbereich über das Mikrowellenspektrum bis ins infrarote Spektrum. Wenn sie schließlich das sichtbare Spektrum erreicht, wird der gesamte Weltraum von intensiv gleißendem Licht erfüllt. Sämtliche Planeten, auf denen Leben existiert, wie auch alle anderen Himmelskörper sind zu diesem Zeitpunkt längst in den gasförmigen Zustand übergegangen.

In einem *offenen* Universum schließlich, das sich endlos weiter ausdehnt, geht das Leben am Ende nicht durch Hitze, sondern vielmehr durch Kälte zugrunde. Während sich die Fluchtbewegung der Galaxien fortsetzt, erreichen viele aktive Sterne das Ende ihres natürlichen Lebenszyklus, ohne daß sie durch Gravitationskräfte so nahe zusammengedrängt werden könnten, daß ein ernsthaftes Risiko von Zusammenstößen entsteht. Die langfristige Prognose für das Leben wird dadurch aber nicht verbessert. Früher oder später geht in sämtlichen Sternen der nukleare Brennstoff aus, und damit fällt ihr Energieausstoß. Die sterbenden Sterne blähen sich entweder zu Roten Riesen auf, wobei sie ihre inneren Planeten verschlingen, oder verlieren an Leuchtkraft und entwickeln sich zu Weißen Zwergen oder Neutronensternen. Auf diesem geringeren Energieniveau werden sie nicht in der Lage sein, den Fortbestand von Leben zu sichern, sofern es auf einem ihrer Planeten Fuß gefaßt haben sollte.

Die Urknall-Kosmologie unterscheidet sich von allen anderen entwicklungsgeschichtlichen Erklärungsansätzen dadurch, daß sie alles, was dem Urknall vorausging beziehungsweise dem Großen Kollaps folgt (oder dem »Verdampfen« der letzten, die Massen von galaktischen Superhaufen enthaltenden Schwarzen Löcher), als unbekannt und prinzipiell unerkennbar betrachtet. Man frage nicht danach – denn schon die Frage, so meinen die Kosmologen, sei sinnlos.

Allerdings hat das Standard-Szenario der Urknall-Kosmologie doch nicht das letzte Wort. Möglicherweise wurde der Kosmos gar nicht vor 15 Milliarden Jahren geboren und hat auch kein Ende, selbst nicht in einem so unvorstellbar riesigen Zeitrahmen wie 10^{117} oder 10^{122} Jahre. Eventuell gab es schon vor dem Urknall einen Kosmos, und vielleicht gibt es auch noch einen Kosmos, wenn die letzten der in der Hitze des Urknalls synthetisierten Teilchen zerfallen sind.

In der Tat mehren sich die Anzeichen, daß es im Universum Teilchen und ganze Galaxien gibt, die nicht aus dem Urknall hervorgegangen sind, sondern – möglicherweise – aus früheren, dem Urknall vergleichbaren Phänomenen stammen, die sich vielleicht mehrere Milliarden Jahre zuvor ereignet haben.

Die derzeitige Kosmologie kann viele seit langer Zeit wiederkehrende Fragen über die Natur und das Schicksal des Universums beantworten, aber nicht alle. Es könnte jedoch sein, daß ihre Schranken willkürlich sind, da die Hypothese vom Urknall doch nicht die letzte Erkenntnis ist. Denn diese Theorie läßt nicht nur wichtige Fragen offen, sondern es gibt auch eine Reihe von Beobachtungen, die sie nicht einzuordnen vermag. Daher wollen wir uns im zweiten Teil mit der Darstellung der vielen Nebelfelder beschäftigen, die sich immer noch auf der Landkarte der heutigen naturwissenschaftlichen Erkenntnisse befinden, und die alternativen Lösungen vorstellen, die inzwischen zur Aufklärung dieser Fragen angeboten werden.

2 WAS IST MATERIE?

Was ist Materie? Diese Frage wirkt auf den ersten Blick naiv und eher lächerlich. Schließlich besteht unser Körper aus Materie, und wenn wir mit der Faust auf den Tisch schlagen, begegnet uns die Materie in sehr handfester Form. Der gesunde Menschenverstand sagt uns, daß alles wirklich »Reale« auch materiell ist – alles Übrige, abgesehen von dem Raum, in dem sich die materiellen Dinge befinden, ist nichts als Einbildung und Illusion.

Doch ein so einfacher Fall ist die Materie nicht. Schon im Altertum hat mancher Mystiker und Metaphysiker die Auffassung vertreten, daß die Materie eine komplexe Erscheinungsform der Energie sei. In manchen frühen Lehren ist von ihr als eingefangenem Raum die Rede. Doch im modernen Zeitalter der mechanistisch-materialistischen Naturwissenschaften wurden solche Auffassungen als reine Spekulation oder gar Aberglaube abgetan. Im 20. Jahrhundert reagierten die Wissenschaftler jedoch weniger voreingenommen. Trotz bemerkenswert tiefgreifender Erkenntnisse über Entstehung und Entwicklung der Materie im Kosmos ist unsere gegenwärtige Wissenschaft nicht in der Lage, eine verbindliche Definition der Materie selbst anzubieten. Die Forscher, die sich in diese Frage vertieft haben, sind auf ein Rätsel gestoßen, das nicht minder geheimnisvoll ist als der Ursprung und die letzte Bestimmung des Kosmos – und weitaus überraschender. Schließlich ist der Kosmos sehr groß und sehr alt, vielleicht sogar unendlich in Raum und Zeit. Seine Erforschung ist daher nicht einfach. Doch Materie gibt es hier und überall, sie umgibt uns und ist sogar buchstäblich in uns. Warum ist es für uns also so schwer, größere Gewißheit über sie zu erlangen?

Über dieses Problem haben sich die Philosophen gestritten, seit die Griechen vor zweieinhalb Jahrtausenden die Frage aufgeworfen haben. Wir brauchen hier die Argumente nicht im einzelnen wiederzugeben, doch immerhin sei gesagt, daß inzwischen praktisch sämtliche Philosophen und Wissenschaftler der These zustimmen, daß wir über das, was wir in der Welt beobachten, einschließlich der Materie, keine absolute Gewißheit erlangen können. Die Tatsache, daß ich mit der geballten Faust auf den Tisch schlage und dann den Schmerz spüre oder daß ich den Druck fühle, wenn ich mich in die Wange kneife, bedeutet nicht unbedingt, daß ich es mit Materie zu tun habe. Mein Körper könnte ja die Verdichtung einer feinen Substanz oder einer Energie darstellen, die eine zum Beispiel in Tischform verdichtete andere Substanz oder Energie nicht zu durchdringen in der Lage ist, wenn sie auf diese trifft. Bei weniger dichten Energien (beispielsweise Wasser) wäre ein Eindringen möglich, wenn auch gegen einen gewissen Widerstand. Noch stärker verdünnte Energien (wie etwa Luft) würden noch weniger Widerstand bieten – *falls* die Materie wirklich Energie ist, was ja auch nicht ohne weiteres und ohne entsprechende Beweise angenommen werden darf.

Die Auffassung, daß die Materie in ihrem innersten Wesen nicht »materiell«, sondern etwas anderes ist, kommt uns unwillkürlich plausibel vor. Die Welt muß nicht unbedingt aus unteilbaren kleinen festen Bausteinen nach der Art von winzigen Ziegelsteinen oder Billardkugeln aufgebaut sein. Sie könnte genausogut aus Energiefeldern bestehen oder aus etwas noch ganz anderem. Die Frage verdient es, sich eingehender mit ihr zu beschäftigen.

In der Geschichte der Wissenschaft und der Philosophie wurde jene Frage immer wieder eingehend untersucht. Um die Materievorstellung, die sich in der neuen Physik abzeichnet, eingrenzen zu können, sollten wir uns vorab einen allgemeinen Überblick über diese historischen Auffassungen verschaffen. Diese Vorstellungen liefern ein Beispiel für die verschiedenen Wege, auf denen sich der menschliche Beobachter fragend dem Verständnis des eigentlichen Wesens der physikalischen Wirklichkeit nähern kann.

DIE KLASSISCHEN BEGRIFFE

Die Suche nach dem Wesen der Materie war stets mit der Suche nach dem Wesen der Wirklichkeit gekoppelt. Sie nahm in den großen Kulturen der Antike ihren Anfang. Im sechsten vorchristlichen Jahrhundert überwanden die ionischen Naturphilosophen das in den Mittelmeerkulturen herrschende mythologische Weltbild und versuchten (wie schon im ersten Kapitel dargestellt), die Welt durch die Annahme einer einheitlichen Grundsubstanz oder Urmaterie zu erklären, aus der sie hervorgegangen sei. Diese frühen Naturphilosophen zogen in ihren Spekulationen keine radikale Trennlinie zwischen Materie und Geist und zwischen materieller und geistiger Wirklichkeit. Sie erklärten, daß die reiche Vielfalt und die Ordnung, die sich dem Auge des Beobachters zeigen, im Laufe der Zeit aus einem Zustand von geringerer Vielfalt und größerer Unordnung hervorgegangen sein mußten. Diesem Prozeß kam, wie sie glaubten, eine eigene Logik und Geschlossenheit zu.

Die ersten philosophischen Erklärungsversuche konzentrierten sich darauf, die vielfältige Welt der Sinneseindrücke aus einer ihnen zugrunde liegenden Einheitlichkeit zu erklären. Dieses *Eine* war in einem Sandkorn ebenso wie in der Gesamtheit des Universums zu finden. Der Mikrokosmos spiegelt den Makrokosmos wider, der Makrokosmos bildet den Mikrokosmos ab.

Die Griechen beschäftigten sich auch mit der Vielfalt. Sie sahen die große Mannigfaltigkeit der Gegenstände, die in der Welt existieren, die Pflanzen, die Tiere, die Menschen, aber auch das Meer und die Wolken. Sie erklärten diese Vielgestaltigkeit als die vielfältige Erscheinungsform eines Urgrundes, eines »Stoffes« oder einer »Substanz«: Eine große Einheit, sagten sie, bildet den Quell aller Vielfalt.

Bei Thales von Milet ist der Ursprung allen Seins das Wasser. Bei seinem Schüler Anaximander werden dem Feuer, der Erde und der Luft eine ebenso wichtige Rolle zugeschrieben, wobei die eigentliche Ursubstanz als unbestimmt, grenzenlos und allumfassend verstanden wurde. Anaximenes lehrte, daß der Urgrund ein feuchtes Gemisch aus Wasser und Erde, ein Urschlamm aus verdichteter Luft sei. Daraus sprießen, wenn die Sonne ihn erwärmt, durch spontane Schöpfung Pflanzen, Tiere und Menschen hervor.

Der rationale Geist der Griechen brachte die von Thales entwickelte Naturphilosophie zu großer Blüte und Verfeinerung. Heraklit, der das

Feuer für die wichtigste aller Substanzen hielt, betonte das ewige Werden und das Prinzip, daß »alles fließt«. Nach seinem berühmten Wort kann niemand zweimal in den gleichen Fluß steigen. Niemand kann je wissen, was die Gegenstände der Welt wirklich sind, da sie in unablässigem Wandel begriffen sind. Bei Empedokles hingegen setzen sich alle Dinge nach Maßgabe des Prinzips der Liebe, die verbindet, und des Hasses, der spaltet, aus Feuer, Wasser, Luft und Erde zusammen. Aus dem Feuer, das aus dem Inneren der Erde aufstieg, entstanden die Urformen, die sich zu den uns vertrauten Organismen entwickelten. Viele davon waren unvollkommen und sind wieder verschwunden, während die gelungenen überlebt haben.

Der Naturalismus der ionischen Philosophie erfährt bei Sokrates die Hinwendung zur Welt des Menschen: Der Mensch wird zum Maß aller Dinge. Sein großer Schüler Platon betrachtete die von uns in der Welt wahrgenommenen Gegenstände als die Schattenbilder ewiger und unwandelbarer Formen oder Ideen. Aristoteles ersetzte diese Konzeption durch einen Naturalismus, bei dem sorgfältige Beobachtung und ein wahrhaft enzyklopädisches Wissen ineinander aufgehen. Die aristotelische »große Kette des Seins« erstreckt sich von unbelebten Objekten über Pflanzen und Tiere bis hin zum Menschen. Die fortschreitende Entwicklung der Natur wird in dieser Seinskette vom Reifen der Seele begleitet. Durch Metamorphose wandelt sich das Anorganische zum Organischen, und innerhalb des Organischen sind die Tiere, da sie mit der Fähigkeit zu größerer Empfindsamkeit ausgestattet sind, von höherer Belebtheit als die Pflanzen, die lediglich mit der Fähigkeit zum Stoffwechsel »begabt« sind. Die Natur schreitet allmählich und unaufhaltsam vom Unvollkommenen zum Vollkommenen fort, wobei ihre Komplexität im Laufe dieses Prozesses stetig zunimmt. Der Fortschritt vollzieht sich nicht zufällig und willkürlich, denn nach Aristoteles existiert nichts ohne Grund. Der Lauf der Natur wird demnach von einer letzten Ursache vorangetrieben: dem Drang nach Vollkommenheit.

Leukippos und Demokrit entwickelten eine Theorie über die Beschaffenheit der Materie, die in der modernen Naturwissenschaft den stärksten Nachhall haben sollte. Sie postulierten, daß alle Dinge aus

Atomen aufgebaut sind, aus den unteilbaren (griechisch »a-tomos«) und unzerstörbaren kleinsten Bausteinen der realen Welt. Die Atome und alles, was aus Atomen aufgebaut ist, bildet die Sphäre des Seins. Da sich Atome jedoch verändern können und das tatsächlich auch tun, kann das Sein nicht den ganzen Raum erfüllen – daneben muß es noch den leeren Raum geben, die Sphäre des Nicht-Seins. Veränderungen treten ein, weil die Atome im leeren Raum immer wieder andere Positionen einnehmen und dabei andere Gegenstände bilden.

Mit der Atomtheorie gelang es der demokritischen Philosophie, etwas zu erfassen, das von vielen als die wahre Natur der Welt begriffen wurde – daß nämlich diese Welt aus unzerstörbaren Elementarbestandteilen der Materie besteht, die in stets wechselnden Anordnungen alles das hervorbringen, was es gibt. Diese Theorie hat sich in mancherlei Erscheinungsformen fast zwei Jahrtausende lang gehalten und ist erst mit dem Aufstieg der Experimentalphysik im 19. Jahrhundert entkräftet worden.

Naturwissenschaft im Sinne einer experimentellen Forschung entwickelte sich erst mit der beginnenden Neuzeit, als sich in der Renaissance und mit der Reformation das Denken in Europa aus der Umklammerung der christlichen Lehre löste. Gegen päpstlichen Widerstand und trotz der Verfolgung von Giordano Bruno und Galileo Galilei setzte nun auch außerhalb der Klostermauern eine unabhängige Forschung ein. Zögernd, aber unaufhaltsam nahm sie ihren Aufstieg. Allmählich entwickelte sich eine Kultur, die sich auf die Theorien und praktischen Nutzanwendungen der Naturwissenschaften gründete.

Da den Naturwissenschaftlern in dieser Anfangszeit nur relativ primitive Mittel und Instrumente zur Verfügung standen, befaßten sich die ersten Theorien auch vorrangig mit Problemen, die mit den vorhandenen Methoden und Gerätschaften gelöst werden konnten. Diese Theorien stellten allgemeine Bewegungsgesetze auf, die sich aus der Beobachtung der Geschwindigkeit sowie aus den Bahnen fallender Körper und auf schiefen Ebenen herabrollender Kugeln ableiten ließen. So überrascht es nicht, daß das Weltbild der Naturwissenschaft die Erde als einen gigantischen Mechanismus verstand, der, ungeachtet seiner Komplexität, einfachen Grundgesetzen gehorchte.

Der mechanistische Ansatz, den Galilei formulierte, stand in scharfem Gegensatz zur Welt des Lebendigen, die so offensichtlich mit Sinnhaftigkeit und Bewußtsein erfüllt war. So mußte es unausweichlich zu einer Trennung der Naturwissenschaften von der Welt der menschlichen und geistigen Belange kommen. So spaltete sich, als die Neuzeit heraufdämmerte, das System der abendländischen Gelehrsamkeit auf: in die Naturphilosophie einerseits (die damals auf ganzer Linie den Umschwung zur Natur*wissenschaft* vollzog) und die Moralphilosophie andererseits (zu der auch die damals eher spekulativen Bereiche gehörten, die später unter dem Begriff der Geisteswissenschaften zusammengefaßt werden sollten).

Die Naturphilosophie fand ihren Höhepunkt in Newtons 1687 veröffentlichter »Philosophiae naturalis principia mathematica«. In diesem Werk erklärte Newton mit geometrischer Präzision, wie sich nicht nur auf der Erde Körper nach mathematisch formulierbaren Gesetzen bewegen, sondern auch am Himmel die Planeten in Übereinstimmung mit den Keplerschen Gesetzen ihre Umlaufbahnen ziehen. Er führte den Nachweis, daß die Bewegung aller Körper vollständig den Bedingungen unterliegt, unter denen sie ihren Anfang nahm: So hängt das Schwingen eines Pendels von seiner Länge ab sowie von der anfänglichen Auslenkung aus der Ruhelage; die Bahn eines Geschosses wird von der Mündungsgeschwindigkeit und dem Abschußwinkel eindeutig bestimmt. Newtons klassische Gesetze der Mechanik konnten die Positionen der Planeten, die Bewegung eines Pendels, die Bahn eines Geschosses und die Bewegungen sämtlicher »Massenpunkte«, die als kleinste Bausteine der wissenschaftlich erfaßbaren Welt die Stelle der Atome des Demokritos einnahmen, mit mathematischer Genauigkeit voraussagen.

Newton selbst glaubte allerdings nicht daran, daß geometrische Berechnungen und mathematisch formulierte Gesetze über Massen und Kräfte eine restlose Beschreibung der Wirklichkeit liefern könnten. Als Alchimist und Mystiker glaubte er an das aktive Eingreifen Gottes in den Ablauf der Natur und war überzeugt davon, daß diese göttlichen Interventionen sich nur der mystischen Schau und der esoterischen Zahlenkunst erschließen. Newton fand jedoch nicht die Zeit, seine mystischen und numerologischen Überlegungen in die »Principia« aufzunehmen – er beabsichtigte, diesen Beitrag anschließend im Rahmen einer eingehenden Abhandlung über die wichtigsten mystischen und religiösen Lehren zu liefern. Als die überarbeitete Ausgabe nach einer langen, gesundheitlich bedingten Pause (er hatte vermutlich einen Nervenzusammenbruch erlitten und hörte fast zwei Jahre lang auf zu arbeiten) endlich ihrer Veröffentlichung entgegenging, sah sich Newton plötzlich mit der Tatsache konfrontiert, daß er inzwischen im ganzen Abendland zur Berühmtheit geworden war, eben *weil* er eine Erklärung der physikalischen Welt geliefert hatte, ohne auf Gott, die Alchimie oder andere übernatürliche Kräfte zurückzugreifen. Es war bestimmt eine schwierige Entscheidung: Sollte er die »Principia« unverändert bestehen lassen und Alexander Popes Huldigung (»Gott sagte, laßt Newton gewähren/Und alles ward Licht«) Referenz erweisen? Oder war es besser, sie mit seinen religiösen Überzeugungen und mystizistischen Lehren zu »vervollständigen«? Am Ende blieb sein Werk ohne weitere Veränderungen bestehen.

Newtons Ruhm hatte begreifliche Gründe. Abgesehen von ihrer bestechenden Eleganz und ihrer unübersehbaren Vollständigkeit vermittelte seine klassische Mechanik eben jene Gewißheit, die die europäische Kultur so kurz nach den Schrecknissen des Schwarzen Todes und dem dadurch ausgelösten nagenden Zweifel an Gottes Güte und Allmacht so dringend benötigte.

In den folgenden Jahrhunderten wurde Newtons Werk in seiner unangefochtenen Unerschütterlichkeit zum maßgeblichen Paradigma für alles Denken und Handeln. Jeder rationale Mensch vertraute darauf, daß es nun endlich gelingen würde, der Natur ihre Geheimnisse zu entreißen. So äußerte Fontanelle am Ende des 17. Jahrhunderts, die Welt sei wie das Zifferblatt einer Uhr: Schon lange hatte man über die Bewegung der Zeiger gestaunt und sich Gedanken darüber gemacht, wie diese präzise und regelmäßige Bewegung wohl zustande kommen mochte. Nun konnte man dank der Newtonschen Physik hinter das Zifferblatt schauen und das Räderwerk bei der Arbeit beobachten.

Dieser Vergleich fand bereitwillige Aufnahme. Die Welt der Newtonschen Physik war ein Universum, das einem aufgezogenen Uhrwerk glich: Es war eindeutig bestimmt und auf ewig unlösbar an die Grundgesetze der Bewegung gebunden. Es schien, als könne man mit Hilfe dieser Gesetze praktisch alles erklären. Der Mathematiker Laplace tat sich mit der stolzen Behauptung hervor, daß ein intelligenter Dämon bei vollständiger Kenntnis der regelnden Kräfte und des gegenwärtigen Zustandes der Natur »in der Lage wäre, mit einer einzigen Formel die Bewegungen der größten Körper im Universum und die des leichtesten Atoms zu beschreiben; nichts bliebe für ihn ungewiß; Zukunft und Vergangenheit würden sich gleichermaßen vor seinem Auge ausbreiten«.

DIE MODERNEN AUFFASSUNGEN

Newtons Ende des 17. Jahrhunderts entwickelte umfassende Theorie blieb lange Zeit unangefochten. Erst mit dem Anbruch des 20. Jahrhunderts zeichnete sich ab, daß auch ihr Grenzen gesetzt waren.

Man kann die aufkommenden Schwierigkeiten bis in die Zeit des beginnenden 19. Jahrhunderts zurückverfolgen, als der englische Chemiker John Dalton die Atomtheorie von Demokrit wiederentdeckte. Daltons Theorie, nach der alle Gase aus unteilbaren kleinsten Einheiten bestehen, die er in Anlehnung an Demokrit Atome nannte, sorgte für eine Revolution in der Chemie. Der Triumph dieser Theorie war allerdings nur von kurzer Dauer. In den fünfzig Jahren nach ihrer Veröffentlichung entdeckte die experimentelle Forschung, daß Daltons Atome keineswegs unteilbar waren, sondern aus noch kleineren Partikeln zusammengesetzt sein mußten. Und selbst diese Partikel konnten nicht die Atome sein, von denen die Griechen gesprochen hatten, denn solange diese Teilchen eine meßbare räumliche Ausdehnung hatten, waren sie im Prinzip auch weiter spaltbar. Tatsächlich erwiesen sich, nachdem entsprechende Versuchsapparaturen zur Verfügung standen, nicht nur die Atome, sondern sogar deren Kerne als spaltbar.

Mit der Atomzertrümmerung im ausgehenden 19. und der Kernspaltung zu Beginn des 20. Jahrhunderts hatte sich aber nicht nur ein Forschungsgegenstand in seine Bestandteile aufgelöst – das gesamte Gebäude der klassischen Naturwissenschaften war in seinen Grundfesten erschüttert. Die Vorstellung, daß die reale Welt aus unteilbaren Atomen aufgebaut sei, wurde zu Beginn des 20. Jahrhunderts durch die Experimente der Physiker widerlegt, ohne daß die Naturwissenschaft in der Lage gewesen wäre, diese alte Theorie durch eine neue, vergleichbar umfassende und sinnvolle zu ersetzen: Die Vorstellung von der Materie als solcher war fragwürdig geworden. Die subatomaren Teilchen, die bei der Spaltung des Atomkerns zum Vorschein kamen, verhielten sich nicht wie konventionelle feste Körper. Sie wiesen eine geheimnisvolle Eigenschaft auf, die sogenannte »Ortsunschärfe«, und hatten darüber hinaus die seltsame Eigenschaft, daß sie sich sowohl wie Wellen als auch wie Teilchen verhalten konnten.

In den zwanziger Jahren standen Begründer der Quantenphysik vor einer Welt, in der die physikalische Wirklichkeit Eigenheiten aufwies, die über alle Erwartungen seltsam waren. Raum und Zeit schienen nicht mehr der unbeteiligte Hintergrund zu sein, auf dem sich das Wechselspiel der atomaren Materie (oder der Newtonschen »Massenpunkte«) vollzog. Sie wurden vielmehr zu eigenen komplexen Größen, die in Wechselwirkung mit den Photonen und Elektronen traten und die Struktur der physikalischen Phänomene entscheidend mitgestalteten. Philosophen und Naturwissenschaftler, die sich mit den philosophischen Implikationen ihrer Arbeit auseinandersetzten, beschlich der Verdacht, daß sich das physikalische Universum selbst dematerialisiere. Es glich, nach den Worten des Philosophen Sir Karl Popper, eher einer Wolke als einem Felsen.

Die in den zwanziger Jahren von der Quantenphysik ausgelöste Umwälzung war noch radikaler als jene, die nach der Jahrhundertwende von der Relativitätstheorie ausgegangen war. Die Physik Einsteins hatte die für die Newtonsche Physik so charakteristische Eindeutigkeit der Aussagen und deren grundsätzliche Determiniertheit nicht angetastet. Die Quantentheorie hingegen machte mit eindeutig definierbaren Bewegungsbahnen Schluß und führte eine in die Grundlagen der materiellen Wirklichkeit eingreifende, dem Zufall überlassene Unschärferelation ein. Das Terrain der Materie wurde immer unergründlicher – die objektive Wirklichkeit schien sich vor den staunenden Augen der Quantenphysiker aufzulösen. Angesichts der Rätsel der Natur entschloß sich eine ganze Reihe von Wissenschaftlern unter der Führung des dänischen Physikers Nils Bohr, nicht mehr darüber zu spekulieren, inwieweit ihren Beobachtungen eine eigenständige Wirklichkeit zukam. Sie bezeichneten das, was sie beobachteten, nur noch als »Phänomene«.

Wie Werner Heisenberg bemerkte, sind diese Phänomene nicht das »Werk« der Natur, sondern lediglich »Texte« der Wissenschaft. »Der Atomphysiker«, sagte Heisenberg, »muß sich mit der Tatsache begnügen, daß seine Wissenschaft lediglich ein Glied in der endlosen Kette der Auseinandersetzung des Menschen mit der Natur darstellt und daß es nicht möglich ist, schlicht von der ›Natur als solcher‹ zu sprechen.« Auch Nils Bohr meinte: »Die Worte sind uns abhanden gekommen, doch die Physik handelt von dem, was wir über die Natur sagen können.« Laut Sir Arthur Eddington war die äußerliche Welt der Physik zu einer Schattenwelt geworden. »Nichts mehr ist wirklich«, schrieb er, »nicht einmal die eigene Frau. Die Quantenphysik läßt den Wissenschaftler glauben, daß seine Frau eine ziemlich knifflige Differentialgleichung ist.« (Er sollte jedoch taktvoll genug sein, den häuslichen Frieden nicht durch zu intensives Beharren auf dieser Überzeugung zu gefährden, fügte Eddington hinzu.)

Trotz aller Bedenken wagten es einige Physiker, über die Natur der Wirklichkeit jenseits der im Laboratorium gemachten Beobachtungen nachzudenken. Sie spekulierten darüber, daß die Welt, auf die sich Sprache und »Text« der Naturwissenschaft beziehen, eher eine geistige als eine materielle sei. »Um es einmal drastisch auszudrücken: Das Zeug, aus dem die Welt gemacht ist, ist geistiges Zeug«, sagte Eddington. Sir James Jeans pflichtete ihm bei: »In den verschiedenen Erklärungsmodellen häufen sich die Anhaltspunkte, daß die Wirklichkeit eher als geistig und weniger als materiell zu bezeichnen ist ... Das Universum besitzt wohl mehr Ähnlichkeit mit einem großartigen Gedanken als mit einem gigantischen Mechanismus.«

Heisenberg bezeichnete die »philosophische Lehre des Demokrit« bedauernd als einen Irrtum. Der Aufbau der Welt beruhe auf einer mathematischen, nicht auf einer materiellen Struktur, und daher sei es sinnlos zu fragen, worauf, außer auf sich selbst, die Formeln der mathematischen

Physik sich beziehen. Ähnlich wie sich der Materialismus der ionischen Naturphilosophen bei Platon in die abstrakte Welt der Formen und Ideen verflüchtigt hatte, sollte sich nun die deterministische Welt der klassischen Mechanik in die komplexen Formeln der mathematischen Physik verflüchtigen.

Die Forscher waren nicht nur unfähig, die Grundgrößen zu benennen, die der Vielfalt der erkennbaren Phänomene zugrunde liegen, sie konnten nicht einmal sagen, ob es in der Natur solche Grundgrößen überhaupt gab. Klar war nur, daß weder Demokrits Atom noch der Newtonsche Massenpunkt der Urgrund der physikalischen Realität sein konnten. Eugene Wigner äußerte den treffenden Satz, die moderne Quantenphysik müsse sich damit begnügen, daß sie es mit »Beobachtungen« zu tun habe und nicht mit dem »Beobachteten«. Die Physiker konnten das, was sie beobachteten, zwar beschreiben, aber sie konnten es nicht in eine Beziehung zu bestimmten Gegebenheiten setzen, die unabhängig von der Beobachtungssituation existierten. Man befand sich in einer Lage, die Ähnlichkeit mit dem hatte, was Alice im Wunderland vorfand: Wie die »Edamer Katze« zeigten die Materieteilchen zwar gewissermaßen ihr Grinsen, aber es gab nichts, das ein Grinsen hätte aufsetzen können.

Man befand sich in einer unbefriedigenden Lage, die keineswegs jeder akzeptieren wollte. Die Ungereimtheiten, auf die die Quantenphysiker in ihren Laboratorien stießen, lieferten die Anregung zur berühmtesten und ausgiebigsten Diskussion über das Wesen der physikalischen Welt, die in der Geschichte der modernen Naturwissenschaft geführt wurde. In den Jahren von 1927 bis 1933 konferierten und korrespondierten Albert Einstein und Nils Bohr regelmäßig, um zu einer Interpretation der verwirrenden Beobachtungsergebnisse zu gelangen. Einstein wollte sich nicht mit der seltsamen Unbestimmtheit abfinden, die sich als inhärente Eigenschaft der neu entdeckten Elementarteilchen zu erweisen schien. Er ersann ein Gedankenexperiment nach dem anderen, um darzulegen, daß die Quantentheorie, wie sie damals vorlag, logische Brüche aufwies. Bohr dagegen verweigerte sich jeglicher Interpretation, die über das unmittelbare Beobachtungsergebnis hinausging. Die Natur, so wandte er ein, habe eine absolute Grenze gesetzt: nicht nur für das, was beobachtet und gemessen werden, sondern auch in bezug darauf, was eindeutig in Worte gefaßt werden kann.

Einstein erkannte zwar die Heisenbergsche Unschärferelation an – daß nämlich Impuls und Position eines Elementarteilchens nicht gleichzeitig gemessen werden können –, doch er vertrat entschieden die Ansicht, damit sei keineswegs gesagt, daß Impuls und Ort von Elementarteilchen niemals einen eindeutigen Wert hätten. Bohr widersprach. Seiner Ansicht nach war es sinnlos, davon zu sprechen, daß einem Teilchen eine bestimmte Bahn zukomme, solange diese Bahn nicht von einem Beobachter oder einem Instrument »registriert« werden konnte. Solange das nicht der Fall sei, meinte er, könne man auch nicht sagen, ob es überhaupt als konkrete Einzelerscheinung existiere. Einstein mochte diesen Standpunkt nicht anerkennen. »Ändert es die Gegebenheiten der Welt, wenn ein Wesen wie eine Maus sie betrachtet?« fragte er im Seminar des Physikers John Wheeler über die Relativitätstheorie an der Princeton-Universität.

Bohr sah sich in der Schlußphase des Dialogs mit Einstein genötigt, lediglich noch mit der Bezeichnung »Quantenphänomene« zu operieren. Wie John Wheeler später ausführte, ist diese Ausdrucksweise sehr bezeichnend, denn sie läßt erkennen, daß wir es, wenn wir von Teilchen sprechen, nicht mehr mit einer objektiven, vom Beobachter unabhängigen Größe zu tun haben. Es fehlt uns jegliche Grundlage, um sagen zu können, was die Teilchen *sind* und was sie zwischen den von uns beobachteten Momenten ihrer Ausstrahlung und ihres Empfangs *tun*. Das, was dazwischen liegt, ist in Wheelers bildhaften Worten »ein großer, in Rauch gehüllter Drache«. Der deutlich sichtbare Schwanz ist da, wo das Teilchen emittiert wird, und sein gut erkennbares Maul dort, wo das Teilchen in den Detektor beißt, aber der dazwischenliegende Leib ist durch den Rauch nur unscharf zu erkennen. Nach Wheelers Worten ist »das Quantenphänomen die seltsamste Sache auf dieser seltsamen Welt«.

Dieses seltsamste aller Phänomene wird inzwischen von den meisten Quantenphysikern akzeptiert – zumal die Gleichungen, der Stolz dreier Generationen von wissenschaftlichen Querdenkern, das zu leisten vermögen, was man von ihnen erwartet. In der Regel lassen sich die Physiker nicht darauf ein, nach einer noch größeren Realitätsnähe zu suchen, falls dabei die Gültigkeit des anerkannten Komplexes von Formeln und Gleichungen in Frage gestellt wird. Tatsache ist, daß die Quantentheorie nach 70 Jahren der Forschung für sich in Anspruch nehmen kann, ebenso außerordentlich erfolgreich wie nervenaufreibend verwirrend zu sein. Bei der Erforschung der subatomaren Welt wurde sie von Tausenden von Physikern bei praktisch allen denkbaren Versuchen eingesetzt, und sie hat sich dabei bemerkenswert gut bewährt. Gleichzeitig hat sie uns beim Verständnis der Natur einer vom Beobachter unabhängigen Realität, die ein mit normalen geistigen Fähigkeiten begabter Mensch noch nachvollziehen kann, über weite Strecken im Stich gelassen.

Die Quantentheorie kann nicht die Grundbestandteile der uns vertrauten Gegenstände als etwas beschreiben, das elementar in diesen Gegenständen vorhanden ist. Sie spricht von statistischen Wahrscheinlichkeitsgrößen, die dem gesunden Menschenverstand unzugänglich sind. Diese können gleichzeitig an mehreren verschiedenen Orten angetroffen werden und, je nach der Fragestellung und der Art unserer Wechselwirkung mit ihnen, entweder als Welle oder als Teilchen auftreten.

Die Quantentheorie setzt sich auch über eine unserer grundlegendsten Erfahrungen in bezug auf uns selbst und die Welt insgesamt hinweg: den unumkehrbaren Ablauf der Zeit. Im Zusammenhang der Formelwelt der Quantentheorie erscheint die Unumkehrbarkeit der Zeit als geisterhafte Chimäre – nach Ansicht des Mathematikers John von Neumann ist sie lediglich eine Konsequenz der Meßvorgänge. In Erwin Schrödingers Gleichungen über den Quantenzustand eines Teilchens können Vergangenheit und Zukunft im Bereich des Subatomaren genauso wenig voneinander unterschieden werden wie aus den Newtonschen Bewegungsgesetzen Vergangenheit und Zukunft von makroskopischen Körpern abzuleiten sind. In der Mathematik der Quantentheorie kommt die Zeit erst dann zum Tragen, wenn der ausschließlich auf Wahrscheinlichkeiten aufbauende und nahezu ins Unbegreifliche entrückte Zustand eines Teilchens in einen definitiven, uns aus dem täglichen Umgang mit der Wirklichkeit vertrauten Zustand übergeht, mit anderen Worten: wenn die übergeordnete Wellenfunktion des Teilchens, die das menschliche Begriffsvermögen übersteigt, sich in einen verstehbaren, deterministischen Zustand »auflöst«. Dieser »Kollaps«, und mit ihm die Auflösung der überlagerten Wellenfunktion, ist jedoch keine autonome Eigenschaft der von unserer Beobachtung unabhängigen Realität. Vielmehr muß sie unserer *Wechselwirkung* mit der Realität zugeschrieben werden – nach von Neumann dem Meßvorgang eines Teilchens oder, laut Eugene Wigner, der Wechselwirkung zwischen dem Teilchen und unserem Bewußtsein.

Die Physik der Kosmologie und die Relativitätstheorie sind zwar bis an die äußersten Grenzen von Raum und Zeit vorgedrungen, doch der letzte Grund der Wirklichkeit bleibt, wie Bernard d'Espagnat formulierte, »hinter einem Schleier«. Der Erfolg der Quantenphysik bei der Berechnung der Prozesse, die sich im Bereich der kleinsten Größenordnungen der physikalischen Welt ereignen, steht außer Frage. Dennoch sind die Wesenheiten, die diese Welt bevölkern, lediglich durch eine wenig anschauliche und in keine realistische Vorstellung umsetzbare mathematische Formelsprache umrissen. Das mag den Zwecken der Mathematik genügen, denen der Sinnsuche aber nicht. Bis zum heutigen Tag sind uns die Vertreter der Quantentheorie eine eindeutige Antwort auf die Frage »Was ist Materie?« schuldig geblieben.

3 DAS PHÄNOMEN DES LEBENS

Das Leben ist gleichzeitig das vertrauteste und das geheimnisvollste Phänomen der Natur. Solange wir denken und atmen, steht fest, daß wir leben, aber diese Gewißheit liefert noch keine Antwort auf die fundamentale Frage: Was ist Leben?

Was können wir überhaupt von der Wissenschaft an Einsichten über das Leben erwarten, wo die Natur der Materie selbst noch immer hinter einem Schleier verborgen ist und uns der Kosmos ebenfalls ungelöste Probleme aufgibt? Schließlich könnte das Leben die Funktionsweise eines besonders komplexen chemischen Mechanismus aus Millionen und Milliarden von Atomen, Molekülen und Zellen darstellen. Es könnte auch die Manifestation einer von der physischen Welt grundsätzlich verschiedenen Realität sein – einer Realität, die im wesentlichen geistiger Natur ist. Die abendländischen Religionen sprechen von einer unsterblichen Seele, die nur vorübergehend in einen lebendigen Körper einzieht und deren Bestimmung das ewige Leben ist – oder die ewige Verdammnis. In den asiatischen Religionen herrscht die Vorstellung, daß ein unserem Begriff der Seele ähnliches nicht-materielles Element stets aufs neue in den Körper lebendiger Wesen Einzug hält, wobei Verdienste und Verfehlungen als Karma von Leben zu Leben mitgenommen werden.

Besonders im westlichen Kulturkreis halten viele Leute die wissenschaftliche Betrachtungsweise für unvereinbar mit derlei Vorstellungen. Statt dessen begreift das westliche Durchschnittsbewußtsein den lebenden Organismus als einen komplexen Mechanismus. Die neuen Forschungen über das Leben haben diesen Bezugsrahmen inzwischen allerdings weit hinter sich gelassen. Die Wissenschaftler gehen zwar nicht davon aus, daß sich eine »Seele« oder ein anderweitiges Lebensprinzip mit einem ansonsten leblosen Organismus verbindet, doch die Vorstellung von dem, was unter Leben zu verstehen sei, hat sich grundlegend gewandelt. Da sich diese Entwicklung am leichtesten nachvollziehen läßt, wenn man sie in ihrem historischen Kontext betrachtet, wollen wir kurz ihre Geschichte rekapitulieren.

VOM UNBELEBTEN ZUM LEBEN

Um die Entwicklung der modernen Anschauungen über das Leben zu verfolgen, brauchen wir nicht bei Adam und Eva anzufangen – es genügt, wenn wir bis zur Mitte des 19. Jahrhunderts zurückgehen. Das herrschende naturwissenschaftliche System jener Tage, die klassische Mechanik, war in Schwierigkeiten geraten. Ihre Bewegungsgesetze gelten für Massenpunkte, die sich in Raum und Zeit bewegen. Diese Bewegungen finden in einem euklidischen Raum (der dreidimensional und eben ist) und in einer umkehrbaren Zeit statt – in der Newtonschen Physik kann jede Reaktion sowohl vorwärts als auch rückwärts ablaufen. Wie wir gesehen haben, erklären die Newtonschen Gesetze die Pendelbewegung, den freien Fall und selbst die Bewegung der Planeten um die Sonne. Doch das Phänomen des Lebens erklären sie nicht. Lebendige Systeme sind durch Prozesse gekennzeichnet, deren Zeitablauf unumkehrbar ist (denn sonst wären sie unsterblich). Auch ist ihre »Bewegung« zu komplex, als daß sie mit den Einrichtungen und Methoden erfaßt werden könnten, die für die Messung und Berechnung physikalischer Systeme entwickelt wurden. Darüber hinaus liegt ihr Ursprung im dunkeln. Wenn Darwin recht damit hat, daß sich das Leben aus der physikalischen Welt des Unbelebten entwickelt hat, muß dieser unbelebten Welt ein außerphysikalisches Prinzip wie etwa Henri Bergsons »élan vital« eingegeben worden sein.

An der Ratlosigkeit der Wissenschaftler des 19. Jahrhunderts läßt sich ablesen, wie wenig sich das mechanistische Universum der Newtonschen Physik mit Darwins Konzept von der Evolution des Lebens vereinbaren ließ. Man war davon überzeugt, daß das physikalische Universum ein zeitlich umkehrbarer Mechanismus war, während die Entwicklung der Welt des Lebendigen sich auf zeitlich unumkehrbare Weise zu vollziehen schien. Das wissenschaftliche Konzept von der Welt ging in die Brüche.

Es gab jedoch eine wissenschaftliche Disziplin, die, anders als die klassische Mechanik, die Unumkehrbarkeit der Zeit keineswegs leugnete, sondern sogar bestätigte. Dies war die klassische Thermodynamik, deren zu Recht berühmter zweiter Hauptsatz besagt, daß in einem geschlossenen System, das Arbeit verrichtet, das Maß an Unordnung und Regellosigkeit unausweichlich zunimmt. Geschlossene Systeme stehen nicht in einem Materie- und Energieaustausch mit ihrer Umgebung, so daß die Menge an freier Energie, die ihnen anfänglich zur Verfügung steht, allmählich aufgebraucht wird.

Bei dem Bemühen, die Kluft zwischen der Newtonschen Physik und der Darwinschen Biologie zu schließen, erwies sich dieser Lehrsatz trotz seiner Brillanz und Prägnanz als wenig hilfreich. Denn jetzt erstreckte sich der Zeitstrahl zwar durch das Universum, doch leider in der falschen Richtung. Die Welt, die nach allen Vermutungen ein geschlossenes System darstellen dürfte, hätte sich erwartungsgemäß in stetigem Niedergang befinden müssen. Statt dessen schien die Entwicklung des Lebens nach immer Höherem zu streben. Ausgehend von niederen Einzellern und einfachen Algen, bewegte es sich über die Schwämme, die schon aus Zellkolonien bestehen, auf der Leiter der Komplexität unaufhaltsam nach oben, bis es im Tierreich angekommen war, das im Menschen offenbar seinen krönenden Abschluß gefunden hatte.

Im Verlauf der Evolution wurden die Organismen immer komplexer. Der zweite Hauptsatz der Thermodynamik bot hierfür zwar keine Erklärung, stellte aber auch keinen ausdrücklichen Widerspruch dar.

Aus heutiger Sicht läßt sich sagen, daß die Naturwissenschaft des 19. Jahrhunderts es mit zwei verschiedenen Zeitstrahlen zu tun hatte (dem thermodynamischen und dem biologischen) und sich in einem nicht hinterfragten Universum bewegte (dem Newtonschen), das weder für den einen noch für den anderen eine Erklärung liefern konnte. Die Wissenschaftler mußten bis zur Mitte des 20. Jahrhunderts auf eine annehmbare Auflösung dieses Widerspruchs warten. Gegen Ende der fünfziger Jahre wies die Disziplin der »Thermodynamik der unumkehrbaren Prozesse« (deren Vorläufer die »klassische« Thermodynamik war) nach, daß lebende Organismen nicht zu den Systemen gehören, die unvermeidlich in zunehmender Unordnung versinken müssen. Lebende Systeme sind wesentlich *offene* Systeme. Da sie ihren Vorrat an freier Energie immer wieder ergänzen, können sie sich weit oberhalb des trägen thermodynamischen Gleichgewichtsniveaus behaupten – vergleichbar mit einer Maschine, die endlos weiterlaufen kann, solange sie mit Treibstoff versorgt wird.

Im Lichte dieser Betrachtungsweise ist das Leben nicht »bloß« eine besonders raffinierte Erscheinungsform eines physikalischen Systems, es kann vielmehr als die logische Fortsetzung jener Prozesse verstanden werden, die sich im physikalischen Universum abspielen. Die Evolution des Kosmos brachte Galaxien hervor, in diesen Galaxien Sterne und einige davon mit Planeten. Manche dieser Planeten bewegen sich auf Umlaufbahnen, auf denen der Energiezustrom vom Muttergestirn eine höhere Strukturierung der ohnehin schon komplexen chemischen »Ursuppe« auf der Oberfläche bewirken konnte. Die stetige Bestrahlung durch das lokale Sonnengestirn lieferte die Energie, um die Ursuppe auf ein höheres Energieniveau zu heben und offene Systeme entstehen zu lassen – die sich ihrerseits noch weiter vom trägen Zustand des chemischen und thermischen Gleichgewichts fortentwickelten. Auf der Oberfläche geeigneter Planeten wie etwa der Erde herrschten Zustände, die weit über dem Niveau des thermischen und chemischen Gleichgewichts angesiedelt waren. Unter diesen Bedingungen konnte sich das Leben entwickeln, ohne daß ein Rückgriff auf außerphysikalische Prinzipien wie die Lebenskraft oder eine nicht-stoffliche Seele nötig gewesen wäre.

Nach der gängigen Urknall-Theorie war das Universum mindestens 10 Milliarden Jahre alt, bevor das Leben auf unserem (und vielleicht auch auf anderen) Planeten erschien. Die die Sonne umgebenden protoplanetarischen Gasmassen dürften sich etwa vor 4,56 Milliarden Jahren zu Planeten verdichtet haben, und die Entwicklung des Lebens auf der Erde setzte bemerkenswerterweise nicht viel später ein – man hat 3,5 Milliarden Jahre alte Gesteine gefunden, in denen sich Spuren einer weit fortgeschrittenen chemischen Evolution feststellen ließen. Primitive biologische Organismen haben nachweislich vor mindestens 2,8 Milliarden Jahren existiert, und bei fossilen prokaryotischen (zellkernlosen) Zellen mit einem Alter von 2,3 Milliarden Jahren hat man Beweise für biochemische Vorgänge entdeckt, an denen moderne Enzymstrukturen beteiligt sind.

In der chemischen Ursuppe der Erde waren die für die Entwicklung des Lebens notwendigen chemischen Bestandteile schon lange vor dem

Einsetzen der biologischen Evolution vorhanden. Die sechs chemischen Elemente, aus denen ungefähr 98 Prozent des uns bekannten Universums bestehen – Wasserstoff, Helium, Kohlenstoff, Stickstoff, Sauerstoff und Neon – sowie die komplexeren Moleküle, die für die Synthese der ersten sich selbst replizierenden Zellen erforderlich waren, hatten sich schon im Kosmos gebildet. Sogar Amino- und Nukleinsäuren entstanden bereits im Universum (und entstehen dort vielleicht immer noch) – man hat sie in Meteoriten nachgewiesen. Es dürfte daher mehr als wahrscheinlich sein, daß sich bestimmte Lebensformen auch auf anderen Planeten entwickelt haben: In unserer eigenen Galaxis gibt es Milliarden von Planeten – und es gibt Milliarden von Galaxien.

Die thermischen und chemischen Bedingungen unseres Planeten waren in hohem Maße für die Synthese der komplexeren molekularen Bestandteile von Leben geeignet. Monomere wie Zucker, Aminosäuren, Purin- und Pyrimidinbasen sowie aus diesen Monomeren aufgebaute lineare Polymere wie Eiweiß, Nukleinsäuren und andere Makromoleküle konnten im stetigen Energiezustrom des Sonnenlichts aufgebaut werden. Im Laufe der Zeit entwickelten sich als Vorläufer der höheren Lebensformen zellkernlose sogenannte prokaryotische Zellen, die zum integralen Bestandteil der im Entstehen begriffenen Biosphäre unseres Planeten wurden.

Nach derzeitigen Erkenntnissen kam es zur Entwicklung von höheren Lebensformen, als die auf dem Globus vorherrschenden Algen (die aus prokaryotischen, also zellkernlosen Zellen bestehen) durch das Auftreten von eukaryotischen, also mit einem Zellkern ausgestatteten Einzellern bedrängt wurden, denen die Algen als Nahrung dienten. Diese Einzeller weideten die Algen ab und läuteten damit das Ende einer Epoche ein, in der eine Milliarde Jahre (oder noch länger) keine Veränderung eingetreten war. Die Vorherrschaft der Algen war gebrochen, Lebensnischen für neue Arten taten sich auf. Unterarten, die am Randbereich zum Vorschein kamen, konnten sich in diesen Nischen festsetzen. Eine Vielzahl von neuen Prokaryoten erschien auf der Bildfläche und ermöglichte ihrerseits die Entwicklung von neuen und stärker spezialisierten Eukaryoten, denen sie als Beute dienten.

Mit Ausnahme der Viren und Bakterien stammen sämtliche Arten von Lebewesen, die heute die Erde bevölkern, von den frühen zellkerntragenden Einzellern ab. Ganze neue Artenfamilien, sogenannte *Genera*, traten in wahren Schüben von Kreativität auf den Plan. Von diesen kreativen Ausbrüchen wurde eine ganze Abfolge revolutionärer Umbrüche gekennzeichnet. In der kambrischen Revolution von vor ungefähr 600 Millionen Jahren erschienen innerhalb des relativ kurzen Zeitraums von einigen Millionen Jahren sämtliche Arten der wirbellosen Tiere auf der Erde. In diese gewaltige Entwicklung fällt auch das Auftreten der Spezies *homo*, wobei der Mensch allerdings ein Nachzügler ist.

In der Entwicklung der Arten – im Laufe einer im allgemeinen unumkehrbaren Evolution – konnten nur diejenigen bestehen, denen es gelang, unter einer Vielzahl von Umweltbedingungen (Klima, Topologie, Auftreten von Beute und Jägern et cetera) zu überleben. Andere Arten, die sich in schmalen »Spalten« der Entwicklung festgesetzt hatten, starben aus. Insbesondere spezialisierte Arten mutieren oder gehen häufig unter Bedingungen unter, in denen die Überlebenskünstler dank ihrer Anpassungsfähigkeit überleben. Das führt dazu, daß der Lebensbaum nicht mehr die von der Darwinschen Theorie vertraute, sich regelmäßig verzweigende Form aufweist. Vielmehr stellt er sich heute so dar, daß ausgestorbene, vormals dominante Arten in einem abrupten Sprung durch ehemals randständige ersetzt werden, die inzwischen dominant geworden sind. Die Spezialisten haben nur kurze Lebenslinien (sie sterben immer wieder aus und werden durch Mutanten ersetzt), während die überall zurechtkommenden Überlebenskünstler relativ lange Linien aufweisen.

Das organische Leben ist seit seiner Entstehung in den warmen und seichten Urmeeren durch die Energie der Sonne in Gang gehalten worden. Die Pflanzen benutzen das Sonnenlicht zur Photosynthese, wobei sie Wasser und Kohlendioxyd zu Kohlehydraten umwandeln; die Tiere fressen entweder Pflanzen oder andere Tiere, und der Mensch, der am Ende der Nahrungskette steht, ernährt sich von Pflanzen und von Tieren. Wenn sich das Energiegefälle zwischen der Oberfläche der Sonne (ungefähr 6000 Grad Celsius) und der Erdoberfläche (ungefähr 25 Grad Celsius) jemals ausgleichen würde, fänden nicht nur das Leben, sondern sämtliche thermodynamischen Prozesse auf diesem Planeten ein Ende. Die in der Erdatmosphäre gespeicherte Energie wäre innerhalb von nur wenigen Monaten aufgebraucht, bei den Meeren würde dieser Vorgang sogar einige wenige Wochen dauern. Nur manche Wurm- und Muschelarten in den tiefsten Tiefen der Ozeane könnten eine nennenswerte Zeit überleben. Solange der Energiezustrom von der Sonne zur Oberfläche unserer Erde jedoch andauert – und das dürfte noch einige Milliarden Jahre der Fall sein –, wird ein Teil dieser Energie von lebendigen Systemen in Biomasse umgewandelt. So werden diese Systeme nicht nur ihre Struktur aufrechterhalten, sondern darüber hinaus auch neue Strukturen hervorbringen, von denen einige noch komplexer und differenzierter aufgebaut sein werden als ihre Vorgänger.

DIE TRIEBFEDER DER EVOLUTION

Die Evolutionsprozesse auf unserem Planeten zeigen eine unvermutete Kraft. Im Verlauf der vergangenen 3,5 Milliarden Jahre haben sie eine lebendige Zellmasse entstehen lassen, deren Gewicht zusammengenommen das der sechs Kontinente übersteigt. Das ist eine gewaltige Masse organischen Materials, das sich nicht nur fortwährend selbst reproduzierte, sondern auch immer komplexer wurde. Seit das Leben auf der Erde Fuß faßte, hat sich der Rhythmus der Evolution unentwegt beschleunigt. Wie der Biologe William Day bemerkte, wurde die Hälfte der Zeit, in der die Evolution stattfand, allein dazu benötigt, um von einer Zellform zu einer anderen zu gelangen: von den Prokaryoten zu den Eukaryoten. Nur halb so lange dauerte es, bis sich die Klasse der Fische entwickelt hatte. Danach wurden die Abstände zwischen den bedeutenden Fortschritten immer kürzer. Während in der Welt des Lebens einige Bereiche nach und nach in einen Zustand des Gleichgewichts mit ihrer Umwelt eintraten und sich von da an nicht mehr weiterentwickelten, kam die Welle des allgemeinen evolutionären Fortschritts keineswegs zum Stillstand. Sie rollte von Stufe zu Stufe schneller voran.

Die Hauptabschnitte der Evolution müssen daher zur Bezeichnung der einzelnen Entwicklungsstufen und -schritte in immer kürzere Perioden eingeteilt werden (in Äonen, Ären, Systeme, Perioden, Epochen und Zeitalter, wobei Äonen den längsten und Zeitalter den kürzesten Abschnitt darstellen). Die Zustände bis zum Beginn der biologischen Revolution werden als Azoikum (= Ära ohne Leben) bezeichnet. Während dieser Ära schmolz und verfestigte sich die Erdkruste wiederholt, bis sich schließlich eine dauerhafte und feste Erdoberfläche gebildet hatte, die größtenteils von Ozeanen bedeckt und von der Atmosphäre umhüllt war. In der nächsten Ära, dem Archäozoikum (= Ära des ältesten Lebens) erschienen die ersten, primitivsten Formen des Lebens in Form von Algen und Bakterien. Im Protozoikum, einer Ära, die durch verbreitete Vereisungen, Überflutungen und die Verschiebungen großer Landmassen gekennzeichnet war, entstanden die einfachen wirbellosen Tierarten. Im Paläozoikum entwickelten sich die ersten Fische, Reptilien und die meisten gliederlosen Tierarten, und es wuchsen die ersten Wälder. In der Ära des Mesozoikums vollzogen sich der Aufstieg und der Fall der Dinosaurier und die Entwicklung der Vögel und der modernen Pflanzen.

Das Känozoikum ist die jüngste Ära. Sie brachte einen so starken und vielfältigen Evolutionsschub, daß sie in verschiedene »Systeme« eingeteilt wurde: das Palogän, das die Entwicklung der Säugetiere und anderer moderner Tierarten umfaßt, das Neogän (mit der Unterteilung in Miozän und Pliozän), in dem sich die Lebensformen in ihren jeweils eigenen Richtungen weiterentwickelten und spezialisierten, sowie das Quartär, die jüngste der großen Entwicklungsperioden. Das Quartär wird seinerseits in drei Zeitalter unterteilt, in das Untere, das Mittlere und das Obere Pleistozän.

Während der gesamten Entwicklung des Lebens haben sich die einzelnen Entwicklungszeiträume drastisch verkürzt. Die Evolution scheint einer Beschleunigungskurve zu folgen. Die antreibende Kraft drängt auf ungehinderte Entfaltung und läßt die Geschwindigkeit immer größer werden – wie bei einem herabfallenden Stein. Das Archäozoikum dauerte zwischen 3,5 und 4,5 Milliarden Jahre, das Protozoikum begann vor 2 bis 2,5 Milliarden Jahren und ging vor etwas mehr als einer halben Milliarde (550–600 Millionen) Jahren über in das Paläozoikum. Das Mesozoikum begann vor etwa 200 bis 250 Millionen Jahren, und die ersten Lebewesen des Känozoikums tauchten vor 65 bis 70 Millionen Jahren auf. An dieser Stelle beschleunigte sich die Evolution erneut. Die Epoche des Miozäns begann vor etwa 25 Millionen Jahren, das Untere Pleistozän des Quartärs vor 1,6 Millionen, das Mittlere vor 750 000 und das Obere erst vor 125 000 Jahren. Die Art der *Hominiden* erschien während des Holozäns (der jüngsten Epoche), obwohl sich unser eigener Zweig schon viel früher von anderen hominoiden Arten abgetrennt hat.

DAS AUFTAUCHEN DES MENSCHEN

Die Gattung der *Hominoiden* umfaßt drei Artengruppen: die *Hylobatiden* mit dem Gibbon als heutigem Vertreter, die *Pongiden* oder Menschenaffen mit dem Orang-Utan, dem Schimpansen und dem Gorilla als heutigen Repräsentanten und die *Hominiden*. Zu den letzteren gehört die Menschheit (in manchen Konzeptionen werden auch der Schimpanse und der Gorilla zur Familie der Hominiden gezählt, wobei man davon ausgeht, daß sich unsere Vorfahren erst in jüngerer Zeit als selbständiger Zweig abgespaltet haben).

Homo trennte sich von den beiden anderen hominoiden Familien, als die ersten Hominiden das Leben auf den Bäumen aufgaben. Den Grund dafür können wir nur vermuten – ein Klimawechsel könnte die Ursache gewesen sein. Umfangreichere Verschiebungen der Kontinentalplatten, die sich vor 5 Millionen Jahren oder noch davor ereigneten, zogen laut dieser Hypothese merkliche Verlagerungen der Hauptluftströmungen und, damit zusammenhängend, des Wettergeschehens nach sich. In Süd- und Zentralafrika wichen die tropischen Wälder zurück, und die üppige Vegetation wurde allmählich zur Ausnahme. Die Horden früher Hominiden sahen sich immer häufiger gezwungen, auf den Boden herabzusteigen, um dort nach Früchten, Beeren und eßbaren Wurzeln zu suchen. Am Waldrand beheimatete Hominidenkolonien mußten zwischen den einzelnen bewaldeten Gebieten zunehmend größere Entfernungen zurücklegen. Unter solchen Bedingungen hatten Arten, die sich auf zwei Beinen fortbewegen konnten, einen entscheidenden Überlebensvorteil.

Der aufrechte Gang brachte auch einen weiteren Vorteil mit sich, da er die Sicherheit der Neugeborenen erhöhte. Ein wesentlicher Faktor der Säuglingssterblichkeit bei Primaten, die auf Bäumen leben, ist der tödliche Absturz von Jungtieren, die sich nicht fest genug an der Mutter festgeklammert haben. Wenn die Mütter die Kinder mit den vorderen Gliedmaßen festhalten konnten, gewann die Horde wegen der größeren Zahl der überlebenden Nachkommen einen Reproduktionsvorteil. Aufgrund ihrer eingeschränkten Bewegungsfähigkeit in den Baumkronen verbrachten diese Weibchen größere Zeiträume auf dem Boden. Dort waren diejenigen im Vorteil, die sich auf den Hinterbeinen fortbewegen konnten, während sie das Jungtier »im Arm« hielten und dabei mit der anderen Hand eßbare Wurzeln ausrissen oder Beeren pflückten.

Obwohl die oben genannten Umstände beim Übergang von den baumbewohnenden Affen zu einer aufrecht gehenden Art auf dem Boden eine wichtige Rolle spielten, wurde dieser Wechsel vermutlich noch durch das Zusammenspiel zahlreicher weiterer Faktoren gefördert. Auf dem Boden war eine aufrechte Haltung notwendig, um Gefahren rechtzeitig zu erkennen. Ein Fuß mit flacher Sohle bot bei der Flucht vor größeren und stärkeren Fleischfressern einen Gewinn an Trittsicherheit. Längere und weniger gebogene Beinknochen sowie ein großer Zeh, der einen Großteil des Körpergewichts tragen und den Körper bei jedem Schritt vorantreiben konnte, waren fraglos von Vorteil. Die vorderen Gliedmaßen, die nun nicht mehr zum Festhalten im Geäst der Bäume notwendig waren, wurden für anderweitigen Gebrauch verfügbar. Arm- und Fingerknochen streckten sich, der Daumen wurde länger und nahm eine den restlichen Fingern gegenüberliegende Stellung ein. Diese Veränderungen ermöglichten einen festen Halt und einen immer geschickteren Umgang mit einer Vielzahl von Gegenständen. Gleichzeitig verkleinerte sich der Kiefer: Zum Festhalten und Sammeln von Nahrung wurde er nicht mehr benötigt. Die gesamte Skelettstruktur wurde weniger wuchtig, auch die Masse der Schädelknochen nahm ab. Damit konnte die Entwicklung eines voluminöseren Schädels mit Platz für ein größeres Gehirn eintreten.

Vor ungefähr 1,6 Millionen Jahren trat eine aufrecht gehende Spezies mit großer Gehirnmasse auf, die passenderweise den Namen *Homo erectus* trägt. *Homo erectus* war in der Lage, Äxte herzustellen und das Feuer zu gebrauchen. Während der folgenden 600 000 Jahre verbreitete er sich von Afrika über ganz Europa und Asien. Einer seiner Abkömmlinge war der *Homo sapiens*, dessen fossile Belege vor 50 000 bis 100 000 Jahren auftauchen. Ein weiterer Zweig, der *Homo neanderthaliensis*, also der Neandertaler, erschien zur gleichen Zeit, doch vor 35 000 Jahren verloren sich die Spuren seiner Existenz. Die moderne Erscheinungsform des *Homo sapiens (Homo sapiens sapiens)* ist seitdem der einzige Vertreter der Abstammungslinie der *Hominiden* auf unserem Planeten.

Es wäre eine Übertreibung, wollte man behaupten, daß die Wissenschaft die Frage nach der Natur des Lebens gelöst hat. Dennoch stellen die heutigen Theorien gegenüber den früheren Spekulationen einen gewaltigen Fortschritt dar. Das Leben ist nicht mehr eine Ausnahmeerscheinung im Kosmos, sondern ein wesentlicher Bestandteil der kosmischen Entwicklung. Ein lebender Organismus ist nicht »lediglich« ein physikalisches System. Durch und durch nicht-physikalisch ist er jedoch ebensowenig. Das Leben ist das Produkt einer langfristigen Entwicklung, die aus dem kosmischen Feuerball die Strukturen von Hadronen und Leptonen und von Sternen und Galaxien hat entstehen lassen. Sie hat in unserem lokalen Sternensystem in der dicken chemischen Ursuppe der Urmeere unseres Planeten eine weitere Stufe der Höherstrukturierung zu selbsterhaltenden, offenen thermodynamischen Systemen durchlaufen. Die lebenden Systeme, die sich dort entwickelten, konnten sich von der freien Energie ernähren, die ihnen durch den von der Sonne abgestrahlten dauernden Energiestrom zufließt. Sie schafft in einer komplexen Kette eine Verbindung von der niedrigsten Alge bis zum höchstentwickelten Raubtier. Nach 3 Milliarden Jahren einer immer schneller verlaufenden Entwicklung hat sich das Leben in all seinen Erscheinungsformen auf diesem Planeten zu einer nahtlosen Ganzheit emporgearbeitet, deren Fähigkeit zur Selbstregulierung den homöostatischen Prozessen in den einzelnen lebenden Organismen kaum nachsteht.

Der englische Biologe James Lovelock vertritt die Auffassung, daß das »Gaia« genannte System der Biosphäre und der Umwelt seinerseits einen lebenden Organismus darstellt. Wie dem auch sei, eines ist jedenfalls klar: Das Netzwerk des Lebens auf dieser Welt ist ein in hohem Maße aufeinander abgestimmtes Ganzes. In diesem fein austarierten System steht auch *Homo*; er lebt darin, ob er sich dessen bewußt ist oder nicht.

4 DIE ERSCHEINUNG DES BEWUSSTSEINS

Der erlebte und unmittelbar wahrgenommene Strom der bewußten Erfahrung begleitet uns ein Leben lang. Er bietet einen unerschöpflichen Grund für das Staunen der Dichter wie auch für die Debatte der Philosophen. Wenn wir uns mit diesem Thema beschäftigen, befinden wir uns an der äußersten Grenze dessen, was einer wissenschaftlichen Fragestellung zugänglich ist. Das Bewußtsein ist für uns zwar der unmittelbarste und vertrauteste Bereich unseres Erlebens – in mancher Hinsicht stellt es in der Tat die Quersumme unserer Erfahrungen dar –, doch die fundamentale Frage »Was ist Bewußtsein?« läßt sich nicht so einfach beantworten. Das Bewußtsein scheint wie ein Geisterschiff in unserem Kopf herumzuspuken. Wir mögen in uns selbst hineinschauen, soviel wir wollen, ein Selbstempfinden für die graue Zellmasse, mit der sich die Funktion des Bewußtseins nach Meinung der Naturwissenschaft verbindet, werden wir nicht entwickeln.

Schon immer hat die bemerkenswerte Frage, ob ein Bewußtseinsstrom überhaupt an ein Gehirn und einen Körper mit allen seinen Geweben, Organen, Knochen und der besagten grauen Zellmasse gebunden sein kann, die Aufmerksamkeit von Philosophen und philosophisch interessierten Wissenschaftlern erregt. Diese Bestandteile des Körpers setzen sich aus Zellen zusammen, die ihrerseits wiederum aus Molekülen und Atomen aufgebaut sind – doch die Moleküle und Atome der Gehirnsubstanz liefern nicht den geringsten Hinweis darauf, daß sie Bewußtsein hätten oder sich sonst auf irgendeine Weise von anderen Atomen unterscheiden. Dennoch werden die Atome und Moleküle, aus denen die organische Gehirnsubstanz besteht, vom Bewußtsein gewissermaßen »geflutet«. Könnte es sein, daß die Neuronen unseres Gehirns mit der Fähigkeit ausgestattet sind, Bewußtsein zu *erzeugen*? Oder sind Bewußtsein und geistige Tätigkeit als Anzeiger für etwas ganz anderes zu verstehen – für eine Seele oder einen Geist, die mit dem Gehirn als solchem überhaupt nichts zu tun haben, sondern sich seiner sozusagen nur bedienen?

Eine vielfach vertretene wissenschaftliche These besagt, daß das Bewußtsein mit dem Gehirn identisch sei. Das Bewußtsein wird als das Resultat des komplexen Wechselspiels zwischen Myriaden von hoch organisierten Gehirnzellen verstanden. Wenn dem so ist, erhebt sich die Frage, wodurch die Masse der grauen Zellen veranlaßt wird, sich so zu organisieren, daß Bewußtsein entstehen kann. Falls eine derartige Organisation möglich ist, müssen wir einräumen, daß auch künstliche Systeme wie Computer, die nicht aus Neuronen, sondern aus mikroelektronischen Schaltern aufgebaut sind, im Prinzip ein ähnliches Bewußtsein entwickeln können. Schließlich funktionieren die elektronischen Computerschaltkreise ebenso im binären Modus – sie sind entweder »an« oder »aus« – wie die Neuronen des Gehirns, die entweder »feuern«, oder »nicht feuern«.

Mystiker, Dichter und spekulative Philosophen vertreten eine entgegengesetzte Position, die dem menschlichen Gehirn eine einzigartige Gabe zuspricht, die es erst zur Erzeugung von Bewußtsein befähigt. Dieses Argument entzieht sich der Zuständigkeit der Naturwissenschaft, und das gilt auch für die noch weiter gehende These, daß das Bewußtsein nicht auf das Gehirn reduzierbar sei, sondern vielmehr ein geistiges oder spirituelles Prinzip darstelle, das zwar mit der grauen Zellsubstanz der Gehirnrinde in Verbindung treten kann, von dieser jedoch grundsätzlich verschieden sei.

Die Naturwissenschaft kann zu Aussagen dieser Art keine Stellung nehmen, auch wenn ihnen ein gewisser Wahrheitsgehalt zukommen mag. Die Existenz eines für sich bestehenden Bewußtseins, eines Geistes oder einer Seele kann mit den wissenschaftlichen Methoden von Beobachtung und Experiment nur anhand von Vorgängen nachgewiesen werden, die man im Gehirn beobachten kann. Und diese Vorgänge müßten von solcher Art sein, daß sie nicht das Produkt der Eigentätigkeit des Gehirns wären. Ob ein im Gehirn beobachteter Vorgang von etwas anderem als dem Gehirn selbst hervorgebracht worden ist, kann jedoch auf wissenschaftlicher Ebene derzeit noch nicht mit Gewißheit entschieden werden. Dazu sind wir nur dann in der Lage, wenn wir alles – oder fast alles – über die Gehirnfunktionen wissen. Soweit sind wir heute aber noch nicht, und es ist auch nicht wahrscheinlich, daß uns dieses Wissen bald oder in absehbarer Zeit zur Verfügung stehen wird.

Aus diesem Grund geht die wissenschaftliche Erforschung des Bewußtseins davon aus, daß es in einer bestimmten Weise mit den neuralen Funktionen des Gehirns zusammenhängt. (Diese Annahme kommt in einem »weichen« Forschungsbereich wie der Psychologie weniger zum Tragen, da dort der subjektive Blick nach innen die Hauptquelle der Information darstellt.) Das Gehirn wiederum ist eindeutig ein Organ des Körpers, so daß es ein Geschehen *innerhalb* des Körpers ist, wenn Bewußtsein dieses Organ erfüllt und dort mit dem Körper in Wechselwirkung tritt.

DER EVOLUTIONÄRE WEG ZUM BEWUSSTSEIN

Mit der materialistischen Betrachtungsweise, die von den meisten Wissenschaftlern bevorzugt wird, kann man sich auch der Frage nähern, weshalb bei der Gattung *Homo* ein spezifisch sich selbst wahrnehmendes Bewußtsein entstanden ist. Bot ein solches Bewußtsein unseren Vorfahren einen Überlebensvorteil? In diesem Fall wäre das Bewußtsein, den Flossen der Fische im Meer und dem Pelz der Tiere in kalten Klimazonen vergleichbar, auf dem Wege der natürlichen Auslese entstanden.

Es gibt tatsächlich Hinweise darauf, daß bestimmte geistige Funktionen, wie zum Beispiel die Intelligenz, das Ergebnis langfristiger Entwicklungsprozesse sind. Manche Forscher bestreiten zwar, daß Intelligenz Bewußtsein voraussetzt. Sie sind der Ansicht, daß eine intelligente Informationsverarbeitung im Gehirn auch auf einer vor- oder unterbewußten Ebene vonstatten gehen könnte. Es liegt jedoch auf der Hand, daß eine bewußte Selbstwahrnehmung des Subjektes für *bestimmte* Vorgänge der von Intelligenz abhängigen Informationsverarbeitung nur vorteilhaft sein kann – zum Beispiel beim Abwägen alternativer Verhaltensmöglichkeiten und -strategien. Als Träger dieser Fähigkeiten könnte das Bewußtsein als ein neues Element der Nervenfunktion durch die natürliche Auslese begünstigt worden sein.

Intelligenz als solche ist auch bei nicht-menschlichen Arten anzutreffen, und zwar unabhängig davon, ob sie von etwas begleitet wird, das mit dem menschlichen Bewußtsein vergleichbar ist. Viele Tierarten haben bestimmte Formen der Intelligenz entwickelt, deren Evolution sich weiter fortgesetzt hätte, wenn die Gelegenheit und die Notwendigkeit dazu bestanden hätten. Wale und Delphine besitzen schon eine relativ hohe Intelligenz, doch sie leben im Wasser, das eine beständigere und lebensfreundlichere Umwelt darstellt als das Land. Der Evolutionsdruck zur Entwicklung der Intelligenz war bei Meeressäugern geringer als bei ihren landbewohnenden Artgenossen. Die Landsäugetiere brauchen einen Intelligenzgrad, der hoch genug ist, um auf die unmittelbare Umwelt verändernd einzuwirken, denn das Überleben in terrestrischen Biotopen erfordert komplexe Verhaltens- und Handlungsabläufe. Die Verfügbarkeit von und das Haushalten mit Wasser, die laufende Versorgung mit Energie und die Gewährleistung einer konstanten Körpertemperatur sind wesentliche Faktoren des Fächers von Verhaltensweisen, die dazu dienen, den ungestörten Ablauf der biochemischen Reaktionen zu sichern, auf denen terrestrisches Leben beruht. Wenn ein Säugetier diese Funktionen im Wettbewerb mit physisch überlegenen Arten gewährleisten will, muß es bei der Einwirkung auf seine Umwelt ein beträchtliches Geschick aufbringen können. Ein mit Bewußtsein ausgestatteter Verstand dürfte sich bei der Bewältigung dieser Aufgabe als hilfreich erwiesen haben.

Es spricht alles dafür, daß unsere hominiden Vorfahren in hohem Maße auf ihr Geschick in der Bewältigung und im Umgang mit ihrer Umwelt angewiesen waren. Als sie von den Bäumen herabstiegen, hing ihr Überleben in erster Linie davon ab, daß sich bei ihnen körperliche Gewandtheit mit einem empfindlichen Tastsinn und der Fähigkeit zu gegenseitiger Kommunikation in hohem Maße vereinigten. Diese Funktionen erforderten ein komplexes Nervensystem, das von einem großen Gehirn koordiniert wird.

Der Lohn für die einfallsreichere Informationsverarbeitung und die größere Geschicklichkeit stellte sich vor 1,5 Millionen Jahren ein, als es einigen Horden von *Hominiden* gelang, das Feuer zu beherrschen. Sie lernten, auf natürliche Weise entstandene Feuerbrände in Gang zu halten, indem sie trockenes Holz und Laubwerk hineinwarfen, und sie fanden heraus, daß ein Knüppel, der an einem Ende brennt, am anderen Ende noch so kühl ist, daß man ihn dort anpacken kann. Sie lernten auch, selbst Feuer zu machen, indem sie aus geeigneten Steinen Funken schlugen oder mit einem brennenden Knüppelholz, das sie als Fackel von einem natürlichen Brand herbeiholten, an einer besser geeigneten Stelle ein neues Feuer entfachten.

Die Beherrschung des Feuers verschaffte unseren Vorfahren, die sich in einzelnen Familienverbänden durchschlugen, einen entschiedenen Überlebensvorteil. Feuer erzeugt Furcht, Flammen versengen Federn, Pelz und Haut; Tiere reagieren auf Feuer mit instinktiver Flucht. Wer das Feuer beherrschte, konnte es zu seiner Verteidigung einsetzen. Feuer spielt auch bei der kontinuierlichen Versorgung mit Nahrung eine wichtige Rolle. Fleisch verdirbt im rohen Zustand schnell, doch gebraten bleibt es länger genießbar. Als unsere Vorfahren anfingen, ihre Nahrung am Feuer zu garen, mußten sie nicht mehr von der Hand in den Mund leben. Die mageren Zeiten zwischen den Jagden und während der Schlechtwetterperioden ließen sich durch gemeinsam angelegte Nahrungsvorräte überbrücken.

Als die Gattung *Homo* gelernt hatte, das Feuer zu beherrschen, stand ihrem Siegeszug nichts mehr im Wege. Unsere Vorfahren mußten nicht mehr in dauernder Angst vor körperlich überlegenen räuberischen Tierarten um ihr Überleben kämpfen. Sie konnten Wohnstätten und Nahrungsvorräte anlegen und schützen. Überall wurden Feuerstellen eingerichtet und manchmal über sehr lange Zeiträume unterhalten. An Orten, die so weit auseinander liegen wie das Tal von Chou-Kou-Tien bei Peking, Aragon in Frankreich und Vértesszöllös in Ungarn, wurden von prähistorischen Menschen angelegte Feuerstellen gefunden. In der Nähe von Chesowanja in Kenia haben Archäologen unmittelbar neben menschlichen Knochen und Steinwerkzeugen gebrannte Tonreste gefunden. Diese 1,5 Millionen Jahre alten Scherben zeigen Brandspuren, die von höheren Temperaturen erzeugt worden sein müssen, als sie bei normalen Buschfeuern vorkommen. In der Höhle im Tal von Zhoukoudian befand sich eine Feuerstelle, in der ungefähr 230 000 Jahre lang mehr oder weniger ununterbrochen ein Feuer unterhalten wurde. Die Feuerstelle wurde erst verlassen, als die Höhlendecke einbrach.

Vor 8000 bis 10 000 Jahren begannen die Bewohner der Levante und Asiens, ihre unmittelbare Umwelt mit mehr Nachdruck zu gestalten. Sie lernten, eine größere Zahl von Pflanzen und Tieren zu domestizieren. Dadurch konnten sie in ortsfesten Siedlungen seßhaft werden und mußten nicht mehr hinter ihren Nahrungsquellen herwandern. Die Besiedelung der Flußtäler begann, darunter der Täler des Nil, des Euphrat und des Tigris, des Ganges und des Huang He. Der von den Flüssen abgesetzte Schlamm lieferte natürlichen Dünger, die wiederkehrenden Überschwemmungen ergaben ein natürliches Bewässerungssystem. Nomadenstämme wurden zu seßhaften Hirten und Bauern – und der Rest ist im wahrsten Sinn des Wortes Geschichte.

Die überlieferte Geschichte gründet sich darauf, daß hochentwickelte geistige Fähigkeiten auf organisierte Gesellschaftsstrukturen trafen, in denen sie ihre Wirkung entfalten konnten. Jede gesellschaftliche Zusammenarbeit setzt bestimmte gut ausgebildete Kommunikationsformen voraus, durch die Absichten und Zielvorstellungen vermittelt und Mißverständnisse vermieden werden können. Schon ganz früh stellte sich heraus, daß das Jagen, das Sammeln von Nahrung, die Verteidigung und die Aufzucht der Kinder Aufgaben waren, die wesentlich besser arbeitsteilig als allein durch das einzelne Individuum wahrgenommen werden konnten. Mit ihrem rudimentären Sprachvermögen erlangten unsere frühen Vorfahren einen entscheidenden Wettbewerbsvorteil gegenüber anderen Arten. Das soziale Verhalten befreite sich aus der Starrheit der genetischen Programmierung und bewies seine Anpassungsfähigkeit an stark wechselnde Bedingungen. Die Menschen wurden in die Lage versetzt, bei einer wachsenden Zahl von Aufgaben zusammenzuarbeiten, die ihnen eine immer größere Präzision abverlangten.

Die Kommunikation mit einer auf Symbolen aufgebauten Sprache bietet einen gewaltigen Vorteil gegenüber der Kommunikation mit einfachen Lauten. Die Fähigkeit, Laute zu erzeugen, ist unter Lebewesen weit verbreitet, aber sie begründet noch keine Sprache. Nicht-menschliche Gattungen verständigen sich mit Warnrufen, Balzrufen, Aufforderungen zur Beteiligung an der Jagd und manchmal auch am Spiel. Im Gegensatz zu reinen Signallauten verleiht eine auf Symbolen aufgebaute Sprache selbst primitiven Stämmen einen beträchtlichen Überlebensvorteil, indem sie zum Beispiel Mitteilungen über den Standort von Beute, über die Organisation der Jagd, über die Partnersuche und die Aufzucht des Nachwuchses gestattet.

Im Laufe vieler Jahrtausende bildete sich im Gehirn der *Hominiden* eine funktionale Verknüpfung des Zentrums für manuelle Geschicklichkeit und den Gebrauch von Werkzeugen mit dem Zentrum für Sprache und Sozialisation. Die genetisch verankerte Zeichensprache der Affen wandelte sich zu dem für menschliche Sprachen typischen System gemeinsamer Symbole.

Vor vermutlich nicht allzu langer Zeit führte diese Entwicklung zu einem weiteren Resultat. Durch ihre auf Symbolen aufgebaute Sprache waren die Menschen in der Lage, nicht nur die Gegenstände und Ereignisse ihrer Umwelt zu benennen, sondern auch sich selbst. Das schuf die Grundlage für die Entwicklung des typisch menschlichen, nämlich reflektierenden Bewußtseins, in dem das Erkennen der Umwelt mit der Selbstwahrnehmung des Menschen verknüpft ist.

DER MODERNE BEWUSSTSEINSBEGRIFF

Wie wir soeben gesehen haben, ist die Frage »Was ist Bewußtsein?« für die Hauptströmung der Wissenschaft unserer Zeit gegenstandslos, da diese das Bewußtsein positivistisch, nämlich über die Gehirnfunktionen definiert. Das Verständnis der Gehirnfunktionen stellt uns jedoch vor beträchtliche Probleme, die bis zum heutigen Tag nur zum Teil gelöst werden konnten. Die Funktionen, durch die sich der Mensch von anderen Lebewesen unterscheidet, sind in den vorderen Gehirnregionen konzentriert, dem sogenannten Neocortex. Diese äußerst komplexe Gehirnregion hat sich, stammesgeschichtlich gesehen, bei unserer Gattung zuletzt entwickelt. Hier ist der Sitz der Reizwahrnehmung, der Reaktionen und der Steuerung der Regelprozesse sowie der Analyse und

Speicherung von Informationen – also des Erkennens und des *Wieder*erkennens.

Nur die niedrigeren und fundamentaleren Funktionen verstehen wir bislang relativ gut: gewisse Elemente der Wahrnehmung, der motorischen Reaktionen und der Körperregulierung. Gleichwohl haben wir inzwischen einige weitere Erkenntnisse gewonnen. Es hat sich beispielsweise gezeigt, daß sich der Beitrag des Gehirns zur Wahrnehmung nicht etwa nur in einer passiven Aufnahme der Informationen erschöpft, die von den Augen, den Ohren und den anderen Sinnesorganen geliefert werden. Das Gehirn vergleicht die ankommenden Signale mit den Signalen, die schon in den jeweiligen Hirnregionen zirkulieren, und regelt die Empfindlichkeit der betreffenden Sinnesorgane entsprechend neu ein. Beim Sehen trifft die Energie des Lichtes nicht als eine Folge von fertigen Bildern auf die Netzhaut. Das sichtbare Licht ist ein breites Band des elektromagnetischen Wellenspektrums. Wie die Radiowellen, die über die ganze Empfindlichkeitsskala eines Rundfunkgeräts reichen, stellt es einen »Wellensalat« dar. Man braucht einen »Tuner« oder, im Falle des Auges, eine Linse, um dieses Sammelsurium von Wellen in einem Brennpunkt zu bündeln und zu einem zusammenhängenden Muster zusammenzusetzen. Diese Funktion wird auf wirkungsvolle Weise im Zusammenspiel der Netzhaut mit dem Sehzentrum des Gehirns wahrgenommen.

Auch das Ohr ist ein Organ, in dem ankommende Signale in feinsten Abstufungen analysiert werden können. Das Innenohr kann Schwingungen mit einer Auslenkung von weniger als dem Durchmesser eines Wasserstoffatoms empfangen und in Signale an das Gehirn umwandeln. Selbst die unglaublich winzige Schwingungsamplitude von 10^{-11} Metern ruft noch einen Reiz hervor. Die Basilarmembran ist kein rein passives Schwingungssystem wie die Membran eines Mikrophons, die von einem Schallsignal in Schwingung versetzt wird. Sie weist noch einen zusätzlichen Mechanismus auf, der kleinste Erregungsmuster so verstärkt, daß sie als eigenes Signal wahrgenommen werden können. Nur bei großen Lautstärken arbeitet das Ohr im passiven Empfangsmodus. Bei kleinen Lautstärken koppelt es sich mit einer selbsterzeugten Schwingung an die ankommenden Signale an. Das bedeutet, daß auf den feineren Stufen der akustischen Wahrnehmung ein Zusammenspiel der ankommenden und der vom Ohr selbst erzeugten Signale stattfindet. Der menschliche Hörvorgang beruht auf der Analyse der Phasenkohärenz der äußeren und der inneren Oszillation des Ohres.

Die Analyse der Informationen, die dem Organismus aus der Außenwelt zuströmen (nämlich die *Wahrnehmung*), ist nur ein kleiner Ausschnitt der Leistungen des menschlichen Gehirns. Ein wichtiger Teil davon ist das Erkennen, an dem die Analyse beteiligt ist, sowie das Wiedererkennen, das auf der Speicherung und dem späteren Abruf dessen beruht, was schon früher einmal analysiert wurde. Dies ist die Aufgabe des Gedächtnisses.

Um Wahrnehmungen über einen längeren Zeitraum im Gehirn zu speichern, müssen dort als Reaktion auf die ankommenden Signale entsprechende Spuren oder »Engramme« erzeugt werden. Es handelt sich dabei um stets neue Verknüpfungen der Nervenzellen des analytischen Gehirnapparates, wodurch sozusagen »Chipkarten« entstehen, deren Informationsgehalt immer wieder abgerufen werden kann. Der Gehirnforscher und Nobelpreisträger Sir John Eccles formulierte es so: »Wir müssen davon ausgehen, daß das Langzeitgedächtnis aus Codierungen in den neuronalen Verknüpfungen unseres Gehirns besteht. Das veranlaßt uns zu der Annahme, daß die strukturelle Basis des Gedächtnisses in dauerhaften Veränderungen der Synapsen zu suchen ist.«

Die Suche nach Engrammen und anderen dauerhaften Veränderungen an den Synapsen, die als Träger einer Langzeitspeicherung von Informationen im Gehirn in Frage kommen könnten, hat sich allerdings als vergeblich erwiesen. Die systematische Suche begann in den vierziger Jahren, als der Neurochirurg Karl Lashley seine berühmt gewordenen Tierversuche durchführte. Lashley versuchte, in den Gehirnen von Ratten Engramme festzustellen, indem er den Tieren bestimmte Verhaltensprogramme beibrachte und ihnen anschließend bestimmte Gehirnbereiche operativ entfernte. Auf diese Weise hoffte er herauszufinden, an welcher Stelle des Gehirns die Verhaltensmuster gespeichert waren. Im Laufe der Versuche entfernte er immer größere Teile des Gehirns, aber er konnte keinen Zusammenhang zwischen einer bestimmten Gehirnregion und der Erinnerung an das Verhaltensmuster feststellen. Das Erinnerungsvermögen der Versuchstiere nahm zwar in Proportion zu der entfernten Menge an Gehirnsubstanz ab, doch ein gewisser Rest an Erinnerungen blieb stets erhalten. Das Gedächtnis schien das Rattenhirn als Ganzes zu bewohnen. Lashley schloß daraus, daß das Verhalten des Organismus durch massenhafte Reizeinwirkung auf ein allgemeines Feld von Aktivitätsgrundmustern ohne Bezug auf bestimmte Nervenzellen bestimmt wird.

Seit sich in Lashleys Versuchen eine lokale Zuordnung des Gedächtnisses bei Ratten als unmöglich erwies, glauben nur noch wenige Wissenschaftler, daß das Gedächtnis durch lokal festgelegte Engramme im Gehirn verankert ist. Es wurden vielmehr anspruchsvolle Netzwerktheorien entwickelt, bei denen man sich die Anordnungen der Neuronen als eine Vielzahl von verschiedenen Netzwerken vorzustellen hat. Manche dieser Netze sind wohl unter dem Einfluß von Erfahrungen veränderbar.

Eine der bekanntesten Theorien zum »neuralen Netzwerk« stammt von dem amerikanischen Biologen und Nobelpreisträger Gerald Edelmann. Nach seiner Theorie sind die kognitiven Funktionen im Gehirn auf bestimmte neurale Gruppen verteilt, die aus hundert, aber auch aus bis zu einer Million Zellen bestehen können. Diese vermögen auf die Signale, die zu ihnen gelangen, im Gesamtverband zu reagieren. Jede Gruppe reagiert auf ein bestimmtes Signalbündel, das als auslösender Reiz den Verarbeitungsprozeß im Gehirn anregt. Da die Signale eine Vielzahl neuraler Gruppen ansprechen, stehen diese Gruppen miteinander um ihre »Auswahl« (das heißt Aktivierung) in Konkurrenz. Aus diesem Grund wählte Edelmann für seine Theorie die Bezeichnung »neuraler Darwinismus«.

Die fundamentalen neuralen Gruppen bilden das *primäre Repertoire* des Gehirns. Sie sind genetisch programmiert und daher angeboren. Wenn eine Gruppe des primären Repertoires zuvor schon einmal aktiviert worden ist, erhöht sich die Wahrscheinlichkeit, daß gleiche oder ähnliche Signale erneut zu ihnen gelangen. Auf diese Weise bildet sich in Form einer noch stärker vernetzten Untergruppierung das *sekundäre Repertoire* des Gehirns heraus. Da die neuralen Gruppen auf bestimmte Signale bereitwilliger reagieren als auf andere, wird durch die zwischen ihnen bestehende selektive Konkurrenz die allgemeine Richtung für die

Entwicklung der Gehirnleistungen vorgegeben. Diese vollzieht sich daher zum einen über die Auswahl schon vorhandener neuraler Gruppen durch die ankommenden Signale und zum anderen durch den Zusammenschluß einzelner Gruppen zu Aggregaten höherer Ordnung. Der Mechanismus von Auswahl und Gruppenbildung ist die Basis der kognitiven Leistungsfähigkeit des Gehirns. Zu dieser gehören die Unterscheidung einzelner Reize, die Herausformung der Begriffskategorien und die Selbstwahrnehmung.

Das Gedächtnis vieler Arten, angefangen von den Insekten bis hin zu den Affen, wird mit neuralen Netzwerktheorien erklärt. Das primäre Repertoire bildet den genetisch programmierten Teil des tierischen Gehirns und Nervensystems, während das sekundäre Repertoire aufgrund seiner Veränderbarkeit durch Erfahrungen die Lernfähigkeit repräsentiert. Die meisten Arten kommen ohne diese Fähigkeit nicht aus, denn außer bei den primitivsten Organismen muß die Starrheit des genetisch programmierten Verhaltensrepertoires durch einen Mechanismus abgepuffert werden, der den betreffenden Organismus in die Lage versetzt, aus seinen Erfahrungen zu lernen. Nur in den seltensten Fällen ist das »genetische Gedächtnis« allein in der Lage, das Überleben zu garantieren.

Oberhalb der Ebene der Viren und Bakterien findet sich bei fast allen Organismen eine lernbedingte Modifikation der genetisch festgelegten Verhaltensweisen. Meisenvögel jagen zum Beispiel ihre Insektenbeute in ganz zufälliger Auswahl, solange es mehrere Insektenarten in ihrem Revier gibt. Sobald jedoch eine Insektenart besonders häufig auftritt, wird diese Art von den Meisen bevorzugt bejagt, während die anderen Arten vernachlässigt werden. Wenn die Häufigkeit der bevorzugten Beuteinsekten zurückgeht, jagen die Vögel sie noch eine Zeitlang, bis sie eine andere Beutepräferenz entwickeln oder zum alten Muster der zufälligen Beuteauswahl zurückkehren. Sogar Fische »erinnern« sich an die Stelle, wo ihnen Futter verabreicht wurde, wenn auch nur etwa zehn Sekunden lang. Das Erinnerungsvermögen von Schildkröten und Fröschen kann einige Minuten überbrücken, Hunde sind in der Lage, sich eine Futterquelle mehrere Stunden und manchmal mehrere Tage lang zu merken, und Paviane erinnern sich sogar bis zu sechs Wochen lang.

Unser eigenes Gehirn ist zusätzlich zur Analyse und Speicherung – Erkennen und Wiedererkennen – von sensorischen Reizen zu weiteren bemerkenswerten Leistungen fähig. Die gewaltige Bandbreite des bewußten Denkens in Symbolen, theoretischen Zusammenhängen und abstrakten Begriffen verlangt eine hochkomplexe neurale Informationsverarbeitung, die sich zum Teil auf Daten stützt, die vom Gehirn selbst erzeugt werden. Die sensorischen Wahrnehmungen werden von Gefühlen, Intuitionen und emotionalen Grundtönen ebenso begleitet wie von abstrakten Denkprozessen. Die neurophysikalische Basis der höheren Gehirnfunktionen liegt jedoch noch völlig im dunkeln. Die Neurologie steht erst am Anfang eines langen Weges, der eines Tages zu einem besseren Verständnis des Bewußtseins hinsichtlich der daran beteiligten Gehirnvorgänge führen sollte. Eine positive Betrachtungsweise sieht dabei weniger den riesigen Ozean der noch ungelösten Geheimnisse, sondern setzt statt dessen darauf, daß die Wissenschaft lernen kann, wie man diese Gewässer befährt.

Mehr als jeder andere Bereich der Natur stellt uns das menschliche Gehirn, der Sitz unseres Verstands und unseres Bewußtseins, vor ungelöste Fragen. Was wir uns bislang an Wissen erarbeitet haben, ist gering im Vergleich zu dem, was wir noch nicht wissen. Dennoch haben wir schon bemerkenswerte Kenntnisse gewonnen, die uns zeigen, daß das Gehirn nicht eine Art passiver Kamera ist, wie man sich das gemeinhin vorstellt. Es ist ein raffiniertes Um- und Übersetzungssystem, das als integrales Ganzes funktioniert und dessen Funktionen weder den einzelnen Neuronen noch bestimmten Neuronengruppen zugeordnet werden können.

Das Gehirn ist nicht so offen gegenüber der Umwelt, daß seine eigene Struktur nicht auf die Wahrnehmungs- und Bewußtseinsleistungen zurückwirken würde. Es ist aber auch nicht so stark in sich abgeschlossen, daß das Bewußtsein lediglich das interne Gehirngeschehen widerspiegelt. Es ist vielmehr ein aktiver Bestandteil eines lebenden Systems, der unablässig die Beziehungen zwischen diesem System und seiner Umwelt beobachtet und entsprechend nachreguliert. Manche dieser Überwachungs- und Regulationsprozesse spielen sich im bewußten Teil des Gehirns ab: Es ist jenes Phänomen, das wir als Verstand bezeichnen. Dieses Phänomen stellt, soweit wir wissen, das am weitesten entwickelte System der Informationsverarbeitung auf der Welt dar.

TEIL II
DAS UNSCHARF GEWORDENE BILD

1 OFFENE FRAGEN DER KOSMOLOGIE

Wie wir gesehen haben, liegt die Küste des überkommenen Wissens an manchen Stellen im Nebel – das Verständnis, das uns die zeitgenössische Wissenschaft zu bieten vermag, weist immer noch Lücken auf. Es ist natürlich zweifelhaft, ob der menschliche Geist die Wirklichkeit jemals erschöpfend erfassen wird, doch eines ist gewiß: Die moderne Wissenschaft hat trotz all ihrer bemerkenswerten Fortschritte noch einen langen Weg vor sich. Vieles ist noch schleierhaft, und auf allen wichtigen Forschungsgebieten tun sich immer wieder theoretisch unbewältigte »Schwarze Löcher« auf. Das gilt gleichermaßen für die Erforschung des Universums (Kosmologie), der Materie (Physik), des Lebens (Biologie) und des Bewußtseins (Neurophysiologie, Psychologie und Erkenntnistheorie). Bevor wir uns im dritten Teil eingehend mit jenen vielversprechenden Entwicklungen beschäftigen, die unseren Blick klären und uns zu neuen Horizonten tragen können, wollen wir uns hier einen Überblick über diese Problemfelder verschaffen.[1] Wie zuvor wollen wir mit der Kosmologie beginnen.

DAS RÄTSEL DES URKNALLS

Das Standardmodell des Urknalls ist zwar relativ unumstritten, aber es ist trotzdem unter Beschuß geraten, denn es gibt eine ganze Reihe von Beobachtungen, die dieses Modell nicht ausreichend erklären kann. Das gilt keineswegs nur für die spekulative Frage: Was war vor dem Urknall – und was wird sein, wenn die von ihm angestoßenen Prozesse an ihr Ende gelangt sind? Es gilt auch für eine Vielzahl von eher technischen Ungereimtheiten. Die Urknall-Theorie kann beispielsweise nicht die »Fingerabdrücke« – die minimalen Homogenitätsschwankungen der kosmischen Hintergrundstrahlung – erklären, die zur Bildung der Galaxien geführt haben. Ebensowenig kann sie uns sagen, wo die »fehlende Masse« des

Universums gesucht werden muß (die Sternbewegungen, die wir in den Galaxien beobachten, lassen nämlich auf eine wesentlich größere Gesamtgravitation schließen, als es der Gesamtmasse der von uns im Universum beobachteten Sterne entspricht). Unbeantwortet läßt sie auch die Frage, welcher Mechanismus den »inflationären« Ausdehnungsprozeß des ganz frühen Universums zunächst an- und dann wieder abgeschaltet haben könnte.

Die Urknall-Theorie bietet auch keine Erklärung dafür, daß die Zusammensetzung der kosmischen Hintergrundstrahlung wie auch die Art der Entwicklung von Sternen und Galaxien von der Erde aus gesehen in allen Richtungen gleich ist – und das selbst in kosmischen Regionen, die so weit voneinander entfernt sind, daß eine Kommunikation zwischen ihnen vollkommen ausgeschlossen erscheint. (Es gibt im Kosmos Regionen, die 20 Milliarden Lichtjahre und noch weiter auseinander – aber nicht von uns entfernt – liegen. Das ist weiter als die größte Entfernung, die das Licht in der Zeit, die seit dem Urknall verstrichen ist – 15 Milliarden Jahre, vielleicht sogar weniger –, zurückgelegt haben kann.) Dennoch ist die Entwicklung des Universums überall den gleichen Weg gegangen, folgte den gleichen Gesetzen und läßt überall die gleichen Regelmäßigkeiten erkennen. Wie ist das möglich? Falls Verbindungen zwischen den verschiedenen Teilen des Universums nicht schneller als mit Lichtgeschwindigkeit hergestellt werden können, müßten sich die Einheitlichkeit der Hintergrundstrahlung und die Ähnlichkeiten der Entwicklung von Sternen und Galaxien aus einer fast schon an ein Wunder grenzenden Feinabstimmung während der allerersten »inflationären« Ausdehnungsperiode unmittelbar nach dem Urknall ergeben haben.

Schließlich sei auch noch das Geheimnis erwähnt, das das Alter der Galaxien und des Universums als solches umgibt. Einige Galaxien sind einfach zu groß und befinden sich zu tief im Weltraum, um aus den Folgeereignissen des Urknalls hervorgegangen sein zu können. Bei vier Peilstrahl-Durchsuchungen des Universums wurden außerordentlich große galaktische Strukturen entdeckt, die sich in einer Entfernung von über einer Milliarde Parsec befinden, gefolgt von einer Reihe ähnlicher Gebilde in Abständen von jeweils ungefähr 150 Millionen Parsec (ein Parsec entspricht 3,26 Lichtjahren). Jedes dieser Gebilde hat Ähnlichkeit mit der »Großen Mauer«, jener uns am nächsten liegenden großen Struktur, die sich mehr als 153,37 Parsec (500 Millionen Lichtjahre) über den Himmel erstreckt. Diese Riesenstrukturen lassen ein weitaus größeres Alter des Universums vermuten, als das Urknall-Modell zuläßt – manche Astronomen setzen dafür in ihren Schätzungen über 63 Milliarden Jahre an.

Das ist wirklich merkwürdig. *Ist es denkbar, daß einige Galaxien des Universums älter sind, als das Universum selbst?*

Selbst wenn das Alter der unlängst beobachteten Sterne und Galaxien viel geringer sein sollte, als es derzeit den Anschein hat, paßt es immer noch nicht zum Alter des Universums, das durch das Standard-Urknall-Modell mit ungefähr 15 Milliarden Jahren vorgegeben ist. Dieser Wert ist jedoch mittlerweile umstritten. Er hängt vom genauen Betrag der sogenannten Hubble-Konstante ab, dem Maß für die Geschwindigkeit, mit der sich die Objekte im Weltraum von der Erde entfernen.[2]

Unabhängig davon, ob sich die explosive Instabilität des Urknalls vor 8 oder 15 Milliarden Jahren ereignet hat, kann man nur Mutmaßungen darüber anstellen, ob wirklich *alle* Objekte im Kosmos aus *einer* explosiven Instabilität hervorgegangen sind. Die eigentliche Frage ist nämlich nicht, ob sich diese Instabilität zu dem vom Standardmodell angegebenen Zeitpunkt ereignet hat, sondern ob es die erste und einzige Instabilität gewesen ist. Der große Knall des Urknalls könnte ja auch nur eines von einer ganzen Reihe vorausgegangener (und vielleicht auch zukünftiger) Urknall-Ereignisse sein, die nicht allumfassend sind.

Die Verfechter des Standardmodells behaupten, daß sie diese Fragen nicht als besonders störend empfinden. Sie vertreten die Meinung, daß viele davon ihrem Modell keineswegs gefährlich werden könnten. So zum Beispiel spiele es keine grundsätzliche Rolle, ob der Urknall durch eine inflationäre Epoche oder durch den Kollaps eines vorausgegangenen Universums ausgelöst worden sei. Ebenso seien die Antworten auf Fragen hinsichtlich des Alters und der Zukunft des Universums (ein erneuter großer Kollaps, unendlich fortschreitende Ausdehnung oder ein schließlich ausbalancierter Gleichgewichtszustand) durch jenen Unsicherheitsfaktor belastet, mit dem sich die Kosmologie nun einmal abfinden müsse. Sie weisen darauf hin, daß das Standardmodell auf jeden Fall eine ganze Reihe von erhellenden Interpretationen und erfolgreichen Voraussagen geliefert habe, deren Zahl die der Fehlschläge bei weitem übertreffe.[3] Manche Kosmologen behaupten sogar, es sei kein kosmologisches Modell bekannt, das sich mit der ganzen Bandbreite der beobachteten und experimentell gewonnenen Daten in so guter Übereinstimmung befindet wie das Standardmodell.

Dennoch gibt es ernstzunehmende Alternativen zur Urknall-Theorie, die zudem in letzter Zeit eine beträchtliche Verfeinerung erfahren haben.

Die altehrwürdige Alternative zum Standardmodell stellt das Szenario von einem stabilen Weltall dar. Dieses Modell wurde allgemein diskutiert, bis etwa ab dem Jahre 1965 die Urknall-Kosmologie die gesamte Aufmerksamkeit auf sich zog. In seiner ursprünglichen Gestalt hielt sich dieses Modell an die Grundsätze der Einsteinschen Theorie. Dabei wurden Instabilitäten des Kosmos in der Weise in die Theorie einbezogen, daß man von einer dauernden Erzeugung von neuer Materie ausging, die jene Masse exakt ersetzte, die durch die Ausdehnung des Weltalls abhanden kam. Dadurch konnte die mittlere Dichte des Universums konstant gehalten werden.

Die Theorie der laufenden Erzeugung von neuer Materie geht zurück auf eine Idee von Sir James Jeans, der im Jahre 1929 schrieb: »Wir müssen annehmen, daß die Zentren der Galaxien ihrer Natur nach Orte von ›Singularitäten‹ darstellen, an denen aus einer anderen und uns absolut unzugänglichen Dimension Materie in unser Universum einströmt. Ein Bewohner unseres Universums muß dies für Orte halten, an denen laufend neue Materie erzeugt wird.« In den sechziger Jahren entwickelten die englischen Kosmologen H. C. Arp und Sir Fred Hoyle aus dieser Vorstellung die moderne Version des »steady-state«-Modells« (das Modell von einem stabilen Universum). Sie ersetzt die Vorstellung von der Materie, die »aus einer anderen, uns absolut unzugänglichen Dimension in unser Universum einströmt«, durch die Entstehung von Materie *innerhalb* unseres Universums.

In der derzeitigen Version (1993 und danach) ihrer *Quasi-Steady-State-Cosmology* (abgekürzt QSSC) haben Hoyle und seine Kollegen Burbidge und Narlikar gezeigt, daß die Materieerzeugung in großen Schüben innerhalb der Schwerkraftfelder auftritt, wie sie in schon existierenden dichten Materieansammlungen zu finden sind, beispielsweise in den Kernbereichen der Galaxien.[4] Nach der QSSC pulsiert das Weltall bei seiner allgemeinen Ausdehnung mit einer Schwingungsperiode von 40 Milliarden Jahren. Die Erzeugung neuer Materie konzentriert sich auf diese Intervalle, wobei der Schwingungszyklus in eine Epoche zurückreicht, in der wegen der damals noch geringen Größe des Universums nur ein Minimum an Schwingung erforderlich war. Der jüngste bedeutende Schub von Materieerzeugung ereignete sich vor 14 Milliarden Jahren, also in einer befriedigenden Übereinstimmung mit den Schätzwerten der Urknall-Theorie.

Wie andere neuere Theorien ist auch die QSSC eine multizyklische Kosmologie. Das Universum durchläuft periodische Schöpfungszyklen, so daß neben der Materie des gegenwärtigen Zyklus auch noch Materie aus vorangegangenen Zyklen existiert. Außer den Galaxien des derzeitigen, 14 bis 15 Milliarden Jahre alten Universums gibt es solche, die davor entstanden sind. Ob es sich um eine von »unseren« Galaxien handelt, läßt sich an den Parametern ihrer Rotverschiebung ablesen: Die aus einem früheren Universum übriggebliebenen Galaxien entfernen sich mit einer größeren Geschwindigkeit voneinander, und ihre Lichtspektren weisen daher eine größere Verschiebung in den roten Bereich auf, als es bei den Galaxien unseres jetzigen Universums der Fall ist.[5]

Der belgische Nobelpreisträger Ilya Prigogine hat zusammen mit seinen Kollegen Geheniau, Gunzig und Nardone eine weitere multizyklische Kosmologie vorgelegt. In einer an die Hoylesche Kosmologie angelehnten These schlagen diese Wissenschaftler vor, daß die großräumige Struktur der Raumzeit ein Reservoir für negative Energie erzeugt, aus der die Materie, die der Schwerkraft unterliegt, positive Energie ziehen kann. (Negative Energie ist jene Energie, die aufgewendet werden muß, um einen Körper entgegen der Richtung der auf ihn einwirkenden Schwerkraft zu bewegen.) In dieser multizyklischen Kosmologie fällt der Schwerkraft eine unerwartete Rolle zu: Sie führt nicht nur zur Zusammenballung von Galaxien, sondern ist auch der Grund für die Entstehung von Materie.[6]

Die von Prigogine und seinen Mitarbeitern angebotene »self-consistent non-Big-Bang cosmology« (selbstkonsistente Nicht-Urknall-Kosmologie) zeichnet das Bild einer niemals stillstehenden Mühle, die unentwegt neue Materie hervorbringt. Je größer die Zahl der neu geschaffenen Teilchen ist, desto mehr negative Energie wird produziert – und als positive Energie der Synthese weiterer Teilchen zugeführt. Im Umfeld von Schwerkraft-Wechselwirkungen wird das Quantenvakuum (über das in den folgenden Kapiteln noch mehr gesagt wird) instabil. Materie und Vakuum bilden eine selbsterzeugte Rückkopplungsschleife. Die von der Materie ausgelöste kritische Instabilität läßt das Vakuum in einen inflationären Zustand geraten, der den Beginn einer neuen Epoche der Materieerzeugung anzeigt. Daher wurde das von uns beobachtete Universum nicht aus einem jenseits aller und vor allen Vorstellungen existierenden Vakuum geboren, sondern es verwirklichte sich als ein neuer Zyklus innerhalb eines schon existierenden Universums.

DAS RÄTSEL DER FEINABSTIMMUNG DER NATURKONSTANTEN

Die multizyklischen Kosmologien versprechen eine wissenschaftlich fundierte Antwort auf die immer wiederkehrende Frage: »Was war vor dem Urknall? Und was wird sein, wenn sämtliche im Urknall erzeugte Materie einmal zerfallen sein wird?« Eine tragfähige Antwort wäre zwar ein Riesenschritt voran, doch auch sie würde nicht das Rätsel lösen, das einem anderen Problem der modernen Kosmologie anhaftet, nämlich die Frage, wie es überhaupt dazu kommt, daß es Leben im Kosmos gibt.

Leben ist in diesem Universum möglich – das wissen wir bereits. Daß Leben, wie es sich jetzt herausstellt, *nur* in einem Universum wie dem unsrigen möglich ist, wußten wir jedoch nicht. Die Bedingungen, unter denen sich Leben entwickeln kann, sind außerordentlich eng umrissen. Schon die kleinste Veränderung der Grundkonstanten der Natur würde verhindern, daß irgendwo in den riesigen Räumen des Kosmos Leben möglich wäre.

Zum Glück weisen die fundamentalen Parameter im Universum genau die für das Leben erforderlichen Werte auf. Wie die Astrophysik festgestellt hat, sind die physikalischen Prozesse des Lebens einerseits bestens auf die physikalischen Vorgänge im Kosmos abgestimmt (was nicht unbedingt verwundert, da sich das Leben aus der physikalischen Ebene heraus entwickelt hat), doch ebenso sind andererseits die physikalischen Gegebenheiten des Kosmos ganz präzise auf jene Bedingungen hin angelegt, unter denen sich Leben überhaupt entwickeln kann. Doch wie können sich vorab gegebene Bedingungen nach etwas richten, das erst in ihrer Folge entsteht?

Die Feinabstimmung des Kosmos auf das Leben umfaßt die Menge und die Verteilung der Materie, wie auch die Größe der Grundkräfte und Grundkonstanten, von denen die Wechselwirkungen der Materie entscheidend bestimmt werden. Es hat den Anschein, daß die Materie, die ja nur als dünner Niederschlag im Universum ausgefällt wurde, sozusagen genau die richtige Schichtdicke aufweist, damit das Leben darauf Wurzeln schlagen kann. Wenn der Materiegehalt des Universums nur um einen Bruchteil höher wäre, würde durch die höhere Sternendichte die Wahrscheinlichkeit von Sternenkollisionen signifikant erhöht und damit auch die Gefahr, daß Leben tragende Planeten aus ihren sicheren Umlaufbahnen herauskatapultiert werden. Lebensformen, die sich dort gegebenenfalls entwickelt haben, müßten dann entweder verkochen oder zu Eis erstarren. Wenn außerdem jene Kraft, die die Teilchen des Atomkerns zusammenhält, nur eine Winzigkeit kleiner wäre, würde es das Element Deuterium nicht und damit auch keine leuchtenden Sterne wie unsere Sonne geben. Und wäre diese Kraft nur einen Bruchteil größer, als sie tatsächlich ist, würden sich die Sonne und viele andere aktive Sterne aufblähen und möglicherweise sogar explodieren.

Die genaue Abstimmung des physikalischen Universums auf die Parameter des Lebens bildet in ihrer Präzision eine bemerkenswerte Reihe von Zufällen – wenn es denn Zufälle sind –, bei denen selbst die geringste Abweichung von einem genau festliegenden Wert das Ende allen Lebens bedeuten würde. Anders gesagt: Jede Variation hätte von vornherein Bedingungen geschaffen, unter denen die Entwicklung von Leben fast ausgeschlossen ist. Wenn im Atomkern das Neutron nicht schwerer wäre als das Proton, würde sich die aktive Lebenszeit der Sonne und anderer Sterne auf ein paar hundert Jahre beschränken. Wenn die elektrischen Ladungen des Elektrons und des Protons nicht absolut gleich groß wären, gäbe es keine stabile Form von Materie, und das Universum würde lediglich aus Strahlung und einem ziemlich gleichförmigen Gasgemisch bestehen. Und wenn es in der Inflationsphase des Universums unmittelbar nach dem Urknall keine winzigen Abweichungen von der allgemeinen Gleichförmigkeit gegeben hätte, könnte es heute auch keine Galaxien und keine Sterne geben – und folglich auch keine Planeten, auf denen sich neugierige Menschen den Kopf über diese rätselhaften Tatsachen zerbrechen.[7]

Doch die Menge und die Verteilung der Materie und die Größe der vier Grundkonstanten weisen genau jene Werte auf, die für die Entwicklung des Lebens im Kosmos erforderlich waren. Die Ausdehnungsrate des Weltalls und die Werte der vier Grundkonstanten müssen schon festgestanden haben, als dieses Universum (oder der jetzige Zyklus des Universums) seinen Anfang nahm. Es ist kaum denkbar, daß sie dem Prozeß, der sich aus ihnen entwickelte, rein zufällig entsprochen haben. Nach den Berechnungen von Roger Penrose stünde die Chance, daß sich unter all den möglichen Universen ein Universum wie das unsrige herausbildet, eins zu 10^{1230} (das ist eine 1 mit 1230 Nullen). Eine derart geringe Wahrscheinlichkeit überfordert unser Vermögen, an einen glücklichen Zufall zu glauben (Penrose selbst spricht von einer »Singularität«, die außerhalb der Gesetze der Physik angesiedelt sei). Natürlich kann sich Ordnung auch auf rein zufälliger Basis bilden – wenn genügend Zeit zur Verfügung steht. Paul Davies schätzt den Zeitbedarf für das zufällige Entstehen einer Ordnung, wie wir sie in unserem heutigen Universum vorfinden, auf 10^{800} Jahre (eine 1 mit 800 Nullen).

Das sind unvorstellbar große Zahlen. Man kann durchaus die Frage stellen, ob Zahlen dieser Größenordnung auch für die Anzahl der verschiedenen Universen gelten, die uns möglicherweise vorangegangen sind oder eventuell gleichzeitig mit dem unsrigen existieren. Wenn dem so ist, würde das Gesetz der großen Zahl dem Zufall entgegenwirken: Bei einer hinreichend großen Auswahl kann selbst ein so unwahrscheinliches Universum wie das unsrige eine gewisse Wahrscheinlichkeit für sich beanspruchen.

Wenn wir ohne die Hypothese einer sehr großen Anzahl von Universen auskommen wollen, müssen wir davon ausgehen, daß die Naturkonstanten ihre spezifischen Werte deshalb aufweisen, weil nur so die Evolution des Lebens in Gang kommen kann – und die Entwicklung menschlicher Wesen, die jetzt die Welt beobachten und hinterfragen. Diese auf den Beobachter bezogene Interpretation der physikalischen Wirklichkeit weist Ähnlichkeiten mit dem Denkansatz der Kopenhagener Schule der Quantentheoretiker auf. Tatsächlich gibt es eine ganze Reihe von Physikern, die bereit sind, diesen Standpunkt einzunehmen.

Dennoch könnte es sein, daß sämtliche natürlichen Erklärungsversuche versagen. Sollten wir für diesen Fall annehmen, daß das Universum, dessen Zeugen wir sind, aus dem Schöpfungsplan eines allmächtigen Baumeisters hervorgegangen ist?

Alle diese Fragen sind schon oft gestellt worden. An Hypothesen zu ihrer Beantwortung hat es nicht gefehlt, doch eine befriedigende Lösung sind sie bislang schuldig geblieben. Der Zufall liefert keine vernünftige Antwort, auch wenn man ihn durch das Gesetz der großen Zahl etwas aufweicht. Unter seinem Regime würde alles, was wir beobachten, uns selbst inbegriffen, zu einem großen kosmischen Roulettespiel. Wenn wir von einem sinngebenden Entwurf durch einen kosmischen Baumeister ausgehen, wäre dieses Problem zwar bewältigt, aber für die Naturwissenschaft wäre eine determinierte Entwicklung noch schwerer zu akzeptieren als das Wirken des blinden Zufalls. Es bliebe noch das sogenannte »anthropische Prinzip«, das besagt, daß das Universum sich uns Menschen eben deshalb so präsentiert, wie wir es beobachten, *weil* wir es beobachten. Dieses Prinzip ist zwar allenthalben im Gespräch, doch außer einer bestimmten Schule von Quantenphysikern ist es für kaum jemanden glaubhaft.

Nach wie vor fragen wir: »Wie kann das Universum zum Zeitpunkt Null die Bedingungen vorausahnen, die erst 10 Milliarden Jahre danach oder noch später eintreten werden?«

Könnte es sein, daß das Rätsel des Lebens mit dem des Urknalls zusammenhängt? Daß wir etwas mehr über die Umstände der Entstehung des Universums wissen müßten, um herauszufinden, warum die Naturkonstanten so bemerkenswert genau auf die Erfordernisse der Evolution des Lebens abgestimmt sind?

Vielleicht ist es so ... Wir werden sehen.

Eine vernünftige Erklärung dafür, daß die Grundstrukturen des Universums den Bedingungen, unter denen sich Leben entwickeln kann, mit solcher Präzision entsprechen, steht noch aus. Wenn man sich zusätzlich vor Augen hält, daß uns bislang zwar vielversprechende, aber leider nur hypothetische Auskünfte über den Ursprung und den Zeitablauf der Instabilität zur Verfügung stehen, aus der das von uns beobachtete Universum entstanden ist, dann ergibt sich ein Bild, das zwar faszinierend, aber an den interessantesten Stellen immer noch sehr unscharf ist.

Auf die offenen Fragen der Kosmologie werden wir später noch zurückkommen. Um unsere Betrachtung der naturwissenschaftlichen Problematik fortzusetzen, werden wir zuerst einen Blick auf die Bemühungen der neueren Physik werfen, die sich mit der Lösung eines weiteren Rätsels auseinandersetzt. Es handelt sich dabei um einen anderen Aspekt der physikalischen Wirklichkeit, nämlich die Materie.

Anmerkungen

1 In diesem Abschnitt spielen Zahlen und fachliche Einzelheiten eine etwas größere Rolle als in den vorherigen Kapiteln, denn das, was wir unserer Ansicht nach wissen, ist einfacher darzustellen als das, was wir *nicht* wissen. In diesem Fall muß nämlich auch dargelegt werden, *warum* unser Wissen nicht ausreicht. Die Behandlung der fachlichen Aspekte wurde deshalb in Fußnoten verlegt, so daß die Leserinnen und Leser auch beim schnellen Überfliegen des reinen Textes einen Vorgeschmack auf die Problematik erhalten – was bestimmt von Nutzen ist, wenn wir uns im dritten Teil damit beschäftigen, wie die Lösung der Probleme aussehen könnte.

2 Die Größe der Hubble-Konstante gibt an, wie schnell sich ein leuchtendes Objekt von uns entfernt. Sie wird auf der Grundlage der »Rotverschiebung« des Frequenzspektrums des Lichtes berechnet, das uns von Sternen und anderen Objekten mit bekannter Helligkeit (zum Beispiel einem als Supernova bezeich-

neten explodierenden Stern) erreicht. Bei einem Wert von 50 würde diese Konstante auf ein Alter des Universums von ungefähr 15 Milliarden Jahren hinweisen. Wenn sie jedoch 80 beträgt, würde sich ein Alter von höchstens 8 Milliarden Jahren ergeben. Eben dies wird von einigen Astronomen vertreten, unter anderem den Wissenschaftlern des Carnegie Observatoriums in Pasadena und des Mount-Kea-Observatoriums in Hawaii.

3 Zu den richtigen Voraussagen gehören die Tatsache der Rotverschiebung (wenn auch nicht ihr genauer Wert), die Temperatur der kosmischen Hintergrundstrahlung mit 2,7 Kelvin und das kosmische Mengenverhältnis von Wasserstoff zu Helium (ungefähr 3/4 zu 1/4).

4 Nach den Annahmen dieses Modells wird Materie in kleinen, dem Urknall ähnlichen Prozessen in der Größenordnung von ungefähr 10^{16} Sonnenmassen erzeugt. Der Vorgang vollzieht sich in einem skalaren C-Feld von negativer Energie, dessen Feldstärke eine Funktion der Raumzeit ist (wobei C für »creation«, also Schöpfung, steht). Die Schöpfungsrate ist der auf das Universum bezogene Mittelwert der Zeitfunktion dieses C-Feldes. Da die Ausdehnung des Weltalls von kleinen »Knalls« angetrieben wird, ist die Ausdehnungsrate nicht konstant, sondern variiert mit der Masse und Anzahl der Schöpfungszentren.

5 Ein beträchtlicher Teil der kosmischen Hintergrundstrahlung geht auf die Streustrahlung früherer Weltall-Zyklen zurück – nach der QSSC sind 20 kosmische Zyklen erforderlich, um eine Mikrowellenstrahlung mit den heute beobachteten Eigenschaften der Hintergrundstrahlung zu erzeugen. Das bedeutet jedoch, daß die Mehrzahl der im Weltall vorhandenen Photonen nicht vor 14 oder 15 beziehungsweise 7 oder 8 Milliarden Jahren erzeugt worden ist, sondern schon vor 800 Milliarden Jahren.

6 Diese Theorie nimmt eine dauernde und ausgeglichene Wechselwirkung zwischen der Materie der großräumigen Strukturen des Weltalls und dem Quantenvakuum – dem Nullpunkt-Energiefeld, das aller Energie und Materie des Universums zugrunde liegt – an. In jedem Zyklus werden im Quantenvakuum dank der Energie der in den früheren Zyklen synthetisierten Teilchen neue Materieteilchen erzeugt. Die positive Energie, die in die Synthese der Materie eingeht, kompensiert laufend exakt die negative Energie, die durch die Krümmung der Raumzeit infolge der schwerkraftbedingten Anziehung der bereits existierenden Materie entsteht.

7 Es handelt sich, kurz zusammengefaßt, um folgende Tatsachen:

- Die Ausdehnungsrate des ganz frühen Universums betrug einheitlich nach allen Richtungen etwas mehr als 10^{40} zu eins. Dennoch kam es zu kleinräumigen Abweichungen von der allgemeinen Gleichförmigkeit – und das ist der Grund, weshalb sich in den weitläufigen Gefilden des Weltalls Galaxien, Sterne und Planeten bilden konnten.
- Die Stärke der Schwerkraft weist genau jene Größe auf, bei der sich Sterne bilden und lange genug leuchten können, um auf geeigneten Planeten die Entwicklung von Leben zu ermöglichen.
- Die Masse des Neutrinos ist zwar von Null verschieden, doch ist sie immer noch so klein, daß das Universum nicht kurz nach dem Urknall unter dem Einfluß seiner eigenen Schwerkraft wieder in sich selbst zusammenstürzt.
- Die starke Kernkraft besitzt genau jenen Wert, bei dem sich Wasserstoff in Helium und dann in Kohlenstoff und all die anderen Elemente umwandeln kann, die für das Leben unbedingt erforderlich sind.
- Die schwache Kernkraft weist genau

jenen Wert auf, der es erlaubt, daß bei Supernova-Sternexplosionen Atome in den freien Raum ausgestoßen werden können. Auf diese Weise stehen sie der nächsten Sterngeneration zum Aufbau der höherwertigen Elemente zur Verfügung, ohne die es kein Leben gäbe.

- Die schwache Kernkraft ist darüber hinaus im Verhältnis zur Schwerkraft genau so groß, daß das Element Wasserstoff und nicht das Element Helium im Kosmos am häufigsten vorkommt – was die Voraussetzung dafür liefert, daß die Sterne lange genug leuchten und ausreichend Wasser entsteht, um auf geeigneten Planeten die Entwicklung von Leben zu ermöglichen.

2 DIE WIDERSPRÜCHLICHKEITEN DER MATERIE

Wie wir schon gesehen haben, verliert die Materie in den Experimenten und Beobachtungen der heutigen Physik sämtliche Merkmale einer harten, trägen Gegenständlichkeit. Ihre Beschaffenheit gleicht in vielerlei Hinsicht eher einer Wolke als einem Felsen. Wir wollen uns nun mit den Forschungsergebnissen beschäftigen, die diese wolkenartige Materie beträchtlich mysteriöser erscheinen lassen, als eine Wolke am Himmel es je sein könnte.

DAS PARADOX DER NICHTLOKALITÄT

Bei der experimentellen Beobachtung der kleinsten Bestandteile der Materie hat sich erwiesen, daß diese Teilchen nicht nur gleichzeitig die Eigenschaften von Wellen und Korpuskeln, den sogenannten dualen Welle-Korpuskel-Charakter aufweisen, sondern auch die Eigenschaft der »Ortsunschärfe«, die man heutzutage als »Nichtlokalität« (»non-locality«) bezeichnet. Das bedeutet, daß sie Wechselbeziehungen zeigen, die sich über die normalen Grenzen von Raum und Zeit hinwegsetzen. Ein Teilchen ist nicht nur nicht genau an einem Ort lokalisierbar (»Ortsunschärfe«), sondern es befindet sich an mehreren Orten gleichzeitig – es ist »nicht-lokal«. Dieses merkwürdige Phänomen ist seit dem Beginn des vorigen Jahrhunderts bekannt, als Thomas Young sein klassisches Doppelspalt-Experiment durchführte. Hierbei wird mit einer Lichtquelle, die so schwach ist, daß sie nur einzelne Photonen abstrahlt, ein Lichtstrahl erzeugt (heutzutage benutzt man dafür Laserstrahlen). Die einzeln abgestrahlten Photonen nehmen ihren Weg durch einen schmalen Schlitz in einem Schirm und fallen auf einen zweiten, dahinter aufgestellten Schirm, auf dem sie sichtbar gemacht werden. Hinter der Schlitzöffnung fächert sich der aus Photonen bestehende Lichtstrahl auf wie ein Wasserstrahl, der durch eine kleine Düse spritzt, und bildet auf dem zweiten

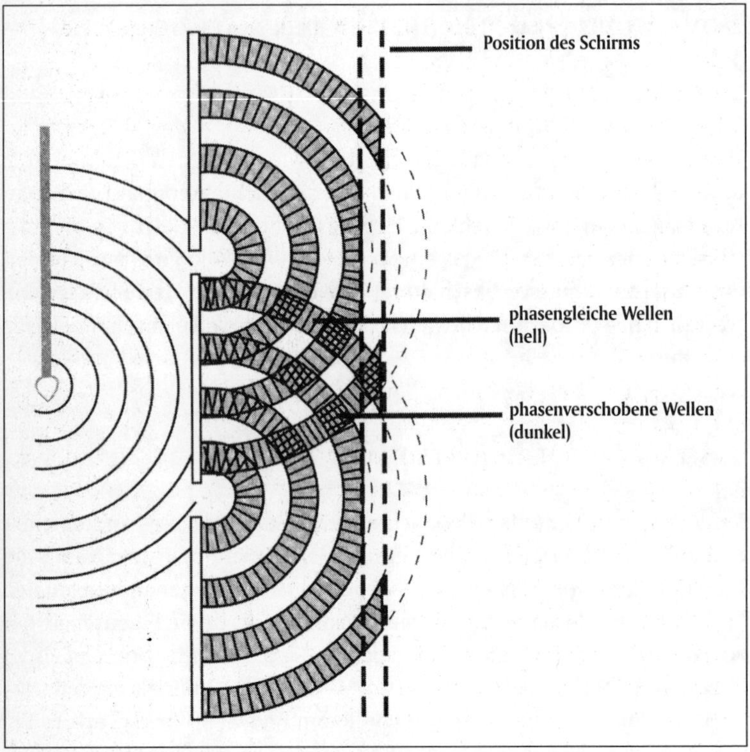

2 Interferenzmuster beim Doppelspalt-Experiment (nach: Jean Staune, »La révolution quantique et ses conséquences sur notre vision du monde«. 1990)

Schirm ein sogenanntes Beugungsmuster. Dieses Muster zeigt die Wellennatur des Lichtes und läßt als solches noch keinen Widerspruch erkennbar werden. Die Widersprüchlichkeit zeigt sich jedoch, sobald im ersten Schirm ein weiterer Schlitz geöffnet wird, da sich dann die Überlagerung von zwei Beugungsmustern beobachten läßt, obwohl jedes Photon einzeln abgestrahlt wurde und man deshalb doch annehmen müßte, daß es seinen Weg nur durch einen der beiden Schlitze genommen haben kann. Dennoch bilden die Wellen hinter dem Schlitz ein charakteristisches Interferenzmuster, wobei sie sich bei einem Phasenunterschied von 180 Grad gegenseitig auslöschen und bei Phasengleichheit gegenseitig verstärken.

Wie kommt die Interferenz der Photonen zustande? *Ist es denkbar, daß sie sich gleichzeitig durch beide Schlitze hindurchbewegen, obwohl doch jedes Photon als einzelnes Energiepartikel abgestrahlt worden ist?*

John Wheeler hat ein ähnliches Experiment entwickelt. Auch hier werden die Photonen einzeln abgestrahlt und bewegen sich von der Geberkanone zu einem Detektor, der jedes ankommende Photon mit einem Klicken seines Zählwerks registriert. In den Weg des Photons wird im Winkel von 45 Grad ein durchlässiger Spiegel eingebracht, der den Strahl aufteilt, da nun die Photonen des Strahls sowohl zur Seite reflektiert werden als auch ihren Weg geradeaus fortsetzen können. Zur Überprüfung wird ein Photonenzähler hinter dem halbdurchlässigen Spiegel aufgestellt sowie ein weiterer im rechten Winkel dazu. Man darf erwarten, daß die Photonen im Durchschnitt je zur Hälfte den einen oder den anderen Weg nehmen. Diese Erwartung wird vom Ergebnis auch bestätigt: Die beiden Zähler klicken etwa gleich oft und registrieren also ungefähr die gleiche Anzahl von Photonen. Wenn nun in den Weg jener Photonen, die den ersten Spiegel unreflektiert passiert haben, ein zweiter halbdurchlässiger Spiegel eingebracht wird, würde man weiterhin erwarten dürfen, daß die beiden Zählwerke mit der gleichen Häufigkeit klicken, denn die einzeln ausgestrahlten Photonen würden ja lediglich beim jeweils anderen Zähler ankommen. Wie aus Abbildung 3 hervorgeht, entspricht das Versuchsergebnis aber nicht dieser Erwartung. Nur der eine Zähler klickt, der andere bleibt vollkommen stumm. Offenbar kommen sämtliche Photonen bei ein und demselben Zähler an!

Es scheint, daß die beim Doppelspalt-Experiment beobachtete Interferenz auch hier auftritt. Hinter dem zweiten Spiegel wirkt die Interferenz störend, und da der Phasenunterschied zwischen den Photonen 180 Grad beträgt, löschen sie sich, als Wellen betrachtet, gegenseitig aus. Hinter dem ersten Spiegel wirkt die Interferenz nicht als Störung: Die Wellenphasen der Photonen sind gleichläufig und verstärken sich daher gegenseitig. *Wie kann es aber sein, daß die als Einzelteilchen abgestrahlten Photonen miteinander als Wellen in Interferenz treten?*

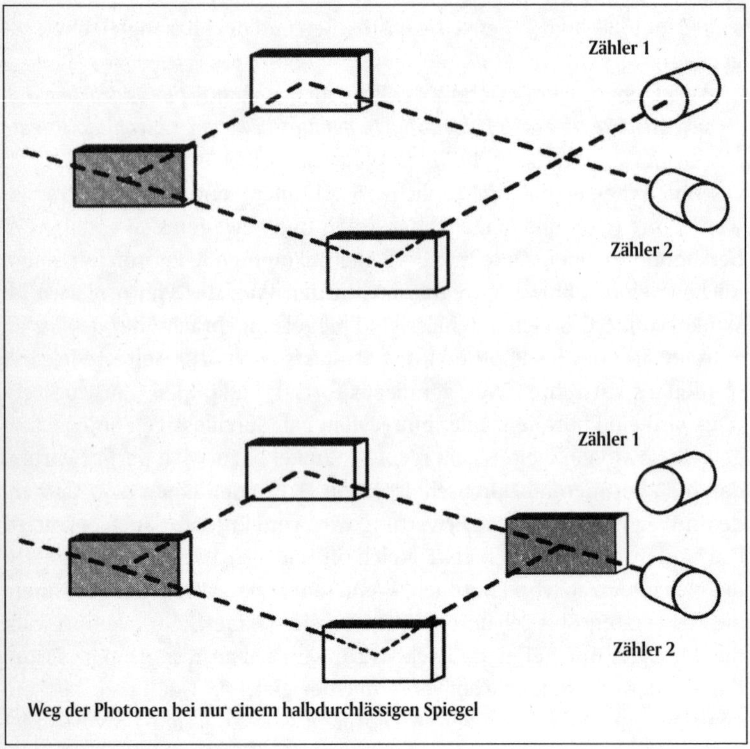

3 Die beiden Ergebnisse des Spaltstrahl-Versuchs

Photonen interferieren miteinander nicht nur im Laboratorium, wenn sie nur einen kurzen Augenblick zuvor ausgestrahlt worden sind, sondern auch in der Natur, wo ihre Abstrahlung mitunter in großem zeitlichen Abstand erfolgen könnte. Den Beleg dafür liefert die »kosmologische« Version von Wheelers Experiment. Hierbei benutzt man Photonen, die nicht von einer künstlichen Lichtquelle abgestrahlt wurden, sondern von einem weit entfernten Stern. Bei einem solchen Experiment untersuchte man die Photonen, die im Lichtstrahl des Doppelquasars 0957+5616A,B auf der Erde ankamen. Man nimmt an, daß es sich hierbei um ein einziges astronomisches Objekt handelt, von dem ein Doppelbild zustande kommt, weil sein Licht beim Durchgang durch das Schwerefeld einer Galaxie gebeugt wird. Diese befindet sich von der Erde aus gesehen in ungefähr einem Viertel der Gesamtentfernung zwischen uns und dem Quasar. (Laut Einstein verursachen große Massen Krümmungen der Raumzeit und folglich auch des Weges eines Lichtstrahls, der sich in diesem gekrümmten Raum fortpflanzt.) Der Beugungseffekt dieser »Gravitationslinse« reicht aus, um auf der Erde Lichtstrahlen zusammentreffen zu lassen, die vor Milliarden von Jahren abgestrahlt worden sind. Jene Photonen, die um die dazwischenliegende Galaxie herum gebeugt worden sind, müssen einen längeren Weg zurücklegen und sind daher 50 000 Jahre länger unterwegs als die Photonen, die auf direktem Weg zu uns gelangen. Doch obwohl diese Photonen vor Milliarden von Jahren erzeugt wurden und zeitlich um 50 000 Jahre gegeneinander versetzt in Wechselwirkung treten, zeigen sich bei ihnen die gleichen Interferenzerscheinungen wie bei Photonen, die im Abstand von Sekundenbruchteilen im Labor erzeugt und abgestrahlt werden.

Die Wechselwirkung der Teilchen stellt sich sozusagen spontan ein, selbst wenn diese sehr weit voneinander entfernt sind. Dieser paradoxe Aspekt der Nichtlokalität wurde in einem Experiment überprüft, das ursprünglich von Einstein und seinen Kollegen Podolsky und Rosen erdacht wurden und das daher als EPR-Experiment bezeichnet wird.

Das Experiment wird mit einem Teilchenpaar durchgeführt. Die beiden Teilchen befinden sich in identischen Quantenzuständen, bewegen sich jedoch auf entgegengesetzten Bahnen voneinander fort. An einem der beiden Teilchen wird eine Ortsmessung vorgenommen. Da sich die beiden Teilchen im gleichen Quantenzustand befinden, kann daher mit diesem Meßergebnis auch die Position des anderen Teilchens bestimmt werden. Dann wird am anderen Teilchen eine weitere Eigenschaft gemessen, nämlich der Impuls. Falls diese Messung erfolgreich durchgeführt werden kann, wären Ort *und* Impuls des zweiten Teilchens bekannt.

Dies ist jedoch nach dem Heisenbergschen Unschärfeprinzip ausgeschlossen, das besagt, daß die Messung des einen Parameters des Zustandes eines Teilchens die Messung des anderen Parameters absolut ausschließt. Einstein erwartete, daß dieses Experiment zeigen würde, daß das Unschärfeprinzip keine naturgegebene Eigenschaft der Materie sei, sondern vielmehr eine Wirkung des Meßvorgangs.

Der Einstein-Podolsky-Rosen-Versuch wurde zwar schon im Jahre 1935 ersonnen, doch erst 1982 war die Labortechnik so weit entwickelt, daß er durchgeführt werden konnte. Der Versuch wurde in Frankreich von Alain Aspect und seinen Mitarbeitern realisiert. Es zeigte sich – allerdings auf andere Weise als erwartet –, daß das Heisenbergsche Unschärfeprinzip sich nicht überlisten läßt. Man stellte fest, daß der Meßvorgang an dem einen Teilchen ungeachtet seines räumlichen Abstandes auf das andere Teilchen meßbar zurückwirkt. Genauer gesagt: Beim zweiten Teilchen geht der indeterministische Quantenzustand in den deterministischen Zustand über, der für beobachtete Teilchen typisch ist, und zwar in dem Moment, in dem das erste Teilchen gemessen wird. Im Augenblick der Messung des ersten Teilchens bricht die »Wellenfunktion« von *beiden* Teilchen zusammen. Ganz ähnlich wie beim Doppelspalt-Experiment erweist sich auch hier, daß zwischen zwei Teilchen von gleichem Quantenzustand eine wechselseitige Beziehung besteht, auch wenn sich diese an relativ weit voneinander getrennten Orten befinden. Diese Korrelation stellt sich quasi spontan ein. Dank fortgeschrittener Meßtechniken ließ sich nachweisen, daß sie schneller als mit Lichtgeschwindigkeit zustande kommt.

Das Phänomen der Nichtlokalität regte die Entwicklung weiterer berühmter Gedankenexperimente an, so auch des Experiments, das unter dem Namen »Schrödingers Katze« weithin bekannt wurde. Das Experiment des Physikers Erwin Schrödinger sieht vor, eine Katze in einen dicht verschließbaren Behälter zu setzen. An den Behälter wird ein Apparat angeschlossen, der nach dem Zufallsprinzip ein tödliches Gas einströmen läßt oder auch nicht. Wird der Behälter wieder geöffnet, ist die Katze also entweder lebendig oder tot. Nach dem gesunden Menschenverstand würden wir annehmen, daß die Katze dann stirbt, wenn das Gas einströmt – falls es einströmt, oder sie ist eben die ganze Zeit, die sie im Behälter verbringt, lebendig. In der Quantentheorie wäre ein solches Verhältnis jedoch nicht zulässig. Solange der Behälter verschlossen ist, befinden sich die Wahrscheinlichkeiten von zwei Zuständen in einem probabilistischen Gleichgewicht. Die Wahrscheinlichkeiten überlagern sich:

Die Katze muß gleichzeitig lebendig und tot sein. Erst wenn der Behälter geöffnet wird, fallen die beiden Wahrscheinlichkeiten (die sozusagen als die Wellenfunktion der Katze betrachtet werden können) in einer einzigen zusammen.

Ein ähnliches Gedankenexperiment unternahm Louis de Broglie, der diesmal in den Behälter, der sich in Paris befindet, an Stelle einer Katze ein Elektron »einschließt«. Der Behälter wird in zwei ebenfalls dichte Hälften geteilt. Die eine wird nach Tokio verfrachtet, die andere nach New York. Nach dem gesunden Menschenverstand muß nun das Elektron, falls wir es beim Öffnen der einen Hälfte des Behälters in New York vorfinden, schon in dieser Behälterhälfte gewesen sein, als diese in Paris abgeschickt wurde. Doch diese Lesart, die »Schrödingers Katze« entweder als tot oder als lebendig betrachten würde, ist auch hier nicht zulässig. Für jede Behälterhälfte muß es eine bestimmte Wahrscheinlichkeit geben, daß sich das Elektron in ihr befindet. Erst in dem Moment, in dem die eine der Hälften in New York geöffnet wird, entscheidet sich, welchen Ort das Elektron einnimmt. Das Wellenpaket, das die Wahrscheinlichkeit für das Vorhandensein des Elektrons beschreibt, hat auch in Tokio ein Minimum.

In der Standardversion der real durchgeführten Experimente – und auch der Gedankenexperimente, aus denen sie abgeleitet sind – geht man davon aus, daß die Teilchen nur dann in gegenseitiger Koordination verharren, wenn sie irgendwann einmal »eins« gewesen sind, was bedeutet, daß sie sich bei ihrer Erzeugung im gleichen Quantenzustand befanden. Es hat sich jedoch gezeigt, daß Teilchen auch dann in eine spontane Korrelation treten können, wenn sie zuvor nicht assoziiert waren. Gerhard Hegerfeld von der Universität Göttingen entdeckte diesen Tatbestand, als er im Jahre 1995 Enrico Fermis Berechnungen über die Wechselwirkungen von zwei Atomen, von denen sich eines im »angeregten« Zustand befindet, wiederholte. Fermi interessierte sich dafür, wie der Übergang eines Atoms vom »angeregten« zum »Grundzustand« auf ein anderes Atom einwirkt. Es ist bekannt, daß die Abstrahlung der Energiemenge, die das Atom zuvor in den angeregten Zustand versetzt hat, ein anderes Atom in einen genau entsprechenden Anregungszustand versetzt (Laser funktionieren nach diesem Prinzip). Fermi nahm natürlich an, daß die Wirkung auf das zweite Atom erst dann eintreten kann, wenn die abgestrahlte Energie vom ersten auf das zweite Atom übergegangen ist. Doch Hegerfelds Berechnungen zeigten, daß das zweite Atom exakt in jenem Moment angeregt wird, in dem das erste in den Grundzustand zurückfällt. Wenn im ersten Atom ein Elektron seine Bahn um einen bestimmten Energiebetrag nach unten verlagert, verlegt sein Gegenüber im zweiten Atom seine Bahn im gleichen Moment um den entsprechenden Betrag nach oben. Es hat den Anschein, daß die Wellenfunktion des Elektrons im angeregten Atom die des anderen Elektrons im anzuregenden Atom überlappt. Die beiden Elektronen befinden sich in einer vergleichbaren Korrelation wie die ursprünglich identischen und dann getrennten Elektronen im EPR-Experiment. *Ist es denn denkbar, daß alle Quanten jederzeit und quasi simultan in Korrelationsbeziehung treten können?*

WEITERE PARADOXE KORRELATIONEN

In der Quantenwelt gibt es noch mehr Grundgrößen, die durch rätselhafte Korrelationen verknüpft sind. Sie treten in Supraleitern und Supraflüssigkeiten auf. Diese Formen von gegenseitigen Wechselwirkungen sind ähnlich verblüffend wie jene, von denen oben die Rede war. Auch sie stellen sich simultan und ohne Beteiligung einer bislang bekannten Kraft oder eines bekannten Übertragungsmediums her.

Bei einer Reihe von reinen Metallen und Legierungen verschwindet der elektrische Widerstand, wenn man sie auf Temperaturen nahe dem absoluten Nullpunkt abkühlt. Sie werden dann zu sogenannten Supraleitern. Durch solche Materialien kann ein elektrischer Strom praktisch ohne jeden Widerstand durchgeleitet werden. Dieses Phänomen wurde im Jahre 1911 von Kamerlingh Onnes entdeckt, und in den folgenden Jahrzehnten etablierte sich der neue Forschungszweig der Tieftemperaturphysik. Es wurden weitere Einzelheiten entdeckt, so auch das Phänomen der Supraflüssigkeit (das Verschwinden der Viskosität, also des Fließwiderstandes, in fast auf den absoluten Nullpunkt abgekühlten Flüssigkeiten, zum Beispiel bei flüssigem Helium). Man konnte beobachten, daß sich in einem unter eine kritische Temperatur abgekühlten Metall beziehungsweise einer Legierung der Durchfluß der Elektronen in vollkommen kohärenter Weise vollzieht. Supraflüssigkeiten zeigen ähnliche Erscheinungen. Die Moleküle der Flüssigkeit, die zuvor nach dem Zufallsprinzip zusammenstießen, nehmen einen einheitlichen Quantenzustand ohne meßbare Viskosität an. Eine solche Flüssigkeit kann daher ohne jeden Widerstand durch Kapillare und Risse fließen. In beiden Fällen (Supraleitung und Suprafluidität) entsteht ein kohärenter Quantenzustand. Die Schrödingersche Wellenfunktion der Bewegung der Gesamtzahl der Elektronen eines elektrischen Stroms und der Gesamtzahl aller Teilchen, die die Moleküle einer Flüssigkeit bilden, nimmt ein und dieselbe Form an.[1]

Es hat den Anschein, daß sich die Elektronen in einem Supraleiter und die Teilchen, aus denen sich die Moleküle einer Supraflüssigkeit aufbauen, in einer beständigen und präzisen Korrelation befinden. Dennoch ist keine Kraft erkennbar, die zwischen ihnen wirkt.

Neuere Forschungen haben ergeben, daß die durch spontane Korrelation bewirkte Kohärenz, wie man sie an Supraleitern beobachtet hat, eine weiter verbreitete Erscheinung ist, als ursprünglich angenommen. Brian Josephson, der für seine Entdeckung mit dem Nobelpreis ausgezeichnet wurde, wies derartige Korrelationen sogar zwischen verschiedenen Supraleitern nach, die sich meterweit voneinander getrennt befanden. Der seltsame »Josephson-Effekt« stellt sich auch bei normalen Temperaturen ein. Nach Untersuchungen des italienischen Biochemikers Emilio Del Giudice und seiner Mitarbeiter besteht die Korrelation in örtlich benachbarten Systemen von materiellen Größen, seien es Teilchen, Atome oder Moleküle. Ein benachbartes Zellenpaar kann sich wie eine »Josephson-junction« (so nennt man Josephsons Versuchsanordnung aus zwei durch eine Oxidschicht gegeneinander isolierten dünnsten Metallschichten) verhalten. Aus einer Gruppe von gleichartigen Zellen kann sich ein ganzes System von Josephson-junctions bei gleicher Phasenausrichtung der einzelnen Zellvibrationen bilden. Da die Kohärenz zwischen einzelnen Zellen die Kohärenz ganzer Zellstrukturen bewirkt, ist es durchaus möglich, daß dieser Effekt bei der Herstellung und Wahrung der Integrität eines lebenden Organismus eine wichtige Rolle spielt. *Aber wie können Teilchen, Moleküle oder Zellen ihren Zustand voneinander »kennen«, wenn sie nicht durch ein Signale oder Energie übertragendes Medium miteinander verbunden sind?*

Die nichtenergetische Korrelation zwischen Teilchen findet auch in den Elektronenschalen der Atomkerne statt. Dieser Effekt – man nennt ihn das Paulische Ausschließungsprinzip oder kurz das Pauli-Prinzip – wurde schon im Jahre 1925 von Wolfgang Pauli beschrieben und betrifft die Elektronen, die um einen gemeinsamen Atomkern kreisen (beziehungsweise bei komplexen Molekülen um eine Gruppe von gleichartigen Kernen). Zum Verständnis dieses Phänomens sei daran erinnert, daß die Zusammensetzung des Atomkerns zwar die Anzahl der Energieniveaus oder, anders ausgedrückt, die *Zahl* der Elektronenschalen bestimmt, die sich um den Kern herum aufbauen. Die Energie des Kerns entscheidet jedoch nicht über die *Verteilung* der Energieniveaus zwischen den einzelnen Elektronenschalen, also der möglichen Bahnen, die von den Elektronen eingenommen werden können. Das richtet sich ausschließlich nach einer Wechselbeziehung zwischen den Elektronen selbst – eine Wechselbeziehung, die nach dem Pauli-Prinzip die Anwesenheit von Elektronen in wechselseitiger Korrelation auf bestimmten Kugelschalen zuläßt oder verhindert.

Das Pauli-Prinzip besagt, daß die Elektronen eines Atoms stets Zustände mit einer asymmetrischen Wellenfunktion einnehmen.[2] Um dieser Asymmetrievorschrift gerecht zu werden, müssen alle auf den Kugelschalen um den Atomkern versammelten Elektronen wechselseitig die Wellenfunktionen ihrer Quantenzustände kennen. Wie das geschieht, ist nicht klar. Das Ausschließungsprinzip fordert eine genaue Korrelation der Elektronen, ohne den Austausch einer dynamischen Kraftwirkung zwischen ihnen zuzulassen. Genau wie ein Teilchenpaar im EPR-Experiment und zwei Photonen im Doppelspalt-Versuch über den jeweiligen Quantenzustand des Partners informiert sind, ohne daß irgendein manifester Austausch von Energie zu beobachten wäre, sind auch energetisch gekoppelte Elektronen in einem Atom, einem Molekül oder in einem Kristall über ihre jeweiligen Quantenzustände informiert.

Der dynamische Zusammenhang ist zwar rätselhaft, dennoch gibt uns das Pauli-Prinzip eine Erklärung, weshalb sich die Materie im Kosmos zu immer komplexeren Strukturen aufbaut: Die Elektronen sind gezwungen, um den Atomkern herum jeweils festgelegte Quantenzustände einzunehmen, und erzeugen deshalb eine Vielzahl verschiedener Strukturen und nicht etwa immer größere Materie- und Energiezusammenballungen. Atome mit differenzierten Strukturen können sich nach Maßgabe ihrer spezifischen Eigenschaften und Valenzen miteinander verbinden, mit dem Ergebnis, daß es im Laufe der Zeit zum Aufbau von komplexen Atomstrukturen kommt.

Zum Aufbau von Materiestrukturen mit höheren Komplexitätsgraden müssen von Zeit zu Zeit neue Elektronen in die Energieschalen der Atomkerne eintreten. Die entsprechenden Reaktionen erfordern eine Harmonisierung des Energieniveaus des Kerns, der Elektronen abgibt, mit dem Kern, der sie aufnimmt. Angesichts der Großräumigkeit des Universums sollte man eine solche Harmonisierung für ziemlich unwahrscheinlich halten. Und doch muß sie durchaus häufig eingetreten sein, da in vielen Regionen des Kosmos ein Materieaufbau zu vergleichsweise komplexen Strukturen stattfand – zu schweren Elementen und Großmolekülen, in denen sich eine große Anzahl von Atomen zusammengeschlossen hat.

Das Schlüsselelement für den Zusammenschluß von Atomen zu Strukturen höherer Ordnung ist der Kohlenstoff. Wie schon im ersten Kapitel erwähnt, entstanden im frühen Universum als erste Sorte von Atomkernen die Wasserstoffkerne. In weiteren Reaktionen verschmolzen manche der Wasserstoffkerne zu den etwas komplexeren Kernen des Heliums. Doch Wasserstoff und Helium sind recht inaktiv. Die Energiedichte des sich ausdehnenden und abkühlenden Universums reichte nicht aus, um sie zu schwereren Elementen zusammenzubacken. Solche schweren Elemente konnten nur dann entstehen, wenn eine hinlängliche Menge Kohlenstoff als Katalysator für einen Reaktionsablauf zur Verfügung stand, bei dem aus Wasserstoff und Helium schwerere Atomkerne aufgebaut werden. Diese Menge an Kohlenstoff stand auch tatsächlich zur Verfügung, doch der Grund dafür ist einem erstaunlichen Zufall zuzuschreiben: Die Energieniveaus von Kohlenstoff, Beryllium, Helium und Sauerstoff stehen in einem harmonischen Verhältnis zueinander.[3]

So unwahrscheinlich es ist, daß sich rein zufällig ein im erforderlichen Rahmen fein abgestimmtes Verhältnis der Energieniveaus von Kohlenstoff, Helium, Beryllium und Sauerstoff herstellen sollte – es trat dennoch ein. In der Natur herrscht eine erstaunliche Feinabstimmung der Energieniveaus von vier verschiedenen Elementen. Dadurch hat das Universum Ereignisse zustande gebracht, die interessanter sind als eine nach dem Zufallsprinzip durcheinanderwirbelnde Wolke von Wasserstoff und Helium. So stellt sich die Frage: *Ist die Harmonisierung der Frequenzen von vier verschiedenen Elementen das Ergebnis eines reinen Zufalls?*

Die seltsamen Phänomene, die hier beschrieben worden sind, stellen verschiedene Erscheinungsformen eines Grundprinzips dar, das bei quantenpysikalischer Betrachtung als grundsätzliches Merkmal des physikalischen Universums zu gelten hat. Es ist die Rede vom Prinzip der Nichtlokalität. Bei näherer Betrachtung erweist es sich als eine Variante der älteren, allerdings umstrittenen Vorstellung von einer »Fernwirkung«. Hierbei geht es um die Suche nach einer Erklärung für folgendes Phänomen: Ein am Punkt A stattfindendes Ereignis wirkt auf ein an Punkt B geschehendes ein, auch wenn die beiden Punkte nicht »nahe beieinander« liegen, also nicht in Berührung miteinander stehen. Eine für den gesunden Menschenverstand befriedigende Erklärung würde lauten, daß eine Übertragungskraft, eine allseits sich ausbreitende Oberfläche oder ein alles erfüllendes Medium für die Übertragung der Ursache von Punkt A nach Punkt B sorgt, so daß diese dort ihre Wirkung entfalten kann.

Die moderne Quantenmechanik nimmt aber auf den gesunden Menschenverstand keine Rücksicht – sie braucht keine Übertragungskraft und kein übertragendes Medium. Statt dessen fordert sie eine Korrelation der Ereignisse in A und in B. Diese Korrelation ist ziemlich eindeutig. So läßt zum Beispiel beim EPR-Experiment die an Punkt A vorgenommene Messung des Eigendrehimpulses eines Teilchens (wir wollen es Teilchen A nennen) die Wellenfunktion von Teilchen B zusammenbrechen. Teilchen B »kollabiert« dabei stets in den Zustand mit dem entgegengesetzten Eigendrehimpuls. Sobald wir bestimmte Parameter von A messen, zeigen sich bei B die entsprechenden Zusammenbruchseffekte.[4]

Dieser Befund widerspricht vollkommen der Vorstellung des normalen Menschenverstandes, nach der zwischen zwei getrennten Objekten oder Ereignissen entweder eine verbindende Kraft oder ein verbindendes Medium vorhanden sein muß, da es sonst zwischen ihnen keine Beziehung von Ursache und Wirkung geben kann. Wenn A und B voneinander getrennt sein sollen, darf es keine Verbindung mehr geben. In Experimenten hat sich jedoch erwiesen, daß das nicht der Fall ist. Voneinander getrennte Quantenereignisse bleiben auf mysteriöse Weise miteinander verbunden. Obwohl es sich dabei um eine grundlegende Eigenschaft der physikalischen Welt zu handeln scheint, verzichtet die Quantentheorie auf die Forderung, daß die »getrennt vereinten« Ereignisse durch eine Kraft oder ein Medium miteinander verbunden sein müßten.

Aber warum tut sie das? Zum einen hat sich herausgestellt, daß die Übertragung der Wirkung quasi spontan erfolgt – weitaus schneller als mit Lichtgeschwindigkeit –, was einen Verstoß gegen das Prinzip der Relativität darstellt. Hier kann keine der gewohnten Kräfte am Werk sein. Zum anderen scheuen sich die Quantenphysiker, ein das Weltall durchdringendes Medium anzunehmen – sie fürchten sich vor einer Rückkehr der am Ende des 19. Jahrhunderts untergegangenen Vorstellung von einem sogenannten »Lichtäther«, in dem sich, wie man glaubte, die Ausbreitung des Lichtes vollzog. Sie gehen somit von einer Situation wie im Märchen von Alice im Wunderland aus: Es gibt eine Wirkung, die man beobachtet (das Grinsen der »Edamer Katze«), aber es ist nichts vorhanden, das jenes Grinsen »aufsetzen« könnte (die »Edamer Katze« selbst fehlt).

Ist mit den gegenwärtigen Annahmen der Quantentheorie das letzte Wort über die Natur der physikalischen Wirklichkeit gesprochen? Einige Physiker glauben, daß das nicht der Fall ist. Die Quantenmechanik ist auch heute noch in einigen wesentlichen Aspekten unvollständig, wie es bereits Einstein bemängelt hatte. Selbst in den Reihen der Quantenphysiker gibt es Theoretiker wie beispielsweise J.C. Polkinghorne, die der Ansicht sind, daß die Physik bis heute noch nicht wirklich begriffen hat, was das quantenmechanische Prinzip der Nichtlokalität in letzter Konsequenz für das Wesen der physikalischen Welt bedeutet.

Der wissenschaftliche Begriff der Materie, der sich inzwischen etabliert hat, hat so gut wie nichts mehr mit der klassischen Vorstellung von kleinsten Bausteinen oder selbst mit Massenpunkten zu tun. Teilchen, die materieähnliche Eigenschaften aufweisen, sind komplexe dynamische Größen mit einer Reihe von paradoxen Merkmalen. Sie zeigen die Eigenschaften von Nichtlokalität und verhalten sich in dualistischer Weise manchmal als Welle und manchmal als Teilchen. Sie haben eine Tendenz zur Kooperation, wobei sie außerordentlich kohärente Zustände einnehmen, ohne daß Signale, die auf einer bislang bekannten Form von Energie basieren, zwischen ihnen ausgetauscht würden. Zudem sind ihre Energieniveaus so genau aufeinander abgestimmt, daß sie sich in fortschreitenden Größenordnungen zu den komplexen atomaren, molekularen und noch höheren Strukturen zusammenschließen können, die wir heute im Universum beobachten.

Anmerkungen

1 Wenn ein elektrischer Strom unter »normalen« Bedingungen durch einen Leiter fließt, verursacht er eine Strömung des »Elektronengases«. Die Elektronen werden von den im Kristallgitter schwingenden Atomen in den Zwischenräumen des Gitters herumgestoßen. Die freien Elektronen müssen sozusagen durch die Gitterstruktur hindurch Spießruten laufen. Das hemmt ihren Fluß und erzeugt Reibung, die den Leiter warm werden läßt. Diese Erscheinung nennt man den elektrischen Widerstand. Wenn der Leiter suprágekühlt wird, kommt die Vibration der Atome fast zum Stillstand, und entsprechend sinkt der elektrische Widerstand. Da jedoch selbst bei Temperaturen nur knapp über dem absoluten Nullpunkt das Kristallgitter durch Nullpunkt-Energien in minimaler Vibration gehalten wird, sollte auch bei Temperaturen nur wenige Grad über dem absoluten Nullpunkt ein minimaler elektrischer Widerstand auftreten. Dennoch kommt der elektrische Widerstand unterhalb einer Schwellentemperatur knapp über dem absoluten Nullpunkt vollkommen zum Erliegen. In einem supraleitenden Ringleiter fließt ein einmal induzierter elektrischer Strom endlos weiter.

2 Das Pauli-Prinzip verlangt, daß jedes Elektron eines Atoms eine andere Umlaufbahn einnehmen muß. Es ist die Konsequenz einer formalen Forderung der Quantenmechanik, nämlich der Anerkennung der Tatsache, daß von den möglichen Lösungen der Schrödinger-Gleichungen nur jene Ergebnisse physikalisch zulässig sind, die bei wechselseitigem Austausch der Koordinaten eines Elektrons asymmetrische Daten liefern. Allgemeinverständlich ausgedrückt bedeutet das, daß ein von einem Atom zusätzlich aufgenommenes Elektron keine Umlaufbahn einnehmen

kann, die schon von einem anderen Elektron besetzt ist. Es muß sich eine andere Umlaufbahn suchen, auf der seine Wellenfunktion die entgegengesetzte Symmetrie aufweist.

3 Die Synthese von Kohlenstoff erfordert eine ganze Reihe von Reaktionen, die mit der Reaktion Helium + Helium beginnen, wobei ein Berylliumkern erzeugt wird. Dieser Kern ist ein instabiles Isotop, das im Augenblick seiner Entstehung wieder in Helium zerfällt. Wenn Kohlenstoff entstehen soll, darf das Beryllium jedoch nicht wieder zerfallen, sondern muß vielmehr in eine Reaktion mit Helium eintreten. So außerordentlich gering die Wahrscheinlichkeit für diese Reaktion auch sein mag, sie kommt dennoch gelegentlich vor, und zwar als »Resonanzreaktion«, bei der die gemeinsame Energie der Atomkerne von Beryllium und Helium (7,370 Millionen Elektronenvolt, MeV) nur knapp unter der Energie (7,656 MeV) des in der Reaktion erzeugten Kohlenstoffs liegt. Es gibt keine Hinweise darauf, ob der in dieser Reaktion erzeugte Kohlenstoff beständig wäre. Eine weitere Reaktion – Kohlenstoff + Helium – würde Sauerstoff erzeugen. Doch zufällig geschieht diese Reaktion in der Natur nur schwerlich: Das Energieniveau des Reaktionsproduktes Sauerstoff liegt mit 7,1187 MeV unter dem Energieniveau der reagierenden Elemente Kohlenstoff und Helium (7,1616 MeV). Das hat zur Folge, daß Kohlenstoff und Sauerstoff in ausreichenden Mengen zum Aufbau von noch komplexeren Elementen zur Verfügung stehen, einschließlich jener, ohne die es Leben nicht geben könnte.

4 Je nachdem, welche Komponente von A gemessen wird, ergeben sich jeweils andere Wirkungen. Wenn zum Beispiel die Messung der Komponente des Eigendrehimpulses einen nach oben gerichteten Eigendrehimpuls auf der z-Achse ergibt, dann ist B in einem Zustand, in dem diese Komponente längs der z-Achse nach unten zeigt. Und wenn bei A der nach oben gerichtete Eigendrehimpuls längs der x-Achse gemessen wird, wird sich bei B die gleiche Überlagerung der nach oben und nach unten gerichteten Zustände längs der z-Achse zeigen.

3 DAS PHÄNOMEN LEBEN

Die Frage nach der Natur des Lebens ist viel zu tiefgründig, als daß eine auf Beobachtung und Experiment fußende Theorie eine endgültige Antwort liefern könnte. Neue Befunde können jederzeit zutage kommen und die alten Überzeugungen in Frage stellen sowie neue, manchmal ziemlich radikale Erkenntnisse heranreifen lassen. In den letzten Jahren gab es in den Wissenschaften vom Leben gewiß keinen Mangel an grundlegenden neuen Entdeckungen, was mit einem beträchtlichen Wandel der vorherrschenden Meinung einherging. Das Basiskonzept ist allerdings nie angezweifelt worden. Nach wie vor geht man davon aus, daß das Leben in der Biosphäre aus dem Nichtlebendigen im Gefolge günstiger physikalischer und chemischer Bedingungen und der laufenden Einstrahlung von Sonnenenergie hervorging. Doch der genaue Hergang dieser Entwicklung ist inzwischen zum Zankapfel geworden.

DER SPRUNG ZUM LEBEN

Charles Darwin hat den Entwicklungsgang des Lebens beschrieben – die Art und Weise, wie neue Arten aus den alten hervorgegangen sind. Nach seiner klassischen Theorie führen zufällige Mutationen eine natürliche Auslese herbei. Diese Mutationen kann man als eine Art »Tippfehler« verstehen, eine fehlerhafte Übertragung der Erbinformation der Eltern auf den Abkömmling. Solche Fehler treten bei allen Arten in ziemlich konstanter Verteilung auf. Die meisten Mutanten, die durch zufällige Variationen des Erbgutes entstehen, sind in irgendeiner Weise benachteiligt und werden durch natürliche Auslese ausgeschieden. Manchmal jedoch entsteht durch Mutation zufällig eine genetische Kombination, die den Nachwuchs überlebens- und reproduktionstauglicher macht, als seine Eltern es waren. Solche Individuen übertragen ihre mutierten Gene auf die nachfolgenden Generationen, so daß im Laufe der Zeit ihre vergleichsweise zahlreichere Nachkommenschaft die zuvor dominierende Spielart verdrängt. Die Bandbreite der möglichen Mutationen wird lediglich durch die für den jeweiligen Standort erforderliche Lebens- und Reproduktionstüchtigkeit der Mutanten eingeschränkt.

Doch dieser in der klassischen darwinistischen Theorie beschriebene Ablauf wird durch die Befunde nicht bestätigt. Die Paläobiologen, die Experten in der Erforschung fossiler Hinterlassenschaften, bestreiten, daß die natürliche Auslese sich in einem gleichmäßig voranschreitenden Prozeß niederschlägt. Der fossile Befund läßt darauf schließen, daß die Evolution ein paar Glieder der Kette, die man für lückenlos gehalten hatte, ausließ. Neue Arten traten plötzlich und unvermittelt auf, ohne daß sich ihr Kommen in einem allmählichen Übergang angekündigt hätte.

Es scheint, daß der vom klassischen Darwinismus vertretene »phylogenetische Inkrementalismus« (die Lehre vom allmählichen Anwachsen der Zahl der Arten) nicht zutrifft. Darwin hing dieser Vorstellung vermutlich eher aus einer konservativen Geisteshaltung heraus an als aufgrund wissenschaftlicher Befunde. Ganz im Sinne Carl von Linnés glaubte er: »Natura non facit saltum« – die Natur macht keine Sprünge. Plötzliche Sprünge der Natur hätten einer Revolution der menschlichen Gesellschaft entsprochen, doch der Zeitgeist von Darwins Epoche sang ein Loblied auf die allmähliche Anpassung und wies radikale Umwälzungen entsetzt von sich.

Wie die biographische Forschung zeigt, blieb Darwin von den herrschenden geistigen Strömungen seiner Zeit wohl kaum unbeeinflußt. Doch schreitet die Natur in plötzlichen Sprüngen und radikalen Umwälzungen voran. Im Jahre 1972, fast 120 Jahre nach der Erstveröffentlichung von Darwins »Die Entstehung der Arten«, traten Stephen Jay Gould und Niles Eldredge mit einer aufsehenerregenden Studie an die Öffentlichkeit, in der sie den Entwicklungssprung in die neodarwinistische Theorie einführten.

In der Gould-Eldredge-Theorie über das »labile Gleichgewicht« – der Begriff Gleichgewicht bezieht sich auf eine dynamische Ausgewogenheit der jeweiligen Art mit ihrer Umwelt – betreffen die evolutionären Prozesse ganze Arten und nicht einzelne sich reproduzierende oder überlebende Individuen einer Gattung. Ein Evolutionsschub setzt ein, wenn die dominierende Gattung eines Abstammungszweigs (eine Gruppe von Arten mit gemeinsamem Anpassungskonzept) in ihrem Milieu destabilisiert und ihre Vorherrschaft von anderen Arten oder von einer zufällig an der Peripherie aufgetauchten Untergattung gebrochen wird.

In diesem Moment geht die Stabilität einer Epoche in die Brüche. Es kommt zu einem Evolutionssprung, der von der bis dahin dominierenden Art, die nun vom Aussterben bedroht ist, zu einer bislang randständigen Art oder Unterart überleitet. Dieser Übergangsprozeß vollzieht sich relativ schnell. Das Auftreten neuer Arten markiert den Anfang und das Ende langer Perioden, in denen die Arten so gut wie unverändert existieren. Das bedeutet, daß eine Art während der Zeit, in der sie besteht, kaum eine Veränderung erfährt: Ihr genetischer Informationspool wird ziemlich intakt von Generation zu Generation weitergegeben. Am Ende der kollektiven Lebenszeit mutiert sie nicht etwa zu einer anderen Art, sondern sie stirbt aus und wird durch eine besser angepaßte Art ersetzt.

Der fossile Befund zwingt uns zu dieser überraschenden Erkenntnis. Er beweist, daß die Entwicklung der heutigen Arten sich nicht auf kontinuierliche und phlegmatische Weise vollzogen hat. Es hat Millionen von Jahren dauernde Perioden gegeben, in denen bei den damals lebenden Arten keinerlei signifikante Änderungen zu verzeichnen waren. Dann traten innerhalb relativ kurzer Zeitspannen, die zwischen 5000 und 50000 Jahren gedauert haben mögen, neue Arten auf den Plan.

In der neueren Evolutionstheorie kennt man sowohl lange Perioden der Stasis, also des Entwicklungsstillstands, wie auch kurze Perioden mit plötzlichem und in seinen Einzelheiten unvorhersehbarem Wandel. Der klassische darwinistische Mechanismus der Anpassung funktioniert nur während der erstgenannten Periode, indem er die Art sozusagen in ihre spezielle Umwelt einbettet. Wenn dieser Anpassungsprozeß beispielsweise durch Veränderungen des Milieus gestört wird, bricht er zusammen und macht einem Transformationsprozeß Platz. Das von einer Art und ihrem Milieu gebildete System gerät in einen chaotischen Zustand, in dem schon die geringste Schwankung den entscheidenden Ausschlag geben kann, auf welchem Weg die Entwicklung tatsächlich weitergeht. Dieser chaotische und auf nicht-klassische Weise determinierte Prozeß wird als »Bifurkation« eines Systems bezeichnet. (Das bedeutet, daß der Entwicklungsgang oder der evolutionäre Kurs des Systems nicht mehr unverändert weitergehen kann: Er muß sich gabeln und einen neuen Weg einschlagen.) Die Dynamik und die Begrenzungen des Systems erfahren eine Neudefinition, so daß am Ende ein völlig verändertes System zustande kommt.

Das im Bifurkationsprozeß wirksame Element der Unbestimmtheit wirkt sich zwar auf die jeweiligen Arten aus, nicht aber auf den Evolutionsprozeß als solchen. Obwohl es nicht vorhersehbar ist, wie sich eine spezielle Art entwickeln wird oder ob sie vielleicht überhaupt ausstirbt, entzieht sich der allgemeine Entwicklungsgang der Evolution auf diesem Planeten durchaus nicht der Voraussage. Wie sich am fossilen Befund ablesen läßt – und wie wir schon im dritten Kapitel gesehen haben – folgt der Gang der Evolution einer bevorzugten Richtung.

Im Laufe der Evolution haben sich viele Arten aus einzelligen Protobionten und einfachen Algen zu größeren und komplexeren Organismen fortentwickelt. Inzwischen ist unsere Biosphäre mit einer Vielzahl von Arten jeder Größenordnung und jeglichen Komplexitätsgrades bevölkert, von denen die höherentwickelten sich zielstrebig, wenn auch keinesfalls glatt und kontinuierlich, von mikroskopischer Winzigkeit und von einem vergleichsweise einfachen Aufbau zu Strukturen mit beträchtlicher Größe und Komplexität entwickelt haben.

DER RÄTSELHAFTE ZUFALL

Im Standardmodell der Darwinschen Theorie kommt der Zufall beim Evolutionsprozeß an zwei Stellen zum Zuge: Erst beim Zustandekommen der Mutationen im Genom und ein weiteres Mal, wenn die mutierten Organismen in einer bestimmten Umwelt zurechtkommen müssen, um zu überleben. Manche Forscher, wie zum Beispiel Richard Dawkins, geben sich mit diesem zweifach gestaffelten Zufallselement durchaus zufrieden. Nach Dawkins vollzieht sich die Evolution des Genpools nach dem Prinzip von Versuch und Irrtum, so daß die Entwicklung der heutigen Arten als das Werk eines »blinden Uhrmachers« betrachtet werden kann. Wenn genügend Zeit zur Verfügung steht, bringen die Versuche und die Fehlschläge der Evolution sämtliche Lebensformen hervor, die unsere Biosphäre bevölkert haben und noch immer bevölkern.

Andere Wissenschaftler sind davon weniger überzeugt. Michael Denton, der dem Darwinismus ausgesprochen kritisch gegenübersteht, hat die Frage aufgeworfen, ob ein Zufallsprozeß eine Evolutionsfolge zustande gebracht haben kann, deren einfachste Elemente wie ein Eiweißmolekül oder gar ein Gen schon komplexer sind, als ein Mensch es sich je hätte ausdenken können. Genügt da der Hinweis auf die statistische Trefferquote, um den Zufall für das Entstehen eines nun in der Tat sehr komplexen Systems wie des Gehirns der Säuger verantwortlich zu machen? Schließlich übersteigt bereits ein Prozent der Verknüpfungen der Nervenzellen in einem hochorganisierten Gehirn die Zahl sämtlicher weltweit bestehender Kommunikationsverbindungen! Denton kommt zu dem Schluß, daß zufällige Mutationen im Zusammenspiel mit der natürlichen Auslese sehr wohl als Ursache für Variationen *innerhalb* einer bestimmten Art in Frage kommen, jedoch kaum für den Variationsreichtum in der Abfolge der Arten.

Die Zufallsentstehung ist schon deshalb problematisch, weil für den Zusammenbau auch nur eines primitiven reproduktionsfähigen zellkernlosen Einzellers eine DNS-Doppelhelix aus einigen hunderttausend Nukleotiden zusammengesetzt werden muß, wobei jedes Nukleotid aus ungefähr 30 bis 50 äußerst präzise angeordneten Atomen aufgebaut ist. Dazu kommen noch eine doppellagige Haut und eine Reihe von Eiweißmolekülen, die der Zelle die Nahrungsaufnahme ermöglichen. Ein ganzes Reaktionsprogramm ist erforderlich, um diese Konstruktion zustande zu bringen, wobei jede einzelne dieser Reaktionen die interne Entropie des Systems herabsetzt. Sir Fred Hoyle schätzte die Wahrscheinlichkeit, daß ein solcher Prozeß sich rein zufällig ereignet, so groß ein wie die Wahrscheinlichkeit, daß, wenn ein Hurrikan über einen Schrottplatz hinwegfegt, ein funktionstüchtiges Flugzeug entsteht.

Konrad Lorenz gelangte einige Jahre vor Hoyle zu einer ähnlichen Schlußfolgerung. Wie er sagte, sei es zwar formal richtig, daß die Prinzipien von zufälliger Mutation und natürlicher Auslese bei der Evolution eine Rolle spielen, doch das allein könne nicht zur Erklärung der Tatsachen ausreichen. Mutation und natürliche Auslese könnten zwar die Variationen innerhalb einer Art begreiflich machen, aber selbst die knapp vier Milliarden Jahre, die der biologischen Evolution auf unserem Planeten zur Verfügung standen, seien zu kurz, um durch Zufallsprozesse die heutigen komplexen und geordneten Organismen aus ihren protozoischen Vorfahren hervorgehen zu lassen. *Doch wenn der Zufall ausscheidet: Was ist dann für die Evolution von Ordnung und Komplexität in der Welt des Lebendigen verantwortlich?*

Das Problem ist nicht neu. In den fünfziger Jahren gab der Mathematiker Hermann Weyl zu bedenken, daß jedes Molekül, aus dem sich das Leben aufbaut, aus etwa einer Million Atomen besteht, weshalb die Zahl der möglichen Kombinationen astronomische Dimensionen erreicht. Andererseits sei die Zahl der Kombinationen, die zu lebensfähigen Genen führt, relativ begrenzt und die Wahrscheinlichkeit ihres zufälligen Entstehens daher so gering, daß man sie kaum in Betracht ziehen könne. Weyl hielt es für die bessere Lösung, einen wie auch immer gearteten Selektionsprozeß anzunehmen, der verschiedene Möglichkeiten durchprobiert und sich Schritt für Schritt von einfachen zu komplizierteren Strukturen vorantastet. Weyl selbst vermutete, daß »immaterielle Faktoren« – so etwas wie Urbilder, Ideen oder Baupläne – bei der Evolution des Lebens am Werk seien.

Weyls Spekulationen fanden im Kreis der Wissenschaftler wenig Anklang, denn die Forscher sind davon überzeugt, daß die Natur ihre Pläne selbst macht und nicht fertige Pläne übernimmt. Ein gewisses Maß an Planmäßigkeit scheint es dennoch zu geben. Der Biologe Jean Dorst, der sich mit teleologischen Vorstellungen (bei denen die Zukunft verursachend in die Gegenwart hineinwirkt) nicht anfreunden konnte, sah sich zu der Annahme gezwungen, daß die Natur letztlich eben doch so etwas wie einem Plan folgt. Das Planvolle ließ sich an dem Gleichgewicht beobachten, das zwischen verschiedenen Arten herrscht, wie auch an einigen außerordentlichen gegenseitigen Anpassungsleistungen, zum Beispiel zwischen den Pflanzen und den Insekten. Dies, sagte er, gehe weit über das Erklärungspotential der Darwinschen Theorie hinaus. Etienne Wolf sprach von einer »Orientierung« der Evolution. Am Ende der Primär- und zu Beginn der Sekundärzeit gab es zehn oder noch mehr Vorläufer der Familie der Säugetiere, aber nur eine davon begründete den Stamm der heutigen Säuger. Ebenso versuchte sich eine ganze Reihe von Arten als Flieger in die Luft zu erheben, darunter die Dinosaurier, die Pterosaurier und die Reptilien, sogar der Archäopterix, doch der Erfolg war nur einer einzigen Spezies beschieden. In der Tierwelt macht sich auf jeder Stufe der Hierarchie die Tendenz der Evolution bemerkbar, etwas Neues, besser Angepaßtes und Komplexeres hervorzubringen. Wolf meint, es liege auf der Hand, daß ein Zufallsprozeß nicht das Maß an evolutionärer Ordnung und Folgerichtigkeit zustande gebracht haben könnte, das heute so augenfällig ist. Die Evolution hätte einen ganz anderen Verlauf genommen, wenn sie dem Zufall ausgeliefert gewesen wäre.

Auch hinsichtlich der entwicklungsmorphologischen Folgerichtigkeit, die bei artenübergreifender Betrachtung zu beobachten ist, zeigt das Erklärungsmodell Zufall seine Schwächen. Die Flügel der Vögel und der Fledermäuse sind in ihrem Bau vergleichbar mit den Flossen der phylogenetisch mit ihnen überhaupt nicht verwandten Seehunde und mit den vorderen Gliedmaßen der ebenfalls nicht verwandten Amphibien, Reptilien und Gliedertiere. Während Größe und Form der jeweiligen Knochengerüste beträchtlich variieren, ist die Anordnung der Knochen sehr ähnlich, sowohl zueinander wie auch in bezug auf den Körper insgesamt. Auch die Lage von Herz und Nervensystem im Körper weist bei unterschiedlichen Arten Gemeinsamkeiten auf: Bei Arten mit einem Innenskelett befinden sich das Nervensystem in dorsaler (rückwärtiger) und das Herz in ventraler (vorderer) Lage, während wir bei Arten mit einem Außenskelett (zum Beispiel bei den Insekten) eine genau umgekehrte Anordnung beobachten.

Nicht weniger bemerkenswert ist es, daß sowohl bei Pflanzen wie auch bei Tieren, die sich an völlig unterschiedlichen Standorten und mit einer gänzlich anders gearteten Evolutionsgeschichte entwickelt haben, gewisse gemeinsame anatomische Merkmale festzustellen sind. Bei den über 250000 höheren Pflanzenarten, die in fast allen Teilen der Welt beheimatet sind, finden sich lediglich drei Grundmuster für die Anordnung der Blätter um den Stiel, wobei ein einziges (die Spiralform) 80 Prozent aller Fälle ausmacht. Brian Goodwin legte überzeugend dar, daß dies nicht auf die Zufälligkeiten von genetischer Mutation und natürlicher Auslese zurückgeführt werden kann. Es gäbe vielmehr, wie er meint, ein dem Leben innewohnendes Urmuster, durch das sich das Lebendige jenseits von Funktionstüchtigkeit und historischer Zufälligkeit auf einer wesentlich tieferen Ebene für uns erschließt.

Auch im Tierreich herrscht eine bemerkenswerte Ähnlichkeit struktureller beziehungsweise morphologischer Merkmale, obwohl es auch hier schon auf einer so grundlegenden Ebene wie dem Aufbau der Gene und der spezifischen Proteine gewaltige Unterschiede gibt. Die Biologen konnten feststellen, daß es bei verschiedenen Arten trotz ihrer völlig voneinander abweichenden Genstruktur zur Herausbildung nahezu identischer morphologischer Merkmale gekommen ist: Strukturgleichheit bei Gen-Ungleichheit. Noch erstaunlicher ist der umgekehrte Fall, bei dem die gleichen Genstrukturen zu extrem unterschiedlichen Erscheinungsformen führen. Man hat bei Arten, die sich vollkommen unabhängig voneinander entwickelten, sehr ähnliche, gelegentlich sogar identische Gene gefunden. Der bemerkenswerteste Fall dieser Art betrifft das Auge.

Walter Gehring und seine Mitarbeiter haben entdeckt, daß die ungefähr drei Dutzend Augen, die sich im Tierreich finden und die sich alle voneinander unterscheiden, auf einen gemeinsamen Ursprung zurückgehen. Das Facettenauge einer Fliege und die mit einer Netzhaut ausgestatteten Augen von Mäusen und Menschen sind Ableitungen aus dem gleichen Grundmuster – sie sind sogar durch ein und dasselbe »Hauptsteuerungs-Gen« in der Erbsubstanz verankert. Der genetische Mechanismus des Auges ist innerhalb eines breiten Artenspektrums austauschbar. Das einer Maus entnommene »Augen-Gen« läßt bei einer Fliege ein solches Auge wachsen.

Die Erbinformation dieses Steuerungs-Gens muß vor 500 Millionen Jahren niedergelegt worden sein. Von da an wurde sie von knapp 40 phylogenetisch voneinander verschiedenen Insekten- und Tierarten übernommen und integriert. Doch wie gelangten all diese unterschiedlichen Arten an die gleiche Erbinformation zum Aufbau ihres Auges? *Könnte es sein, daß die Arten diese Information voneinander übernommen haben – oder von einem archetypischen Muster oder Formprinzip der Natur?*

Die Frage nach dem Zufall stellt sich bereits mit den ersten Anfängen des Lebens auf der Erde. Schon nach erstaunlich kurzer Zeit sind auf diesem Planeten Strukturen von hohen Komplexitätsgraden aufgetreten. Die ältesten Urgesteine sind vier Milliarden Jahre alt, das Alter der frühesten und durchaus schon komplexen Lebensformen (Blaualgen und Bakterien) beläuft sich, wie wir wissen, auf 3,5 Milliarden Jahre. Die Frage, wie in der relativ kurzen Zeit von 500 Millionen Jahren ein solches Maß an Komplexität entstehen konnte, ist bislang nicht befriedigend beantwortet. Der Zufall allein kann die Fakten nicht erklären: Es hätte ungleich mehr Zeit gebraucht, diese Strukturen durch ein rein aleatorisches »Umrühren« der molekularen Ursuppe zustande zu bringen. Auf ihrer Suche nach einer vernünftigen Erklärung haben die Theoretiker schon vieles als Erklärung in Betracht gezogen. Lord Kelvin vertrat im 19. Jahrhundert die Auffassung, daß das Leben schon fix und fertig von irgendwo aus dem Weltall auf die Erde gefallen sei. Sir Francis Crick, dem die Entschlüsselung der DNS gelang, griff diese Idee erst unlängst wieder auf.

Die geringe Wahrscheinlichkeit, daß die Evolution durch rein zufälliges »Herumprobieren« vorangeschritten sei, wird durch die Tatsache unterstrichen, daß die Umwelt, in der sich die biologischen Arten entwickelt haben, alles andere als konstant und stabil gewesen ist. Ein ursprünglich geeigneter Standort kann im Laufe der Zeit seine Eignung eingebüßt haben und möglicherweise sogar für das Überleben einiger Arten bedrohlich geworden sein. Wenn solche Arten in einem veränderten Milieu lebensfähig sein wollen, müssen sie ihren Anpassungsplan ändern. Es ist schleierhaft, wie eine derartige Änderung unter darwinistischen Vorzeichen vor sich gehen soll. Wenn sich die Anpassung einer Art durch zufällige Mutationen vollziehen würde, bestünde in gleicher Weise auch das Risiko der Fehlanpassung – und des möglichen Untergangs –, bevor die Anpassung an die neue ökologische Nische bewältigt ist, die sich für die Art aufgetan hat.

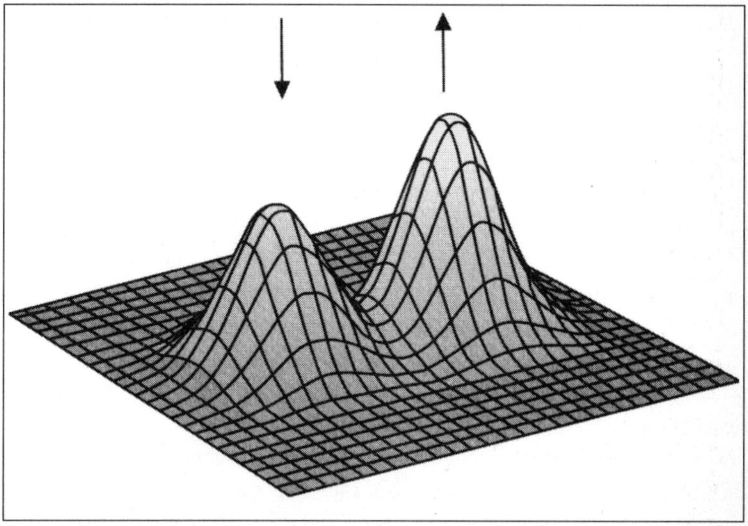

4 Im topographischen Modell wird das Problem der lebensfähigen Mutation als Übergang von einem »Anpassungsgipfel« zum anderen in einer sogenannten »adaptiven Landschaft« dargestellt. Durch Mutationen bewegt sich eine Art in zwei Dimensionen durch diese Landschaft. Die dritte Dimension ist der Grad der Anpassung, den eine Art an ihr Milieu erreicht hat. Durch Mutationen wird eine Spezies normalerweise immer höher auf ihren Anpassungsgipfel hinaufgetragen, da die schlecht angepaßten Mutanten aussterben und die gut angepaßten sich vermehren. Das Problem entsteht, wenn ein Milieu ungastlicher wird oder sogar ganz verschwindet (der Adaptationsgipfel absinkt oder völlig zurückgeht). Die an diesen Gipfel angepaßten Arten müssen sich an ein anderes Milieu anpassen. Doch wenn die Mutationen, die das bisherige Anpassungsniveau (den bisherigen Anpassungsgipfel) vermindert hätten, durch die natürliche Auslese verworfen werden, tut sich eine methodische Schwierigkeit auf. Wo sollen die zahlreichen Mutationen, die nötig wären, um eine Art an den Fuß eines anderen, stabileren oder sogar im Aufsteigen begriffenen Anpassungsgipfels zu versetzen, jetzt auf einmal herkommen? Wenn die Art erst einmal an den Fuß des nächsten Anpassungsgipfels gelangt ist, wird sie durch Mutation wieder schrittweise nach oben getragen. Aber wie gelangt sie dorthin?

Die Veränderungen der DNS, die die Lebensfähigkeit einer Art in einem gewandelten Milieu garantieren würden, können kaum aus zufälligen Veränderungen des genetischen Pools hervorgehen, weil es nicht ausreicht, wenn Mutationen ein paar positive Umgestaltungen des Organismus bewirken – sie müssen ein ganzes Paket von Wandlungen auslösen.

Wenn die Evolution beispielsweise einem Reptil Federn wachsen läßt, kann es deswegen noch nicht fliegen. Eine radikale Umgestaltung der Knochenstruktur und der Muskulatur sind dazu ebenso erforderlich wie ein beschleunigter Stoffwechsel, der die Energie für ein längeres Fliegen liefern kann. Neuerungen verschaffen für sich genommen noch keinen Entwicklungsvorsprung. Sie machen im Gegenteil den neuen Organismus mit größter Wahrscheinlichkeit sogar weniger lebenstüchtig als die normale Form, von der er nun abweicht. In diesem Fall würde er auch bald durch die natürliche Zuchtauswahl eliminiert. Eine schrittweise Umgestaltung der Erbsubstanz einer Art nach dem Zufallsprinzip dürfte in der Regel nicht zu lebensfähigen Ergebnissen führen.

M. Schutzenberger von der Harvard-Universität bemerkte, man müsse schon ein nahezu blindes Vertrauen in die Darwinsche Theorie haben, um zu glauben, der Zufall allein könne in der Entwicklungslinie der Vögel sämtliche Modifikationen hervorgebracht haben, die nötig waren, um aus ihnen Hochleistungsflieger werden zu lassen. Ebenso unglaubhaft ist es, daß zufällige Mutationen nach dem Verschwinden der Saurier zur Linie der Säuger übergeleitet hätten – angesichts der Tatsache, daß die Säugetiere auf der Achse, die von den Fischen zu den Reptilien führt, extrem weit von den Sauriern entfernt angesiedelt sind. Giuseppe Sermonti schloß sich dieser Meinung an. Es falle schwer zu glauben, sagte er, daß kleine Zufallsmutationen und natürliche Selektion aus einer Amöbe einen Dinosaurier entstehen lassen könnten. Das Leben scheint sich also nicht in kleinen Schritten weiterzuentwickeln, sondern durch gelegentliche, dann jedoch massive und revolutionäre Innovationen.

Geschwindigkeit sowie Art und Weise der Evolution lassen die klassische darwinistische Betrachtungsweise der Evolution überholt erscheinen. Zufällige Mutationen, die die Hürde der natürlichen Auslese zu überwinden hatten, können offensichtlich kaum die komplexe Vielfalt bestens angepaßter Arten hervorgebracht haben, von denen der fossile Befund Zeugnis ablegt – jedenfalls nicht in dem gegebenen Zeitrahmen. Es heißt zwar: »Gottes Mühlen mahlen langsam, aber trefflich fein« – doch, was die Evolution angeht, können sie so langsam, wie der klassische Darwinismus es verlangen würde, nun nicht gemahlen haben.

Viele Biologen sind zu der Ansicht gelangt, daß die wirklich einschneidenden evolutionären Ereignisse wie das Auftauchen neuer Arten nicht durch die Annahme erklärt werden können, die Makroevolution sei die Summe der zufällig entstandenen und von der natürlichen Auslese zugelassenen mikroevolutionären Modifikationen. Nicht nur, daß durch schrittweise Modifikation der vorangegangenen Arten gar keine neuen Arten hätten entstehen können – der fossile Befund selbst spricht gegen eine derartige »gradualistische« These. Bedeutende Neuerungen sind eben nicht aus der Anhäufung unbedeutender Veränderungen hervorgegangen: Die Zahl der Variationsmöglichkeiten und die großen Sprünge zwischen den Arten, die man feststellen kann, lassen es praktisch unmöglich erscheinen, daß zufällige Veränderungen des Erbgutes den uns bekannten Gang der Evolution bestimmt haben könnten. *Aber wie haben es die durch ungünstige Veränderungen ihrer Umwelt bedrohten Arten geschafft zu überleben? Warum sind sie nicht ausgestorben und haben die Biosphäre den Algen und Bakterien überlassen?*

DAS GEHEIMNIS DER MORPHOGENESE

Die moderne Genetik steht angesichts der Prozesse der Morphogenese vor einer weiteren schwierigen Aufgabe. Einzellige Organismen pflanzen sich durch Zellteilung fort, wobei sie die DNS ihrer Chromosomen durch Verdoppelung in die neue Zelle übertragen. Komplexere Arten vermehren sich jedoch mittels ihrer Keimzellen. Also muß jede dieser Zellen mit einem Satz von Bauanleitungen ausgestattet sein, die den Konstruktionsplan des gesamten Organismus enthalten. Aber wie geht das vonstatten?

Die Tatsache, daß die Arten ihresgleichen »ausbrüten« – daß also aus einem Hühnerei auch ein Hühnerküken schlüpft und kein kleiner Fasan –, ist keineswegs selbstverständlich. Die Standarderklärung der Genetiker lautet in diesem Fall, daß die Keimzellen einer Spezies den Bauplan des ganzen Organismus enthalten. Diese Erklärung enthebt jedoch nicht sämtlicher Schwierigkeiten. Wie wir schon gesehen haben, ist der genetische Code bei entfernt verwandten Arten oft ziemlich ähnlich und bei nahe verwandten Arten ebenso oft durchaus unterschiedlich. Die DNS in den Chromosomen des Schimpansen gleicht zu 98,4 Prozent der des Menschen, während sich bei Amphibien mit gemeinsamen morphologischen Merkmalen stark voneinander abweichende genetische Informationen finden. Außerdem hat sich die Grundannahme der gängigen Genetik – daß ein bestimmtes Gen eine klar definierte und eindeutige Auswirkung auf den Organismus habe – als eine erhebliche Fehleinschätzung erwiesen. Über Fehlfunktionen und Krankheiten entscheiden keineswegs die Gene allein, noch nicht einmal über die Entwicklungs- und Alterungsprozesse. Die Grundlage komplexer organischer Prozesse ist meist nicht nur genetischer Art. Es gibt zwar Gene, die für die Steuerung umfangreicher und komplexer Abläufe verantwortlich sind, doch Entwicklungsprozesse erfordern oft ein Wechselspiel zwischen einer Vielzahl von Genen, Genprodukten und Umwelteinflüssen (sogenannten epigenetischen Faktoren). Am Entstehen einer Krankheit wie beispielsweise Krebs oder einem Herzleiden können bis zu 1000 Gene beteiligt sein, deren wechselseitige Beeinflussung ganz entscheidend von den Einwirkungen aus der jeweiligen Umwelt abhängig ist. Wie jeder Bevölkerungsgenetiker weiß, kommt es ohne eine streßgeladene Umwelt nicht dazu, daß sich eine Krankheit in der ganzen Bandbreite ihres genetischen Potentials manifestiert.

Die Organfunktionen sind, wie es scheint, nicht direkt (linear) mit den in den Genen gespeicherten Informationen verknüpft. Derartige Funktionen vollziehen sich vielmehr in einem komplexen nichtlinearen Prozeß, der eine Reihe von gemeinsamen Elementen mit der Dynamik des Chaos aufweist.

Das zeigt sich in ganz besonderem Maße in den schwindelerregend komplexen Vorgängen, die bei der Entstehung eines Embryos zusammenwirken. Im Falle der Säugetiere erfordert die Entwicklung eines Embryos die geordnete Entfaltung von Myriaden dynamischer Vorgänge im mütterlichen Uterus und darüber hinaus das geregelte Zusammenspiel zwischen Milliarden von Zellen, die sich in stetiger Teilung befinden. Wenn dieser Prozeß von A bis Z in den Genen gespeichert wäre, müßte das genetische Programm in einer Weise vollständig und detailliert sein, die ans Wunderbare grenzt. Es müßte zudem auch noch so flexibel gestaltet sein, daß die Entfaltung und Differenzierung einer großen Zahl von dynamischen Entwicklungsvorgängen in einem sehr breiten Spektrum möglicher Bedingungen gesichert ist. Aber dennoch findet sich in jeder Zelle des Embryos der gleiche genetische Code. Es ist wenig wahrscheinlich, daß dieser Code allein sämtliche gegenseitig voneinander abhängigen Entwicklungsprozesse dirigieren und koordinieren kann.

Der Nobelpreisträger François Jacob räumte ein, daß noch wenig über die Regulierungsprozesse der embryonalen Entwicklung bekannt ist. Wenn man von den bislang recht vagen Vorstellungen von epigenetischen Landschaften und biologischen Feldern absieht, ist das einzige Denkmodell, mit dem die Biologen problemlos umzugehen verstehen, linear und eindimensional. Laut Jacob verdankt die Molekularbiologie ihre schnelle Entwicklung vor allem der Tatsache, daß in der Mikrobiologie die Information bausteinweise in lineare Sequenzen verpackt ist. Die eindimensionale und lineare Darstellung ergab sich dadurch von selbst: die Erbinformation, die Beziehung zwischen den Keimstrukturen, die Logik der Vererbung und so weiter. Aber bei der Entwicklung des Embryos ist es mit der linearen Welt vorbei. Die eindimensionale Abfolge der Gene bestimmt die Produktion von zweidimensionalen Zellschichten, die sich auf höchst präzise Weise auffalten, um die dreidimensionalen Gewebe und Organe zu bilden, die dem jeweiligen Organismus seine spezielle Gestalt und seine physiologischen Eigenschaften verleihen. Wie es dazu kommt, ist laut Jacob immer noch ein Rätsel – die Funktionsprinzipien der embryonalen Entwicklung sind uns unbekannt. Während wir zum Beispiel über die molekulare Anatomie der menschlichen Hand schon einigermaßen gut Bescheid wissen, wissen wir fast gar nichts darüber, wie der menschliche Organismus sich selbst die Anleitung zum Aufbau dieser Hand gibt.

Allem Anschein nach kann der Organismus seine Bestandteile mit großer Präzision sowohl aufbauen wie auch im Falle der Beschädigung wieder reparieren. Die menschliche Hand kann beispielsweise eine Fingerkuppe neu herausbilden, sofern bei der Amputation des obersten

Fingergliedes die Wunde nicht durch ein Hauttransplantat chirurgisch verschlossen wird. Erstaunlicherweise wächst die neue Fingerkuppe bis ins letzte Detail »originalgetreu« nach; selbst der individuelle Fingerabdruck eines Menschen wird reproduziert.

Nach der Darwinschen Theorie müssen die Selbstreparaturprogramme des Organismus in der Entwicklungsgeschichte einer Spezies durch natürliche Selektion ausgelesen worden sein: Die Überlebenschancen wurden erhöht, wenn Mutationen zufällig die Fähigkeit zur Selbstreparatur jener Beschädigungen verbesserten, denen ein Organismus häufig ausgesetzt war. Mutanten mit dieser Eigenschaft hatten einen zahlreicheren und lebenstüchtigeren Nachwuchs als die übrigen Artgenossen und wurden schließlich zur dominierenden Art.

Diese Darstellung klingt plausibel, doch sie stimmt nicht mit dem Forschungsbefund überein. Bei vielen Organismen stößt man auf Selbstreparaturprogramme, die kaum aus einem natürlichen Selektionsprozeß hervorgegangen sein können, denn sie dienen der Reparatur von Beschädigungen, die in der gesamten Geschichte dieser Art so gut wie nie aufgetreten sein dürften.

Diese seltsamen Programme ohne Vorgeschichte kommen ans Licht, wenn einfache Organismen im Labor in einer Weise manipuliert werden, wie es in der Natur nicht geschehen könnte. Bei einem entsprechenden Versuch wird zum Beispiel ein gemeiner Meeresschwamm zerschnitten. Ein Schwamm ist ein echter vielzelliger Organismus mit vielerlei spezialisierten Zellen und koordinierten Funktionen. Wenn man die Zellen durch ein feines Sieb preßt, das sämtliche zwischen ihnen bestehenden Verbindungen zerstört, ist der Brei aus anscheinend separaten Zellen in der Lage, sich wieder zu einem funktionsfähigen Organismus zusammenzusetzen. Der Organismus des Seeigels ist komplexer: Er besitzt schon einen Verdauungstrakt, ein System von Blutgefäßen, ausstülpbare Füße zur Fortbewegung und eine kugelförmige Panzerung, die das Skelettgerüst umgibt. Auch er ist aber zu einem ähnlichen Kunststück in der Lage. Wenn ihm das Calcium entzogen wird, das er zum Aufbau seines Skeletts benötigt, löst er sich in seine Bestandteile auf und wird zu einem Klumpen aus einzelnen Zellen. Sobald die nötige Calciumkonzentration wieder hergestellt wird, reorganisieren sich die Zellen und bilden einen normalen Seeigel. Wenn man ein befruchtetes Ei eines Frosches zentrifugiert, werden die einzelnen Bestandteile der Zellstruktur durch die starken Beschleunigungskräfte völlig durcheinandergerührt – dennoch entwickelt sich aus einem solchen Ei ein normaler Frosch. Man kann das Ei einer Libelle teilen und die eine Hälfte zerstören – aus der anderen Hälfte entsteht dennoch eine völlig intakte Libelle. Wie jedes Kind weiß, kann man einen Plattwurm in mehrere Stücke schneiden, und aus jedem Stück wird wieder ein ganzer Wurm. Man kann das Bein eines Molches abtrennen, und dem Molch – anders als beim ansonsten eng mit ihm verwandten Frosch – wächst wieder ein neues Bein. Der Molch kann auch die Linse seines Auges regenerieren. Nach der chirurgischen Entfernung eines Molchauges wird aus den Geweberesten am Rand der Iris eine neue Linse aufgebaut. Angesichts dieser Tatbestände muß man sich doch fragen: *Wie kommt es, daß ein Organismus Programme besitzt, die zwar künstlich herbeigeführte Verletzungen kurieren können, die aber niemals zu seinem Überlebensgepäck gehört haben dürften?*

Einen Schlüssel zum Verständnis dieser Frage liefert die moderne Erkenntnis, daß die Selbstreparatur nicht ausschließlich von genetisch bedingten biochemischen Prozessen abhängt. Schließlich regeneriert sich am abgetrennten hinteren Ende eines Wurms auch der fehlende Kopf; bei der Regeneration von amputierten Gliedmaßen eines Molches setzt die Ausdifferenzierung der Zellen nicht für diejenigen unmittelbar an der Wunde ein, sondern für diejenigen, die am weitesten davon entfernt sind. Die Prozesse der Selbsterzeugung folgen keinem Teilprogramm von genetischen Informationen, das etwa von der natürlichen Auslese bevorzugt und von spezialisierten Zellen biochemisch übertragen worden wäre, sie scheinen auf der Grundlage des kompletten Bauprogramms des betreffenden Organismus voranzuschreiten.

Doch wenn wir annehmen, daß die Selbstreparatur auf das komplette Informationspaket zugreift, in dem die konkrete Ausgestaltung des Organismus verschlüsselt ist, stehen wir vor einem weiteren Rätsel: *Wie gelangt ein Organismus an das Informationspaket, in dem seine komplette Ausgestaltung – seine Morphologie – festgelegt ist?*

Der klassische Darwinismus steht vor immer größeren Rätseln; ein Wendepunkt der modernen Biologie kündigt sich an. Eine Reihe von führenden Forschern ist zu dem Schluß gelangt, daß sich in der biologischen Evolution extragenetische Faktoren mit den genetischen mischen.

Diese Vorstellung ist nicht neu. Im letzten Jahrhundert sprach Goethe davon, daß es eine »Urpflanze« geben müsse, der sämtliche Pflanzen nachgebildet sind; Hermann Weyl postulierte im Jahre 1950 die Existenz von immateriellen Faktoren nach der Art von Urbildern, Ideen und Bauplänen, und in jüngerer Zeit spekulierte Alister Hardy darüber, daß es einen gemeinsamen psychischen Bauplan für sämtliche Mitglieder einer Spezies geben müsse. Jean Dorst sieht in der Evolution einen Grundentwurf am Werk, bei Gordon Taylor ist es eine in der Sphäre des Biologischen vorgegebene Tendenz zur Selbstorganisation, und Roberto Fondi zieht den Schluß, daß es eine Art biologischer Archetypen geben müsse, die in der Welt des Lebendigen die Evolution bestimmen. Was jedoch die Natur und die Herkunft solcher Archetypen, Muster oder Informationen angeht, haben die Biologen lediglich vage Vorschläge oder rein spekulative Hypothesen anzubieten.

4 DAS RÄTSELHAFTE BEWUSSTSEIN

Die empirische und experimentelle Wissenschaft steht bei den Phänomenen des Bewußtseins vor noch tiefgreifenderen und schwierigeren Problemen als auf anderen Gebieten. Den Wissenschaftlern fehlt bislang die Antwort auf die fundamentale Frage, wie es kommt, daß manche von unseren Gehirnfunktionen von einem bewußten Erleben begleitet sind. Dennoch läßt sich die Wissenschaft, wie wir gesehen haben, davon nicht entmutigen. Gestützt auf die Annahme, daß Gehirn und Bewußtsein, wenn auch nicht unbedingt identisch, doch zumindest eng miteinander verbunden sind, schreitet sie voran. Philosophische Fragestellungen wie »Warum haben wir Bewußtsein?« und »Was ist Bewußtsein an und für sich?« entziehen sich dem Zugriff der empirischen Wissenschaft. Statt dessen haben sich die Wissenschaftler der bescheideneren Frage zugewandt: »An welche neuralen Funktionen und Mechanismen ist das Bewußtsein gekoppelt?«

Diese Fragestellung steht mittlerweile im Mittelpunkt eines breiten Forschungsvorhabens, das die Beziehung zwischen Gehirn und Bewußtsein zu klären versucht. Mit Mikroelektroden, Kernspinresonanz- und Positronen-Emissionstomographie dringt die Hirnforschung bis tief in die Auffaltungen des Neocortex vor. Diesen Techniken erschließen sich viele der physiologischen Mechanismen, die beim Menschen mit den Äußerungen des Bewußtseins einhergehen.

Die derzeitige Welle der Hirnforschung begann im Jahre 1990, als Sir Francis Crick und sein Kollege Christoph Koch erklärten, die Zeit sei nun reif, einen konzentrierten Anlauf zur Aufklärung des Phänomens des Bewußtseins zu unternehmen. Bewußtsein, sagten sie, bedeute das gleiche wie Wahrnehmung, und Wahrnehmung sei stets zugleich von Aufmerksamkeit und Kurzzeitgedächtnis begleitet. Die Forschung solle sich auf die optische Wahrnehmung konzentrieren, da man über das optische System bei Mensch und Tier schon verhältnismäßig gut im Bilde sei. Sobald die neuralen Mechanismen, die der optischen Wahrnehmung zugrunde liegen, besser verstanden würden, könnte man auch komplexere und raffiniertere Gehirnphänomene wie das einzigartige Phänomen des menschlichen Bewußtseins untersuchen.

Dieser Vorstoß war in der Gehirnforschung Anlaß für gewaltige und vielfältige Bemühungen, aber auch für heftige Auseinandersetzungen. Manche Forscher erhoben den Einwand, es sei überhaupt nicht klar, ob die von Crick geforderte »elektrophysiologische« Theorie zur Erklärung von Bewußtsein ausreiche. Es könnte sich genausogut herausstellen, daß das Studium des Gehirns als solchem für sich allein gar nicht ausreicht. Vielleicht sei an den Manifestationen des Bewußtseins aller Art auch der ganze übrige Körper beteiligt. In diesem Fall bedürfe das neurale Modell des Bewußtseins der Ergänzung durch eine kognitive und vielleicht sogar durch eine soziale Theorie.

Physiker wie Robert Penrose und Henry Stapp wählten einen anderen Ansatz. Sie suchen den Schlüssel zum Verständnis des Bewußtseins in den Quantenprozessen, die sich im Netzwerk des Gehirns zwischen den Elektronen und anderen Mikroteilchen abspielen. Obwohl der mikrophysikalische Ansatz der Gehirnforschung zunächst ignoriert wurde und später unter Beschuß geriet, hat er inzwischen zahlreiche Anhänger gefunden, da er eine Erklärung für jene menschliche Eigenschaft zu liefern verspricht, die wir den freien Willen nennen. Nach Penrose macht sich das Gehirn die nondeterministischen Quantenprozesse zunutze, die mit dem »Kollaps der Wellenfunktion« verbunden sind. Das Gehirn setzt seinerseits Prozesse in Gang, die von Anfang an undeterminiert und somit frei sind. Dies würde erklären, weshalb wir uns dessen bewußt sind, einen freien Willen zu haben. Zudem liefert der quantenmechanische Ansatz der Hirnforschung möglicherweise eine Erklärung, wie manchmal relativ weit voneinander entfernte Hirnregionen umfassend und allem Anschein nach spontan synchronisiert werden können. Die Anhänger dieser Theorie machen geltend, daß die Ortsunschärfe – die an Teilchen beobachtete Eigenschaft, sich anscheinend an mehren Orten gleichzeitig zu befinden – auch für eine Reihe von Hirnprozessen charakteristisch sein könnte.

Der gegenwärtige Ansatz der Hirnforschung ist zwar vielversprechend, doch die Wissenschaft vermochte bislang nur die Oberfläche der komplexen neurologischen Prozesse, die das menschliche Bewußtsein ausmachen, zu ritzen. Wie bereits dargelegt, sind die Schwierigkeiten beträchtlich. Die graue Zellmasse, die unser Schädel beherbergt, ist ein hochintegriertes System mit der Hirnrinde als oberster Instanz. Dieser sogenannte *Cortex* besteht aus ungefähr 10 Milliarden sechslagig angeordneter Neuronen mit bis zu einer Billiarde Zwischenverbindungen. Einzelne Regionen dieses äußerst komplexen Gehirns setzen sich aus Netzwerken und Gruppen von Neuronen zusammen, deren einzelne Neuronen mit ihren Dendriten über Synapsen mit den Dendriten anderer Neuronen verbunden sind.

Dieses System funktioniert ganzheitlich, doch es ist hierarchisch aufgebaut. Die tiefsten und am weitesten innen liegenden Komponenten sind der Hirnstamm und das Zwischenhirn mit Thalamus und Hypothalamus. Diese beiden relativ übersichtlich »verdrahteten« Systeme steuern die körperlichen Grundfunktionen, so zum Beispiel die Hormonausschüttung, die Körperreflexe und die automatischen Körperfunktionen. Sie bilden das, was Paul MacLean unser »Reptilienhirn« genannt hat.

Die mittlere Stufe in der Hierarchie des Gehirns nehmen die stammesgeschichtlich alten Teile des Großhirns ein. Bei einigen niedrigeren Säugern wie den Nagetieren sind sie schon voll entwickelt. Die innere Struktur dieses Hirnteils wird vom limbischen System beherrscht, wo die Neuronen in komplizierten Rückkopplungsschleifen angeordnet sind. Im limbischen System werden Beziehungen zwischen Bewußtseinsvorgängen, Emotionen und Motivationen einerseits und der Tätigkeit der inneren Organe andererseits hergestellt. Die höchste Position in der Gehirnhierarchie hat das Großhirn, das nur in der Gattung *Homo* und bei den höchstentwickelten Tieren, den Primaten, vorkommt. Der bedeutendste Teil des Großhirns ist der *Cortex cerebri*, die Hirnrinde mit ihren spindelförmigen, senkrecht zur Oberfläche angeordneten Zellen. Der Cortex kann sich deshalb nur vergrößern, wenn durch die Erweiterung seiner Oberfläche Raum für neue Zellen geschaffen wird. Bei unserer eigenen Gattung hat sich die Hirnrinde in ein komplexes, tief gefurchtes Faltenmuster gelegt: Unter den Zellspindeln verläuft ein Netz von feinen Nervenfasern, das die Zellen untereinander verbindet.

Ein typisches Merkmal des menschlichen Großhirns ist seine Unterteilung in eine linke und eine rechte Hemisphäre, die durch einen massiven Strang aus Nervenfasern, den *Corpus callosum* oder Hirnbalken, verbunden sind. Bei gesunden Menschen arbeiten die beiden Gehirnhälften »Hand in Hand«, wobei sie unterschiedliche Funktionen wahrnehmen. Die linke Hemisphäre arbeitet linear und nach dem Motto »eins nach dem anderen«. Sie verbindet Ursache und Wirkung und schafft die Basis für den gesunden Menschenverstand und die linearen Denkprozesse des Alltags. Sie beherbergt das Sprachzentrum, eine typisch lineare Gehirnfunktion. Die rechte Gehirnhälfte ihrerseits leistet Zuordnungen und stellt Beziehungen her. Sie kann komplexes Datenmaterial simultan verarbeiten, gibt der Wahrnehmung und dem Begreifen die emotionale Färbung, hat aber eine begrenzte Syntax – sie orientiert sich an Bildern und nicht an Wörtern.

Anhand solcher Forschungsergebnisse werden Bewußtseinsleistungen höherer und niedrigerer Art bestimmten Gehirnprozessen zugeordnet. Doch außer in ziemlich einfachen Fällen erlaubt der derzeitige Stand der Hirnforschung es nicht, ein detailliertes Modell aufzustellen, in dem aus bestimmten Gehirnprozessen die zugehörigen geistigen Funktionen abgeleitet werden könnten – die Einzelheiten der höheren Gehirnfunktionen liegen noch im dunkeln. Zu den geheimnisvollsten dieser Funktionen gehören die Fähigkeit zum abstrakten Denken, die feine Nuancierung der Gefühlswelt und das Gedächtnis, wobei das Langzeitgedächtnis die meisten Rätsel aufgibt.

DAS RÄTSEL DER FRÜHERINNERUNG

Der Mensch kann seine Erfahrungen und Eindrücke offensichtlich sowohl vorübergehend als auch langfristig speichern. Das Kurzzeitgedächtnis ist hinsichtlich der entsprechenden neuralen Verknüpfungen, die in der Gehirnrinde gebildet und umgeformt werden, recht gut erforscht. Wie es jedoch dazu kommt, daß wir uns an sehr weit zurückliegende Ereignisse erinnern können, ist noch ein Rätsel. In jüngster Zeit gewinnen wir allerdings immer mehr Einblicke in diese Prozesse. Früher nahm man an, daß außergewöhnliche Erinnerungsleistungen durch Assoziationen zutage kommen – so zum Beispiel, wenn Marcel Proust sich beim Duft eines Madeleine-Gebäcks auf seine Kindheit besinnt. Fast jeder kennt plötzliche Erinnerungsschübe an Ereignisse der Vergangenheit, die sie oder ihn bis in ein Alter von vier bis fünf Jahren oder noch weiter zurückführen. Die praktische Arbeit von Psychologen und Psychotherapeuten hat jedoch ergeben, daß die meisten Menschen sich an weitaus frühere Ereignisse ihres Lebens erinnern können. Viele tragen die Spuren von traumatischen oder anderen prägenden Erlebnissen in sich, die ihnen schon unmittelbar nach der Geburt zugestoßen sind. Die seelische Verfassung eines Menschen kann lebenslang durch den physischen oder psychischen Streß beeinflußt werden, dem die Mutter während der Schwangerschaft ausgesetzt war.

Mittlerweile sind bei der Erforschung der sogenannten erweiterten Bewußtseinszustände neue und in gewisser Weise etwas esoterische Elemente des Langzeitgedächtnisses bekannt geworden. Sowohl bei der sogenannten Nah-Todeserfahrung wie bei der medikamentös herbeigeführten und ärztlich überwachten Regressionsanalyse spielt das Langzeitgedächtnis eine wichtige Rolle. In diesen erweiterten Bewußtseinszuständen zeigt sich eindrucksvoll, daß es ein extrem weit zurückreichendes Langzeitgedächtnis geben muß. Die Leistungsfähigkeit eines solchen Gedächtnisses ist wahrhaft merkwürdig. John von Neumann hat ausgerechnet, daß die Informationsmenge, die ein Mensch während seines Lebens ansammelt, ungefähr $2{,}8 \times 10^{20}$ (280 Trillionen) »Bits« beträgt. *Wie kann ein Gehirn von nur 10 Zentimetern Durchmesser eine solche Menge an Informationen aufnehmen und behalten?* Die Belege für das Langzeitgedächtnis verdienen eine nähere Betrachtung.

Seit Elisabeth Kübler-Ross ihre klassische Untersuchung über Nah-Todeserfahrungen vorgelegt hat, haben sich Psychologen und interessierte Forscher systematisch mit diesem Phänomen beschäftigt. Es zeigte sich, daß Menschen im Nahbereich des Todes bemerkenswerte Erfahrungen machen, die von einer ausgeprägten Erinnerungskomponente gekennzeichnet sind. Raymond Moody jr., ein Pionier der systematischen

Erforschung von Nah-Todeserfahrungen, kam zu dem Schluß, es sei nun »klar erwiesen«, daß die Erfahrungen eines signifikanten Anteils der Probanden, die nach einer Nahbegegnung mit dem Tod befragt wurden, eine große Ähnlichkeit aufweisen, und zwar unabhängig von Alter, Geschlecht, Religion und kulturellem, bildungsbezogenem und sozioökonomischem Hintergrund der oder des Befragten. Dieses Erlebnis – zu dem es wesentlich gehört, daß das ganze Leben des Betreffenden wie ein Film vor ihm abläuft – ist viel weiter verbreitet, als man im allgemeinen annimmt. Eine von George Gallup jr. im Jahre 1982 durchgeführte Befragung ergab, daß in den USA ungefähr 8 Millionen Erwachsene diese Erfahrung gemacht haben. Davon gaben 32 Prozent an, daß ein Teil ihrer Nah-Todeserfahrung der besagte »Lebensfilm« gewesen sei.

Der britische Nah-Todeserfahrungs-Forscher David Lorimer unterscheidet im Zusammenhang mit der Nah-Todeserfahrung zwei Arten von Erinnerung: die panoramaartige vollständige Rückschau und den Lebensfilm als solchen. Demnach besteht die panoramaartige Rückschau aus einer Vielzahl von Bildern und Erinnerungen ohne oder nur mit geringer emotionaler Beteiligung des Betroffenen. Beim Lebensfilm dagegen, der mit der Rückschau zwar gewisse äußerliche Ähnlichkeiten aufweist, spielen auch gefühlsmäßige Betroffenheit und moralische Bewertung eine Rolle. Die Klarheit der Erinnerungen ist bei beiden Vorgängen bemerkenswert. Bei der panoramaartigen Rückschau, die die Bilder mit beträchtlicher Geschwindigkeit, Lebenswirklichkeit und Genauigkeit vor dem inneren Auge aufblitzen läßt, sind die Erinnerungen besonders lebendig. Die zeitliche Abfolge der Bilder kann variieren. Manche Folgen beginnen in der frühen Kindheit und laufen bis zur Gegenwart, während andere von der Gegenwart bis in die frühe Kindheit zurückgehen. Bei anderen überlagern sich die Bilder wie ein holographisches Kaleidoskop. Die Betrachter haben den Eindruck, daß restlos alles wieder auftaucht, was sie je erlebt und erfahren haben; kein Gedanke, kein noch so unbedeutendes Ereignis scheint verlorengegangen zu sein.[1]

Erstaunlicherweise scheint unser Gehirn den Zugang zu einem noch viel größeren Fundus an Informationen zu haben als den, den wir uns im Laufe unseres Lebens erwerben. Auf diesem Gebiet ist die Beweislage zwar besonders umstritten, doch wir sollten zumindest davon Kenntnis nehmen. Die glaubwürdigsten Beiträge stammen aus der Praxis von Psychotherapeuten. Wenn ein Patient zur »Regression« in die frühe Kindheit veranlaßt wird, stellt der Therapeut oft fest, daß der Patient noch weiter, bis zu seinen Erlebnissen bei der Geburt und im Mutterleib, zurückgeführt werden kann. Manchmal ist es überdies möglich, hinter diesen Punkt auf Erlebnisse zurückzugreifen, die aus einem früheren Leben zu stammen scheinen. Manche Patienten können sich an eine ganze Reihe früherer Leben erinnern, die zusammengenommen einen langen Zeitraum umfassen. Nach Thorwald Dethlefsen, einem ebenso bekannten wie umstrittenen Therapeuten in München, kann die Reihe der »Reinkarnationen« Hunderte von Leben mit insgesamt bis zu 12000 Jahren umfassen. In den USA hat Stanislav Grof unter Hypnose stehende Probanden bis auf die Stufe ihrer tierischen Vorfahren zurückgeführt.

Patienten aller Altersstufen berichten von Erfahrungen aus einem früheren Leben, die oft mit gegenwärtigen Problemen und Neurosen in Verbindung gebracht werden. In Dethlefsens Fallstudien findet sich ein Patient, der auf einem an sich funktionstüchtigen Auge nicht sehen konnte. Schließlich tauchte bei ihm die Erinnerung an sein Dasein als Soldat im Mittelalter auf, der das Auge durch einen Pfeilschuß verloren hatte. Morris Netherton hatte eine Patientin, die an der entzündlichen Darmerkrankung *Colitis ulcerosa* litt. Sie erlebte in der Erinnerung den Gefühlssturm eines achtjährigen Mädchens bei der Erschießung durch Nazischergen an einem Massengrab. Ein Patient des Therapeuten Roger Woolger, der über einen steifen Hals und verkrampfte Schultern klagte, erinnerte sich daran, daß er in seinem früheren Leben als niederländischer Maler durch Erhängen mit einem Strick Selbstmord begangen hatte.

Die Bilder und Erlebnisse, die aus diesen rätselhaften Quellen nach oben steigen, bewirken oft einen deutlichen therapeutischen Effekt. Viele psychische und manche körperlichen Erkrankungen scheinen auf traumatische Erlebnisse zurückzugehen, die aus einem früheren Leben stammen. Das Wachrufen der Erinnerung und das erneute Durchleben dieser Situationen befreit von »karmischen Verstrickungen« – den Schuld-

und Angstgefühlen, die anscheinend aus vorangegangenen Lebensläufen mitgeschleppt werden.

Die Ergebnisse dieser Forschungen sind oft angezweifelt worden. Bei Überprüfungen kamen Fälle zutage, bei denen die Probanden, die sich angeblich an ein bestimmtes Bild oder Ereignis aus einem früheren Leben erinnerten, vorab schon Informationen über die jeweiligen Personen, Zeiten oder Schauplätze ihres »früheren Lebens« hatten. In manchen Fällen jedoch enthielten die Informationen der rückgeführten Probanden bestimmte Elemente, die den Betreffenden in ihrem derzeitigen Leben kaum zugänglich gewesen sein konnten. Dazu gehörten bislang unbekannte (und anschließend bestätigte) historische und geographische Einzelheiten und die persönlichen Schicksale von dem rückgeführten Probanden gänzlich unbekannten Menschen, die vielfach in weit entfernten Ländern und in längst vergangenen Zeiten lebten. Die meisten Probanden erinnern sich im Zustand der Rückführung nicht nur an das Vergangene, es wird von ihnen auch buchstäblich durchlebt. Ihr körperliches und seelisches Reaktionsmuster ändert sich dabei in einem Maße, das durch Zufall oder Simulation nicht mehr erklärt werden kann. Bei einer in die frühe Kindheit zurückversetzten Person können zum Beispiel wieder der Saugreflex und andere sogenannte axiale Reflexe zum Vorschein kommen, und sogar der bei Säuglingen zu beobachtende frühkindliche Greifreflex der Zehen läßt sich auslösen, wenn der seitliche Bereich der Fußsohle mit einem spitzen Gegenstand gereizt wird.

Ian Stevenson hat sich von etwa 2000 Kindern Erlebnisse aus einem früheren Leben berichten lassen. Er kam zu dem Ergebnis, daß bei einer viel größeren Zahl von Kindern, als wir vermutet hätten, umfangreiche Erinnerungen an ein früheres Leben vorhanden sind. Wenn wir auf solche Kinder treffen, befinden sie sich meist schon in einem fortgeschrittenen Alter, in dem derartige Erinnerungen verblassen oder gänzlich abhanden gekommen sind. Wenn Kinder Bezüge zu einem früheren Leben äußern, geschieht das im Alter von zwei bis drei Jahren, wobei das durchschnittliche Alter für derartige Enthüllungen 38 bis 39 Monate beträgt. Vor dem dritten Lebensjahr fehlt den Kindern noch der Wortschatz und die verbale Mitteilungsfähigkeit. Ab dem sechsten Lebensjahr verschwinden dann die Bilder, in die sich die Erinnerungen gekleidet haben, unter dicken Schichten von verbaler Information. Die Erinnerungen an ein früheres Leben gehen allmählich verloren, und zwar unabhängig davon, ob die Eltern diesen Kindern eine ermutigende oder eine restriktive Haltung entgegenbringen.

Während des dreijährigen Zeitfensters, in dem die Kommunikation mit den Kindern möglich ist, drängen sich die Erinnerungen der Kinder an ihr früheres Leben meist um das letzte Jahr, den letzten Monat oder Tag im Leben der Person, mit der sie sich identifizieren. Manchmal scheinen die Erinnerungen an das frühere Leben eine größere Wirklichkeit zu haben als die Erlebnisse aus dem derzeitigen Leben. Stevenson berichtet, daß die ersten Worte eines türkischen Knaben lauteten: »Wie komme ich hierher? Ich war doch im Hafen.« Als er sich besser auszudrücken gelernt hatte, beschrieb der Junge Einzelheiten aus dem Leben eines Hafenarbeiters, der durch einen Unfall ums Leben kam, während er im Bauch eines Schiffes ein Schläfchen hielt. Beinahe drei Viertel der interviewten Kinder gaben an zu wissen, wie die Person ihres früheren Lebens starb. Im Falle eines gewaltsamen Todes war diese Erinnerung häufiger als bei einer natürlichen Todesursache. Wir kommen an der Frage nicht vorbei: *Woher stammen diese Erinnerungen?*

DAS RÄTSEL DER TRANSPERSONALEN KOMMUNIKATION

Die sogenannte »transpersonale« Kommunikation ist eine weitere rätselhafte Erfahrung, die nicht nur von Kleinkindern und sensibilisierten Personen, sondern fast von jedem Menschen gemacht wird.

Die herkömmliche Forschung vertritt beharrlich die Auffassung, Menschen könnten nur durch Gestik, Mimik und Sprache, also im »Normalmodus«, miteinander kommunizieren. Es gibt jedoch zahlreiche Hinweise darauf, daß sich die Kommunikation auch in einigen entschieden nichtnormalen Modi vollziehen kann. Sofern es sich hierbei um das Senden und Empfangen von Botschaften handelt, die nicht über Auge, Ohr und andere Sinnesorgane vermittelt werden, spricht man von transpersonaler Kommunikation. Bei dieser Art der Kommunikation scheint die außersinnliche Wahrnehmung (*e*xtra*s*ensorische *P*erzeption = ESP) eine gewisse Rolle zu spielen.

Die häufigste Form der ESP, die Telepathie, dürfte bei den sogenannten primitiven Kulturen weitverbreitet gewesen sein. Offensichtlich konnten in vielen Stammesgesellschaften die Schamanen telepathisch miteinander kommunizieren, wozu sie sich durch eine Vielfalt von Techniken in den hierzu allem Anschein nach erforderlichen erweiterten Bewußtseinszustand versetzten. Zu diesen Techniken zählen freiwillige Isolation, Konzentration, Fasten, aber auch Gesänge, Tänze, Trommelschlagen und psychedelische Kräuter. Nicht nur die Schamanen, ganze Stämme waren vermutlich mit der Gabe der Telepathie ausgestattet. Bis heute scheinen viele australische Ureinwohner über das Schicksal ihrer Familie und Freunde stets im Bilde zu sein, auch wenn sie sich außerhalb der Reichweite jeglicher über Sinnesorgane verlaufenden Kommunikationsformen befinden. Der Anthropologe A. P. Elkin berichtet, daß ein Mann fern seiner Heimat »eines Tages plötzlich erklären kann, daß sein Vater gestorben sei, seine Frau ein Kind bekommen habe oder daß es in seiner Heimat bestimmte Schwierigkeiten gebe. Er ist sich dabei seiner Sache so sicher, daß er sich, wenn er könnte, sofort auf den Weg dorthin machen würde«.

Neben größtenteils anekdotischem und nicht durch Wiederholung nachprüfbarem Material aus der Anthropologie stehen auch wissenschaftlich überprüfte Nachweise für verschiedene Arten von transpersonaler Kommunikation aus kontrollierten Versuchen im Laboratorium zur Verfügung.

Die wissenschaftliche Beschäftigung mit ESP geht auf die bahnbrechenden Experimente mit Würfeln und Spielkarten zurück, die J. B. Rhine in den dreißiger Jahren an der amerikanischen Duke-Universität durchgeführt hat. In jüngerer Zeit sind die Versuchsanordnungen raffinierter und die Kontrollbedingungen der Experimente strenger geworden; schon beim Austüfteln der Experimente stehen den Psychologen häufig Physiker zur Seite. Man hat Fehlerquellen wie ungenügende Abschirmung, einseitige Begünstigung durch die Versuchsanordnung, Betrug durch die Versuchspersonen und Irrtum oder Unfähigkeit der Experimentatoren als

Erklärung in Betracht gezogen. Nachdem aber alle Fehlerquellen ausgeschlossen werden konnten, blieb immer noch ein statistisch signifikanter Rest von positiven Ergebnissen bestehen.

In den siebziger Jahren führten Russel Targ und Harold Puthoff vom Stanford Research Institute einige der bekanntesten Experimente auf dem Gebiet der Bild- und Gedankenübertragung durch. Sie wollten den Nachweis führen, daß die telepathische Übertragung zwischen verschiedenen Personen, einem »Sender« und einem »Empfänger«, keine Einbildung ist. Die beiden Forscher setzten den »Empfänger« in eine verschlossene, von elektrischen Feldern abgeschirmte Kabine mit Milchglasscheiben. Der »Sender« saß in einem anderen Raum und wurde in regelmäßigen Abständen hellen Lichtblitzen ausgesetzt. Die Gehirnwellen beider Versuchspersonen wurden mit einem Enzephalographen aufgezeichnet. Erwartungsgemäß zeigten sich beim Sender die bekannten rhythmischen Gehirnwellenmuster, wie sie normalerweise von regelmäßigen hellen Lichtblitzen ausgelöst werden. Doch nach kurzer Zeit produzierte auch der Empfänger diese Muster, obwohl dieser Proband den Blitzen nicht ausgesetzt war und keinerlei mit den fünf Sinnen wahrnehmbaren Signale vom Sender zu ihm gelangen konnten.

Ein besonders erstaunliches Beispiel dieser Art von Kommunikation lieferten die Arbeiten von Jacobo Grinberg-Zylberbaum an der Nationalen Universität von Mexico. Er unternahm zahlreiche Versuche, bei denen die Testpersonen in schalldichten sogenannten »Faradayschen Käfigen« saßen, in denen sie von jeglicher elektromagnetischen Strahlung abgeschirmt waren. Zwei Probanden meditierten 20 Minuten lang zusammen und nahmen dann in zwei verschiedenen Faradayschen Käfigen Platz, wo die eine Testperson bestimmten Reizen ausgesetzt wurde, die andere im anderen Käfig jedoch nicht. Die Reize wurden in zufälligen Abständen und auf eine solche Weise verabreicht, daß weder die Testperson noch der Versuchsleiter den Zeitpunkt ihrer Einwirkung im voraus wissen konnten. Die andere Testperson, die keinen Reizen ausgesetzt war, saß derweil entspannt und mit geschlossenen Augen im anderen Käfig. Sie hatte die Anweisung erhalten, sich den anderen Probanden zu vergegenwärtigen, wußte aber nicht, daß sich die andere Testperson unter der Einwirkung von Reizen befand.

Es wurden durchschnittlich je 100 Reize verabreicht – Lichtblitze, Geräusche und merkliche kurze, aber schmerzlose Elektroschocks am Zeige- und Ringfinger der rechten Hand. Die EEGs der beiden Testpersonen wurden synchronisiert und auf »normale« (das heißt den vorangegangenen Reizen entsprechende) Potentiale bei der stimulierten Testperson und »übertragene« Potentiale bei der reizfrei gebliebenen Testperson untersucht. In Versuchssituationen, bei denen entweder überhaupt keine Reize verabreicht wurden oder die Testperson durch eine entsprechende Abschirmung vor den Reizen (wie zum Beispiel den Lichtblitzen) geschützt war, fanden sich keine übertragenen Signale. Sie fehlten auch, wenn die Probanden nicht zuvor miteinander in Interaktion gebracht worden waren. In Versuchssituationen mit vorheriger Interaktion und voller Reizeinwirkung wurden jedoch durchgängig in ungefähr 25 Prozent der Fälle Potentialübertragungen beobachtet. Besonders auffällig war das Ergebnis bei einem sehr verliebten jungen Paar. Die Kurven ihrer EEGs verliefen während des ganzen Versuchs in enger Synchronizität und lieferten den Beleg für die tiefe Verbundenheit, die das Paar seiner eigenen Aussage nach empfand.

Grinberg-Zylberbaum konnte seine Versuchsergebnisse in gewissem Umfang auch reproduzieren. Testpersonen, die bei vorherigen Versuchsfolgen für Potentialübertragungen empfänglich waren, zeigten diese Empfänglichkeit in der Regel auch bei weiteren Versuchen.

Das Experiment von Grinberg-Zylberbaum blieb kein Einzelfall. In den vergangenen Jahren sind Hunderte ähnlicher Versuche angestellt worden, die den Nachweis erbrachten, daß im Gehirn eines Menschen klar erkennbare, übereinstimmende elektrische Signale nachweisbar sind, wenn eine zweite, insbesondere eine mit der Testperson eng vertraute Person meditiert, mit sensorischen Reizen stimuliert wird oder von sich aus mit der ersten Person intensiv in Kontakt zu treten versucht.

Transpersonale Erfahrungen finden auch außerhalb des Laboratoriums statt; bei eineiigen Zwillingen sind sie besonders häufig. Oft werden Schmerzen, die der eine Zwilling erleidet, vom anderen Zwilling mitempfunden. Zwillinge können Traumata und Krisen der oder des anderen spüren, selbst wenn sich die Zwillingsschwester oder der Zwillingsbruder am anderen Ende der Welt befindet. Neben dem »Zwillingsschmerz« ist die telepathische Empfänglichkeit von Müttern und von Verliebten nicht minder bemerkenswert. Zahllose Berichte erzählen von Müttern, die deutlich spürten, wenn sich Sohn oder Tochter in großer Gefahr befanden, oder die wußten, daß eines ihrer Kinder soeben in einen Unfall verwickelt war.

Transpersonaler Kontakt wird nicht nur bei Zwillingen, Müttern und Verliebten beobachtet – schon die Vertrautheit des therapeutischen Verhältnisses zwischen Psychotherapeut und Klient scheint hierfür zu genügen. Nicht wenige Psychotherapeuten berichten, daß sie in therapeutischen Sitzungen Reminiszenzen, Gefühle, Haltungen und Assoziationen bei sich feststellen konnten, die weder zu ihrem Erfahrungsbereich noch zu ihrer eigenen Persönlichkeit paßten. Für den Therapeuten sind diese Inhalte zum Zeitpunkt ihres Auftauchens von den eigenen Erinnerungen, Gefühlen und ähnlichen Befindlichkeiten nicht zu unterscheiden. Erst bei der nachfolgenden Reflexion setzt sich die Erkenntnis durch, daß es sich um Inhalte handelt, die nicht aus dem Leben und den Erfahrungen des Therapeuten stammen, sondern aus dem Erlebnishorizont des Patienten.

Es scheint, daß im Zuge der Therapiebeziehung die Psyche des Patienten zu einem gewissen Teil in das Bewußtsein des Therapeuten projiziert werden kann. Dort wird dieser Anteil zumindest für eine bestimmte Zeit in die Psyche des Therapeuten integriert, was eine besondere Empfindsamkeit für gewisse Erinnerungsinhalte, Gefühle und Assoziationen des Patienten entstehen läßt. (Auch der umgekehrte Fall ist zu beobachten, daß nämlich den Patienten verborgene Details aus dem Leben ihres Therapeuten offenbar werden.) Die »projektive Identifikation« genannte Übertragung vom Patienten auf den Therapeuten kann im Rahmen einer Psychoanalyse von hohem Nutzen sein, denn sie erlaubt es dem Patienten, bislang schmerzhafte persönliche Bewußtseinsinhalte aus einer objektiveren Warte zu betrachten als die Erfahrungen von jemand anderem.

Diese Erkenntnisse aus der psychotherapeutischen Praxis sowie die Erfahrungen von Zwillingen und Verliebten und eine große Zahl von Ergebnissen aus kontrollierten Versuchen führen zu einer weiteren Frage:

Könnte es sein, daß die meisten Menschen – nicht nur einzelne sensible und dafür besonders begabte Personen – die Fähigkeit haben, in den Geist und das Bewußtsein eines anderen einzutreten, besonders wenn dieser ihnen verwandtschaftlich oder emotional nahesteht?

Die Übertragung von Gefühlen und den zugehörigen Erinnerungen ist nicht die einzige Art der transpersonalen Kommunikation, für die es überzeugende Belege gibt. Eine weitere Art der Übertragung ist die Übermittlung von Bildern. Die beiden Forscher Targ und Puthoff haben sogenannte »remote viewing tests« (Versuche mit Fernbetrachtung) durchgeführt. Bei diesen Experimenten sind Sender und Empfänger so weit voneinander entfernt, daß eine Kommunikation über Sinnesorgane völlig ausgeschlossen ist. An einem zufällig ausgewählten Standort betätigt sich die eine Testperson als Sender; die zweite Testperson versucht währenddessen, als Empfänger das aufzufangen, was der Sender sieht. Der Empfänger liefert zur Dokumentation eine verbale Beschreibung und manchmal zusätzlich eine Zeichnung seines Eindrucks. Bei Targs und Puthoffs Experimenten konnten unabhängige Gutachter in durchschnittlich 66 Prozent der Fälle feststellen, daß die Beschreibungen und Skizzen der Empfänger charakteristische Übereinstimmungen mit der Szenerie enthielten, die der Sender betrachtet hatte.

Bei »remote-viewing«-Experimenten anderer Laboratorien lagen zwischen Sender und Empfänger Entfernungen von etwa einem Kilometer bis zu mehreren tausend Kilometern. Unabhängig davon, wo oder von wem die Experimente durchgeführt wurden, betrug die Trefferquote durchschnittlich etwa 50 Prozent – was beträchtlich höher liegt, als die Zufallswahrscheinlichkeit erwarten läßt. Als erfolgreichste Betrachter erwiesen sich aufmerksame, entspannte und meditativ veranlagte Probanden. Sie berichteten, wenn sie ein Bild empfingen, würde es sich aus einer vagen und flüchtigen Vorform allmählich zu einem zusammenhängenden und durchgestalteten Abbild entwickeln. Das fertige Bild erlebten sie als Überraschung, denn es war völlig klar und zeigte auch eindeutig einen anderen Ort.

Bilder können auch übertragen werden, während der Empfänger schläft. Einige Jahrzehnte lang führten Stanley Knipper und seine Mitarbeiter am »Dream Laboratory« des Maimondes Hospital in New York City ihre »Traum-ESP-Experimente« durch. Die Versuche verliefen nach einem einfachen, aber wirkungsvollen Protokoll. Eine freiwillige Testperson traf im Forschungszentrum den Sender und die Versuchsmannschaft, die ihr den Testverlauf erklärten. Am Kopf der Versuchsperson, die anschließend die Nacht im Schlaflaboratorium verbrachte, wurden Elektroden angebracht, die zur Übertragung der Gehirnwellen und der Augenbewegungen auf einen Monitor dienten. Bis zum nächsten Morgen fand kein weiterer unmittelbarer Kontakt mit dem Sender statt. Einer der Experimentatoren ermittelte sodann durch Würfeln eine Zahl, die in Kombination mit einer aleatorisch aus einer Zahlenliste entnommenen weiteren Zahl die Nummer eines versiegelten Umschlags ergab, in dem sich verschiedene Kunstdrucke befanden. Der Sender begab sich mit dem gezogenen Umschlag zu seinem Zimmer, das in einem entfernten Flügel des Krankenhauses lag. Erst dort wurde der Umschlag geöffnet. Der Sender konzentrierte sich anschließend die ganze Nacht auf das Bild, das im Umschlag enthalten war.

Die Probanden, die sich als Empfänger zur Verfügung gestellt hatten, wurden von den Versuchsleitern über eine Sprechanlage geweckt, sobald auf dem Monitor das Ende einer REM-Schlafphase (englisch »*r*apid *e*ye *m*ovement«) zu erkennen war. (Als REM-Schlafphase bezeichnet man jene Schlafphase, die durch schnelle Augenbewegungen gekennzeichnet ist, die die Intensität des Traumgeschehens anzeigen.) Man bat um die Schilderung des Traumes, den die Testperson vor dem Wecken gehabt hatte. Die Kommentare wurden auf Band aufgezeichnet, desgleichen das Interview, in dem die Versuchsperson am darauffolgenden Morgen über ihre Gedanken zum vorherigen Traum befragt wurde. Beim Interview war weder dem Interviewer noch der Testperson bekannt, welches Bild der Sender am Abend zuvor gezogen hatte.

Von 1964 bis 1969 ergab die Versuchsserie aus den Aufzeichnungen der jeweils ersten Nacht, die eine Testperson im Traumlabor verbracht hatte, 62 Nächte mit verwertbaren Daten. Es zeigte sich eine statistisch signifikante Korrelation zwischen dem für eine bestimmte Nacht ausgewählten Kunstdruck und dem Traum der Versuchsperson, die in dieser

Nacht als Empfänger fungiert hatte. In Nächten mit nur schwachen oder gar keinen elektromagnetischen Stürmen und geringer Sonnenfleckenaktivität – wenn das Magnetfeld der Erde also nur geringe Störungen erfuhr – erhöhte sich die Trefferquote erheblich.

Bei einer andersartigen Versuchsreihe wurde das Ausmaß der Harmonisierung zwischen der linken und der rechten Gehirnhemisphäre der Versuchsteilnehmer erforscht. Im Wachzustand erzeugen unsere beiden Gehirnhälften – die sprachorientierte, linear denkende, rationale linke Hälfte und die Gestalt-erfassende, intuitive rechte Hälfte – im EEG unkoordinierte und beziehungslos voneinander abweichende Wellenmuster. Beim Eintritt in einen meditativen Bewußtseinszustand gleichen sich diese Muster aneinander an, und in tiefer Meditation liefern die beiden Hemisphären ein nahezu identisches Gehirnwellenmuster. Weitaus bemerkenswerter ist jedoch, daß in tiefer Meditation nicht nur die linke und die rechte Gehirnhälfte *einer* Versuchsperson das gleiche Wellenmuster zeigen, sondern auch die beiden Gehirnhälften von *verschiedenen* Versuchspersonen diesem Muster folgen. In Italien wurden bis zu zwölf Teilnehmer umfassende Gruppenexperimente durchgeführt, die eine erstaunliche Koordination der Gehirnwellen innerhalb der gesamten Gruppe erkennen ließen.[2]

Der Größe der Gruppe, die auf diese Weise »hirnsynchronisiert« werden kann, ist, soweit wir wissen, keine Grenze gesetzt. Der italienische Experimentator Nitamo Montecucco, der vor allem in Indien gearbeitet hat, spricht von ausgedehnten »Buddha-Feldern«, die durch die gleichzeitige Meditation einer großen Zahl von Menschen erzeugt werden können. *Ist es möglich, daß in gleicher Weise, wie einzelne Menschen in der Lage sind, spontan auf den Geist und das Bewußtsein anderer Menschen einzuwirken, auch eine große Zahl von Menschen durch gemeinsame Meditation eine Art kollektiven Bewußtseins entwickeln kann?*

In der alternativen Medizin wurde eine ähnliche Form der transpersonalen Kommunikation beobachtet: Sie ist unter dem Namen Ferndiagnose bekannt. Wenn einigen Personen ein paar Grunddaten des Patienten bekanntgegeben werden – manchmal reichen Name und Geburtsdatum aus –, sind sie oft in der Lage, zu einer erstaunlich genauen Diagnose der Beschwerden des Patienten zu gelangen.[3]

ABBILDUNG 5 A Computerausdruck des EEG einer gesunden Person im normalen Wachzustand. Die Synchronisation zwischen der linken und der rechten Gehirnhälfte erreicht keinen signifikanten Wert (der Synchronisationsgrad beträgt 7,6 Prozent) und zeigt keine ausgeprägten harmonischen Muster. (Dieser Ausdruck zeigt die Theta-, Alpha-, Beta- und Deltawellen, bezogen auf die bekannten Frequenzbereiche von null bis 30 Wellen pro Sekunde.)

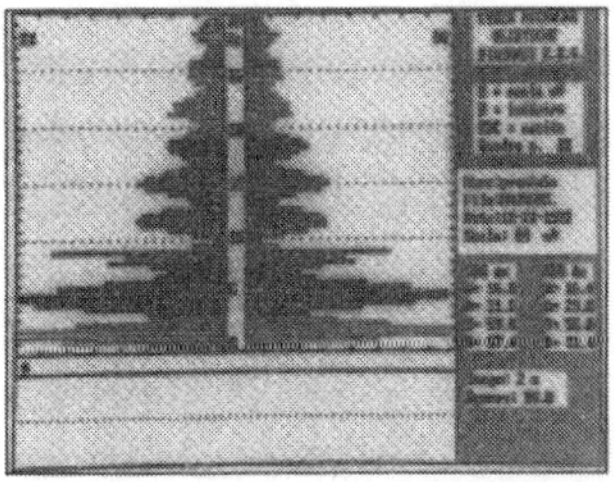

ABBILDUNG 5 B Gehirnwellen eines geübten Meditierenden im Zustand tiefer Meditation. Die EEG-Muster der linken und der rechten Hemisphäre zeigen ein ausgeprägt harmonisches Bild und sind stark synchronisiert (Synchronisationsgrad 99,8 Prozent).

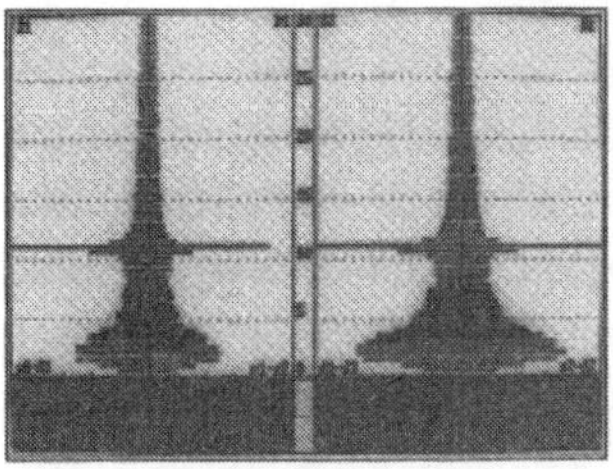

ABBILDUNG 5 C Gehirnwellenmuster von zwei Versuchspersonen bei gleichzeitiger Meditation ohne unmittelbaren räumlichen Kontakt. Die Wellenstrukturen der linken und der rechten Gehirnhemisphäre der beiden Personen (linke und rechte Hälfte der Abbildung) sind beinahe vollkommen identisch. (Der Synchronisationsgrad zwischen den beiden Personen beträgt über 90 Prozent.)

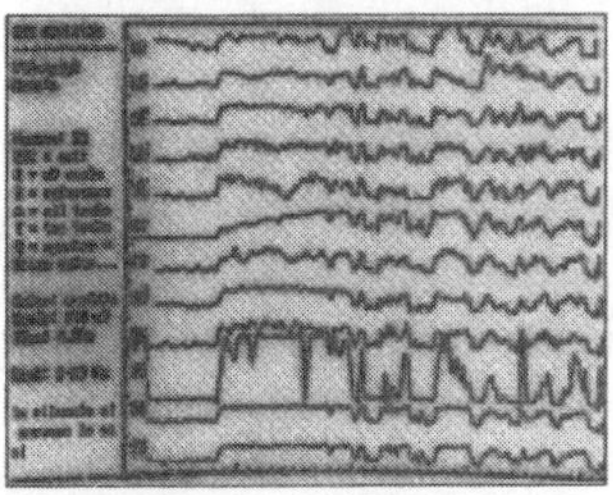

ABBILDUNG 5 D EEG von zwölf Personen im Zustand tiefer Meditation beim gemeinsamen Erleben des Gefühls eines tiefen Einsseins. Die Synchronisation ist hoch, sie beträgt im Durchschnitt 81,2 Prozent.

Der amerikanische Neurochirurg Norman Shealy lieferte in seinem Buch »The Creation of Health« ein eindrucksvolles Beispiel. Aus seiner Praxis in Missouri pflegte er per Telefon Name und Geburtstag seines Patienten an die seherisch begabte Diagnostikerin Carolyn Myss im fernen New Hampshire zu übermitteln – auf diese Angaben hin konnte sie ihm die Diagnose liefern. Nach Dr. Shealys Aussage betrug die Zahl der richtigen Diagnosen bei den ersten 100 Fällen 93 Prozent.

Bei einer weiteren Form der transpersonalen Kommunikation geht es um die Übertragung unmittelbarer körperlicher Einwirkungen auf einen anderen Menschen. Derartige Vorgänge bezeichnet man als »telesomatisch«. Dabei wird in der Zielperson durch die mentalen Prozesse einer anderen Person eine physiologische Veränderung ausgelöst. Auch hier scheint die Entfernung keine oder nur eine geringe Rolle zu spielen.

Traditionellerweise bringen begabte Naturheilkundige und Heiler telesomatische Wirkungen hervor, indem sie etwas, das sie selbst als eine feine Form von Energie sehen, ihrem Patienten »senden«. Die Heilungsberichte sind eher von anekdotischem Charakter und wurden von der Schulmedizin bislang nicht zur Kenntnis genommen. In jüngster Zeit jedoch wurden sie zum Gegenstand kontrollierter Experimente unter Laborbedingungen gemacht, wobei durch eine große Zahl der Versuchspersonen die verläßliche quantitative Analyse der Ergebnisse sichergestellt wurde. William Braud und Marilyn Schlitz von der Mind Science Foundation in San Antonio, Texas, haben Hunderte von telesomatischen Experimenten unter streng kontrollierten Bedingungen durchgeführt, um die Wirkung von »gesendeten« Vorstellungsinhalten auf die körperliche Befindlichkeit der Empfängerpersonen zu untersuchen. Die »Empfänger« befanden sich dabei in deutlicher Entfernung und hatten auch keine Kenntnis davon, daß ein geistiger Bilderstrom auf sie gerichtet war.

Braud und Schlitz behaupten, den Nachweis erbracht zu haben, daß Vorstellungsinhalte eines Menschen über räumliche Entfernungen hinweg physiologische Veränderungen bei einem anderen hervorrufen können – ähnliche Veränderungen, wie sie im eigenen Körper von den eigenen mentalen Prozessen ausgelöst werden. Ihre Experimente zeigen, daß der Erfolg von Versuchspersonen, die sich bemühen, die eigenen Körperfunktionen psychosomatisch zu beeinflussen, nur unwesentlich größer ist als der von solchen Personen, die in entsprechender Weise aus der Ferne auf die Körperfunktionen anderer Menschen einzuwirken versuchen. Bei einigen Fällen aus der großen Zahl der Beteiligten war der Unterschied zwischen Selbstbeeinflussung und Fernbeeinflussung unerheblich: Man kann also davon ausgehen, daß die telesomatische Fernbeeinflussung durch eine zweite Person die gleiche Wirksamkeit besitzt wie die psychosomatische Selbstbeeinflussung durch die Versuchsperson selbst.

Es ist seltsam, daß telesomatische Wirkungen auch in einer Form übertragen werden können, die in der Anthropologie als »sympathische Magie« (der Volksmund würde »schwarze Magie« sagen) bezeichnet wird. Dabei wirken die Ausübenden dieser Art von Magie – Voodoo ist ein bekanntes Beispiel dafür – nicht direkt auf die Zielperson ein, sondern auf ihr stellvertretendes Abbild, etwa eine Puppe. Diese Praktiken sind in Stammesgesellschaften weit verbreitet; auch in den Ritualen der Indianer Amerikas wurde davon Gebrauch gemacht.

Sir James Frazer schildert in seiner berühmten Studie »Der goldene Zweig« von 1890 die Praktiken der amerikanischen Urbevölkerung. Einige unter ihnen zeichneten die Umrisse eines Menschen in den Sand oder in die Asche oder malten sie mit Kreide auf, um sodann mit einem spitzen Stock in die Figur hineinzustechen oder sie auf andere Weise zu quälen. Dazu erklärten sie, die der Figur beigebrachten Verletzungen würden den dargestellten Menschen treffen. Der Experimentalpsychologe Dean Radin und seine Kollegen von der Universität von Nevada untersuchten diesen Vorgang unter kontrollierten Laborbedingungen.

Die Versuchspersonen fertigten für die Experimente eine kleine Puppe an, die ihnen in groben Zügen glich, und steuerten außerdem persönliche Gegenstände bei wie Fotos, Schmuck, eine knappe Autobiographie und andere belangvolle persönliche Dinge, die sie »repräsentieren« sollten. Sie lieferten ferner eine Liste, auf der sie aufgezeichnet hatten, was ihnen ein Gefühl der Geborgenheit, der Ruhe und Behaglichkeit vermittelte. Der Versuchsteilnehmer mit dem aktiven Part (er hatte die Bezeichnung »Heiler« erhalten, da man nur gutartige Einwirkungen untersuchen wollte) versuchte unter Benutzung dieser Informationen in eine wohlwollende Beziehung zum »Patienten« zu treten. Dieser war an Sensoren angeschlossen, mit denen Aktivitäten des vegetativen Nervensystems aufgezeichnet werden konnten – zum Beispiel die elektrische Aktivität der Haut, der Puls und die pro Pulsschlag vom Herzen gepumpte Blutmenge. Der Heiler befand sich im Nachbargebäude in einem elektromagnetisch und akustisch abgeschirmten Raum. Nachdem er dort die Puppe und die anderen Gegenstände vor sich auf einem Tisch ausgebreitet hatte, konzentrierte er sich darauf und sandte – in rein aleatorischer Abfolge – aktive aufbauende Heilungsbotschaften und Ruhebotschaften an den Versuchsteilnehmer.

Eine typische Versuchssitzung bestand aus einem Wechsel von fünf aufbauenden und fünf Ruhebotschaften von je 60 Sekunden, denen jeweils eine Pause von elf Sekunden folgte. Es stellte sich heraus, daß die elektrische Aktivität der Haut und der Puls der Patienten während der Aufbauperioden deutlich meßbar von den während der Ruheperioden gemessenen Werten abwich, während die Blutmenge pro Herzschlag sich in der Mitte der 60 Sekunden dauernden Aufbauperiode einige Sekunden lang signifikant veränderte. Herzfrequenz und die geförderte Blutmenge wiesen auf eine Entspannungsreaktion hin, was durchaus folgerichtig ist, denn der »Heiler« versuchte, den Patienten mittels seiner Puppe positiv zu beeinflussen. Die höhere elektrische Aktivität der Haut hingegen wies darauf hin, daß das vegetative Nervensystem des Patienten in Erregung geriet. Dieses zunächst befremdliche Ergebnis fand eine Erklärung, als sich herausstellte, daß die »Heiler« positiv auf die Patienten einzuwirken versuchten, indem sie die Schultern der Puppen rieben oder deren Haar und Gesicht streichelten. Dies wirkte allem Anschein nach auf die Patienten wie eine »Fernmassage«.

Radin und seine Kollegen kamen zu dem Ergebnis, daß die Manipulationen der Puppe durch den »Heiler« und dessen Gedanken von dem Fernpatienten fast so stark mit vollzogen wurden, als befände sich der Heiler im gleichen Raum mit dem Patienten und würde sich unmittelbar mit ihm befassen. Hieraus läßt sich eine Bestätigung der anderen Erkenntnis ableiten, daß telesomatische Effekte im Grunde genommen ungeachtet der Entfernung dem Mechanismus von psychosomatischen

Effekten folgen. Ferner ist allem Anschein nach die Wirkung auch dann die gleiche, wenn sie über eine Puppe und andere Gegenstände vermittelt wird, die die Zielperson repräsentieren.

Man hat festgestellt, daß spontane (im Gegensatz zu beabsichtigten) telesomatische Wirkungen auch von ganzen Menschengruppen ausgehen können. Nach einer traditionellen hinduistischen Überzeugung wirkt sich die Meditation einer hinreichend großen Zahl von Menschen einer Gemeinschaft auch auf die nicht Meditierenden dieser Gruppe positiv aus. Diese Idee wurde im Jahre 1974 von Maharishi Mahesh Yogi aufgegriffen. Nach seinem Vorschlag brauchte nur ein Prozent der Bevölkerung regelmäßig zu meditieren, um auch den restlichen 99 Prozent die segensreiche Wirkung der Meditation zugute kommen zu lassen. Empirische Untersuchungen unter anderem von Garland Landrith und David Orne-Johnson zeigen, daß der »Maharishi-Effekt« statistisch nachweisbar ist. Es gibt eine Korrelation zwischen der Anzahl der meditierenden Menschen in einer Gemeinde und der Höhe der dortigen Kriminalität, der Zahl der Verkehrsopfer und der Todesfälle durch Alkoholmißbrauch und sogar dem Ausmaß der Umweltverschmutzung.

Der Kardiologe Randolf Byrd machte eine Studie, bei der er absichtlich eine Variante des telesomatischen Gruppeneffekts untersuchte, wobei er die Leute nicht meditieren sondern beten ließ. Die zehnmonatige computergestützte Studie befaßte sich mit der Krankengeschichte von Herzpatienten, die in die Spezialabteilung des San Francisco General Hospital eingeliefert worden waren. Byrd stellte für das Experiment aus einfachen Leuten, deren einziges gemeinsames Merkmal darin bestand, regelmäßig in einer der über das Land verstreuten katholischen oder protestantischen Kirchengemeinden zu beten, eine Gruppe von Fürsprechern zusammen und bat sie, für die Genesung von einer Gruppe von 192 Patienten zu beten. Eine Gruppe von weiteren 210 Patienten, für die bei diesem Versuch nicht gebetet wurde, bildete die Kontrollgruppe. Byrd ging nach streng kontrollierten Kriterien vor und führte das Experiment als Doppelt-Blind-Versuch durch, bei dem weder die Patienten noch die Krankenschwestern und Ärzte wußten, welcher Patient zu welcher Gruppe gehörte.

Die Fürsprecher erhielten die Namen der Patienten und dazu einige Informationen über deren Herzleiden und wurden angewiesen, jeden Tag für die Kranken zu beten. Weitere Informationen erhielten sie nicht. Da jeder Fürsprecher für mehrere Patienten beten konnte, hatte jeder Patient fünf bis sieben Fürsprecher, die für ihn beteten.

Das Ergebnis war statistisch aussagekräftig. Es erwies sich, daß in der Gruppe, für die gebetet worden war, fünfmal weniger Antibiotika verabreicht werden mußten (bei 3 im Vergleich zu 16 Patienten), Wasser in der Lunge trat dreimal seltener auf (bei 6 im Vergleich zu 18 Patienten), ein Endotrachealtubus mußte überhaupt nicht gelegt werden (jedoch bei 12 Patienten der Kontrollgruppe), und auch die Zahl der Todesfälle war in dieser Gruppe kleiner (wenn auch nicht in statistisch signifikantem Maß). Die Größe der Entfernung zwischen den Patienten und den für sie betenden Fürsprechern erwies sich als belanglos – das gleiche galt für die Art und Weise, wie für die Patienten gebetet wurde. Nur die Tatsache des konzentrierten und regelmäßigen Betens als solche schien den Ausschlag zu geben, unabhängig davon, an wen das Gebet gerichtet war und wo es stattfand.

Mittlerweile sind buchstäblich Hunderte von Experimenten dieser Art durchgeführt worden. Sie lassen eine faszinierende Möglichkeit aufscheinen: *Sollte es möglich sein, über die kollektive Konzentration des Bewußtseins einer ganzen Gruppe von Menschen auf das körperliche Befinden anderer Menschen Einfluß zu nehmen – vielleicht sogar auf das Befinden einer großen Zahl anderer Menschen?*

DAS RÄTSEL DER SPONTAN AUFTRETENDEN KULTURELLEN GEMEINSAMKEITEN

Die Geschichte liefert vielerlei Belege für spontan auftretende kulturelle Gemeinsamkeiten. Unterschiedliche Kulturen haben offensichtlich von Zeit zu Zeit bemerkenswert gleichartige kulturelle Fortschritte gemacht, obwohl sie keinen regelmäßigen Austausch gepflegt und vielleicht sogar nicht einmal voneinander gewußt haben.

Zunächst fällt auf, daß die frühen Kulturen der Welt an den unterschiedlichsten Orten ein eindrucksvolles Arsenal von sehr ähnlichen Werkzeugen hervorgebracht haben. Die Handaxt des Acheuléen war zum Beispiel in der Altsteinzeit ein weitverbreitetes Werkzeug. Sie hatte ein typisches mandel- oder tropfenförmiges Aussehen und war auf beiden Seiten symmetrisch zurechtgehauen. In Europa wurde diese Axt aus Feuerstein hergestellt, im Mittleren Osten aus Hornstein und in Afrika aus Quarzit, Schiefer oder Basalt. Die Grundform der Axt war durch ihre Funktion bestimmt. Dennoch kann die bei fast allen Urvölkern feststellbare Einheitlichkeit dieses Werkzeugs, die bis in die Details der Ausführung geht, nicht einfach zur zufälligen Entdeckung einer brauchbaren Lösung für ein allen Kulturen gemeinsames Problem erklärt werden. Durch reines Ausprobieren dürfte kaum eine derartige bis in die Einzelheiten reichende Ähnlichkeit dieses Werkzeugs bei so vielen und so weit voneinander entfernt ansässigen Völkern entstanden sein.

Viele Artefakte scheinen weit über den Rahmen der unmittelbaren kulturellen Berührung hinaus große Räume übersprungen zu haben. Großpyramiden wurden im Alten Ägypten und im präkolumbianischen Amerika gebaut, wobei die Konstruktionsweise bemerkenswerte Ähnlichkeiten aufweist. Auch die Erscheinungsform von Handwerkskünsten wie der Töpferei ist in allen Kulturen ähnlich. Selbst die Technik des Feuermachens brachte in allen Teilen der Welt Hilfsmittel von weitgehend übereinstimmender Machart hervor.

Der Historiker Ignazio Masulli von der Universität Bologna hat eine umfassende Studie über Gebrauchskeramik, Urnen und andere Artefakte durchgeführt, die in den alten Kulturen Ägyptens, Persiens, Indiens und Chinas im 6. und 5. Jahrhundert v. Chr. entstanden sind. Er stellte fest, daß jede vernünftige Erklärung für die stete Wiederkehr der gleichen Grundformen fehlt, da ein direkter Kontakt zwischen diesen Kulturen von der archäologischen Forschung verneint wird und die Funktionstüchtigkeit der Gegenstände wesentlich vielfältigere Lösungen erlaubt hätte. Auf dieses Phänomen stößt man immer wieder. Jede Kultur entwickelte ihre eigenen Ornamente, doch Azteken und Etrusker, Zulus und Malayen, die klassischen Inder und die Alten Chinesen fertigten ihre Werkzeuge und bauten ihre Monumente, als richteten sie sich nach einem gemeinsamen Vorbild oder Archetyp.

Abgesehen von materiellen Artefakten haben sich ganze kulturelle Muster mehr oder weniger simultan und doch unabhängig voneinander etabliert. Obwohl die großen Durchbrüche der antiken Kulturen Israels, Griechenlands, Indiens und Chinas sich in weit auseinander liegenden Weltregionen vollzogen, ereigneten sie sich praktisch gleichzeitig. In Palästina predigten die wichtigsten jüdischen Propheten zwischen 750 und 500 v. Chr., in Indien wurden wesentliche Teile der Upanishaden zwischen 660 und 550 v. Chr. verfaßt. Der Buddha Siddharta lebte von 563 bis 487 v. Chr. – etwa zur gleichen Zeit, um 551 bis 479 v. Chr., lehrte Kongfuzi (Konfuzius) in China. Im klassischen Griechenland trat Sokrates (469–399 v. Chr.) auf, und zur selben Zeit, als mit der platonischen und aristotelischen Philosophie im klassischen Griechenland der Grundstein der abendländischen Kultur gelegt wurde, schuf die chinesische Philosophie im Konfuzianismus, Taoismus und Legismus die ideelle Basis der asiatischen Kultur. Während in Griechenland Platon nach dem Peloponnesischen Krieg seine Akademie und Aristoteles sein Lyzeum gründeten und umherziehende Sophisten Könige, Tyrannen und Bürger belehrten und ermahnten, gründeten in China die nicht weniger rührigen und erfindungsreichen Anhänger der konfuzianischen Lehren akademische Schulen. Sie lehrten vor der Menge, schufen Doktrinen und lavierten geschickt zwischen den ränkesüchtigen Prinzen der späten Zeit der streitenden Reiche.

Simultane kulturelle Errungenschaften waren nicht nur im Bereich klassischer Kulturen zu verzeichnen, auch die Neuzeit kennt solche Ereignisse. Selbst in der disziplinierten Domäne der Wissenschaft sind Fälle bekannt und dokumentiert, wo Forscher, die nichts von den Arbeiten ihrer Kollegen wußten, gleichzeitig und unabhängig voneinander zu gleichen Erkenntnissen gelangten. Die berühmtesten Fälle dieser Art sind die Entdeckung der Infinitesimalrechnung durch Newton und Leibniz, die Entschlüsselung der Mechanismen der biologischen Evolution durch Darwin und Wallace und die gleichzeitige Erfindung des Telefons durch Bell und Gray.

Es gab auch Fälle, bei denen Erkenntnisse und Entdeckungen gleichzeitig in zwei verschiedenen Bereichen unserer Kultur zum Durchbruch kamen. Zur selben Zeit, als Newton das zum Fenster seiner Wohnung in Cambridge hereindringende Lichtbündel mit einem Prisma zerlegte, erforschten auch Vermeer und andere flämische Maler die Natur des Lichtes, das durch die gefärbten Scheiben von Fenstern und Türen zu ihnen hereinschien. Während Maxwell seine elektromagnetische Theorie des Lichtes formulierte, die das Licht als eine Wechselerscheinung von elektrischen und magnetischen Wellen erklärt, malte Turner das Licht als schwirrende Farbwirbel.

In neuerer Zeit haben die Physiker supersymmetrische Theorien zur Erforschung vieldimensionaler Räume entwickelt – und gleichzeitig und offensichtlich völlig unabhängig davon begannen die Künstler der Avantgarde mit optischen Überlagerungen zu experimentieren, die bis zu sieben räumliche Dimensionen auf ihre Leinwände bannen.

Physiker und Künstler haben Raum und Zeit, Licht und Schwerkraft, Masse und Energie erforscht, manchmal gleichzeitig, manchmal waren die einen den anderen voraus, aber die einen gingen, wenn überhaupt, dann nur selten in bewußter Kenntnisnahme der anderen zu Werk. Leonard Shlain liefert in seinem Buch »Visions in Space, Time, and Light« zahllose Beispiele für die Fähigkeit von Künstlern, die konzeptuellen Durchbrüche, die sich in den Köpfen von Physikern anbahnen, widerzuspiegeln und häufig sogar vorauszuahnen, ohne dabei von Physik selbst etwas zu verstehen. *Kann man all diese Parallelitäten als puren Zufall abtun?*

Bisher herrschte die Überzeugung, daß alles, was es über das Bewußtsein zu wissen gibt, sich letztlich aus der Sinneserfahrung herleitet. Im Gegensatz dazu sieht sich die heutige Wissenschaft mit Daten aus einer Vielzahl von Gebieten konfrontiert, die dafür sprechen, daß es ihrem Wesen nach transpersonale Kommunikationsmöglichkeiten gibt. Es ist denkbar geworden, daß das menschliche Bewußtsein seine Informationen auf breiterer Basis bezieht, als man bislang angenommen hat. Unsere Informationsquellen beschränken sich nicht auf die Sinnesorgane unseres Körpers – manche Inhalte könnten auf Wegen in unser Bewußtsein gelangen, die jenseits der normalen Wahrnehmung liegen.

Stanislav Grof hat vorgeschlagen, die überkommene Landkarte des menschlichen Bewußtseins durch die Eintragung von zusätzlichen Elementen zu vervollständigen – Elemente, die bislang dem Reich der Mystik und der Esoterik zugerechnet wurden. Die in der Psyche verankerte normale biographische Erinnerung müsse durch eine »perinatale« (das heißt vor- und nachgeburtliche) und eine »transpersonale« Domäne ergänzt werden. Laut Grof könnte der transpersonalen Domäne eine Mittlerfunktion zwischen unserem Bewußtsein und praktisch sämtlichen Bereichen oder Aspekten der Welt der materiellen und geistigen Erscheinungen zufallen.

Grofs Vorschlag verdient es, ernst genommen zu werden. Er verlangt zwar eine Überprüfung unserer überkommenen Vorstellung des Bewußtseins, jedoch keineswegs einen Kopfsprung in mystische und metaphysische Untiefen. Die angesprochene Vervollständigung der Landkarte heißt nicht, daß das Bewußtsein seinem Wesen nach substanzlos, immateriell und vom Gehirn abkoppelbar wäre. Es sollte lediglich der Vorstellung Raum gegeben werden, daß unser Gehirn auch Informationen aufnehmen kann, die nicht über die Sinnesorgane vermittelt werden. Die neuere Gehirn- und Bewußtseinsforschung trägt dem bereits Rechnung, auch wenn dies konservativen Wissenschaftlern noch gegen den Strich geht. Doch die Wissenschaft ist eine Unternehmung, die für alle Ergebnisse offen sein muß, und wenn die gestellte Aufgabe mit dem Ansatz der einen Schule nicht zu bewältigen ist, dann bringt der Ansatz einer anderen Gruppierung den gewünschten Erfolg.

Die Ergebnisse, die sich heute abzeichnen, zeigen uns, wie machtvoll das menschliche Bewußtsein ist. Wenn wir davon besseren Gebrauch zu machen verstehen, werden wir, wie der Physiker William Tiller es ausdrückt, nicht mehr darauf beschränkt sein, durch »die fünf Schlitze eines Turms« zu spähen, um einen Blick auf die Welt zu erhaschen. Wir werden in der Lage sein, »das Dach zu öffnen und den Himmel hereinzulassen«.

Anmerkungen

1 Nah-Todeserfahrungen ähneln den im Zustand der Hypnose gemachten Erfahrungen insofern, als sich auch hier zeigt, daß eine vollkommene Erinnerung an fast sämtliche Ereignisse im vorangegangenen Leben eines Menschen möglich ist. Die Erinnerungsleistung bei Nah-Todeserfahrungen gibt jedoch weniger Anlaß zu Zweifeln als jene unter Hypnose, da in letzterem Fall die betreffende Person nicht vor einer bewußten oder unbewußten Einflußnahme durch den Hypnotiseur geschützt ist, die das Ergebnis verfälschen kann. Bei Nah-Todeserfahrungen als spontanem, individuellem Erlebnis kann es diese Beeinflussung nicht geben.

2 Dies ist eine Erfahrung, die der Autor am eigenen Leib gemacht hat, als ein Computer an den Enzephalographen angeschlossen wurde, der mittels eines speziellen Programms das Maß der Synchronisation zwischen den beiden Gehirnhälften des Autors analysieren konnte. Wie die mit diesem »Gehirn-Holotester« unternommenen Versuche zeigten, ergibt sich bei gleichzeitiger Meditation von zwei Personen in getrennten Räumen nicht nur zwischen der linken und der rechten Gehirnhemisphäre des einzelnen Meditierenden, sondern auch zwischen den Gehirnen beider Personen ein und derselbe Synchronisationseffekt. Wenn die beiden Personen in tiefe Meditation versunken sind, kommt es sozusagen zu einer vierfachen Synchronisation (Synchronisation der linken und der rechten Gehirnhälfte einer Person wie auch zwischen den beiden Personen), obwohl die meditierenden Personen sich gegenseitig weder sehen noch hören oder sonstwie wahrnehmen können.

3 Auch hinsichtlich der Ferndiagnose kann der Autor auf Erfahrungen aus erster Hand zurückgreifen. Im Jahre 1993 nahm eine Gruppe von akkreditierten Ärzten, die der »Psionic Medical Society« (psionische medizinische Gesellschaft) angehören, Kontakt mit ihm auf. Ihre Heilmethode trägt den Namen »psionische Medizin«. Die Diagnosen werden mit einer Art verfeinerter Wünschelrutentechnik erstellt. Die Behandlung erfolgt mit den Methoden der Homöopathie. Doch das entscheidende Merkmal dieser Methode ist weder das eine noch das andere, sondern vielmehr die Tatsache, daß die Diagnose nicht aus den biochemischen Eigenschaften des erkrankten Organismus gewonnen wird, sondern aus einem Feld, das nach der Überzeugung der Anhänger der psionischen Heilmethode den Organismus des Patienten durchzieht und umgibt.

Das »Psi«- oder Vitalitätsfeld soll sich bei oder kurz nach der Empfängnis im einzelnen Menschen aufbauen und bis zu seinem Tod bestehen bleiben. Während des ganzen Lebens des betreffenden Individuums versorgt es die Zellen in seinem Körper mit den Informationen, die diese zum Aufbau der ihrer jeweiligen Lage im Körper entsprechenden Gewebe benötigen. Auf diese Weise wächst sich der Organismus zu der Gestalt und den Strukturen aus, die durch das Psi-Feld festgelegt sind.

Dieses Feld ist kein selbstgenügsames System, sondern es reagiert auf Eindrücke, die sowohl aus der Umwelt des Individuums stammen wie auch aus dessen Vergangenheit herüberreichen können. Es kann Merkmale aufweisen, die von den Vorfahren über mehrere Generationen ererbt worden sind. Schwachstellen in diesem Feld (in der Homöopathie spricht man von Miasmen) müssen nicht die Folge von Krankheiten sein, die jemand am eigenen Leib erfahren hat, sondern können auf die Krankheiten von Eltern oder Großeltern zurückgehen.

Die psionische Therapie versucht nicht unmittelbar auf den Körper des Patienten, sondern auf sein Psi-Feld einzuwirken. Dies schlägt sich auch in der diagnostischen Methodik nieder. Die Diagnose wird nicht am Patienten selbst vorgenommen, sondern an einer sogenannten »Probe«. Zu diesem Zweck kann jegliches vom Patienten stammende Gewebe oder jede Körperflüssigkeit, sei es eine Haarsträhne oder ein Tropfen Blut, herangezogen werden. Die Probe kann jederzeit und in jeder beliebigen Entfernung vom Patienten analysiert werden. Die daraus gewonnene Information gilt keineswegs nur für den Gesundheitszustand, in dem sich der Patient zum Zeitpunkt der Entnahme der Probe befindet, sondern sie gibt auch über den aktuellen Gesundheitszustand zur Zeit der Diagnose Auskunft. Die Probe ist eine laufende Informationsquelle über das Auf und Ab im Befinden des Patienten. Dies wäre aus naheliegenden Gründen unmöglich, wenn die Analyse nur die feststehende (und in Wirklichkeit zusehends zerfallende) Zell- oder Molekularstruktur der Probe erfassen würde.

TEIL III
DIE SUCHE NACH EINEM NEUEN PARADIGMA

Es wird kein »Ende« der Wissenschaft geben, unsere Epoche wird vielmehr die Geburt einer neuen Vision, einer neuen Wissenschaft erleben, in deren Grundstein ein Zeitpfeil eingeschlossen ist; sie wird eine Wissenschaft erleben, die uns und unsere Kreativität zum Ausdruck eines grundlegenden Trends des Universums werden lassen wird.

Ilya Prigogine, »World Futures«, Band 40, 1–3 (1994)

1 DIE SUCHE NACH DEN VEREINHEITLICHTEN THEORIEN: IN DER NEUEN PHYSIK

Das überkommene wissenschaftliche Weltbild wird zusehends nebulöser. Obwohl die heutige Naturwissenschaft in bislang unerreichte Gefilde vorgestoßen ist, hat sie bei weitem noch nicht alle Rätsel gelöst und alles durchschaut, was es in der Welt zu verstehen gibt. Im Gegenteil: Das noch in der Mitte dieses Jahrhunderts gepflegte optimistische Wissenschaftsverständnis verblaßt und zeigt mehrere »blinde Stellen«. Es ist, als hätte jemand einige Teile aus einem Puzzlespiel genommen und den Rest mit einer milchigen Folie abgedeckt. In den führenden Disziplinen der Naturwissenschaft haben die Wissenschaftler den fundamentalen Fragen den Rücken gekehrt und sich in die weniger riskanten Bereiche methodologischer Fragen zurückgezogen. Wie Carl Friedrich von Weizsäcker meinte, ist es kennzeichnend für die heutzutage praktizierte Physik, daß sie nicht danach fragt, was Materie wirklich ist, für die Biologie, daß sie nicht danach fragt, was das Leben wirklich ist, und für die Psychologie, daß sie nicht danach fragt, was die Seele wirklich ist.

Diese Lage ändert sich endlich. Führende Wissenschaftler haben angefangen, die Voraussetzungen, unter denen sie ihre Beobachtungen angestellt und die Gleichungen zur Beschreibung dieser Beobachtungen aufgestellt haben, auf ihre Bedeutung hin zu überprüfen. Sofern sie dabei wiederholt auf Anomalien und Widersprüche stoßen, flicken sie die derzeit anerkannten Theorien nicht mehr wie bisher zurecht, sondern begeben sich auf die Suche nach weiterführenden neuen, kühneren Denkansätzen und Hypothesen.

Ähnliches vollzog sich auch im 16. Jahrhundert, als das geozentrische Weltbild zugunsten des heliozentrischen über Bord geworfen werden mußte. Die altehrwürdige Vorstellung, daß Sonne und Planeten an kristallene Kugelschalen geheftet seien, mit denen sie auf vollkommenen Kreisbahnen um die Erde rotierten, konnte mit den Ergebnissen neuer Beobachtungen nur dadurch in Einklang gebracht werden, wenn man immer mehr Kugelschalen ineinanderschachtelte und innerhalb der bestehenden Zyklen weitere ablaufen ließ. Am Ende wurden diese »Epizyklen« so zahlreich und ihre Berechnung so schwierig, daß die immer wieder nachgebesserten Theorien ihre Überzeugungskraft völlig einbüßten und schließlich das gesamte geozentrische Modell aufgegeben wurde. Kopernikus, der fest davon überzeugt war, daß die Natur die Einfachheit liebt, hat das heliozentrische Modell entwickelt. Seine einfachere Hypothese stürzte zwar alles bis dahin Gültige um, doch sie wurde von der Gilde der Astronomen übernommen.

Die Revolution, die Einstein zu Beginn dieses Jahrhunderts auslöste, hatte ihre Ursache in ähnlichen Faktoren. Die Interpretation der physikalischen Erscheinungen anhand der Newtonschen Theorie war immer umständlicher geworden, so daß die Ordnung und die Einfachheit, die durch die Gleichungen der Einsteinschen Relativitätstheorie erzielt wurden, trotz ihrer Abstraktheit mit einem geradezu hörbaren Seufzer der Erleichterung begrüßt wurden.

Heute vollzieht sich auf diversen wissenschaftlichen Gebieten ein vergleichbarer Vorgang. Es scheint keine Theorie zu geben, die dagegen gefeit ist, einmal entkräftet zu werden. Wie wir gesehen haben, sind im Laufe dieses Jahrhunderts selbst in der Quantenphysik und in der Kosmologie Anomalien aufgetreten. Das hat eine Reihe von Physikern dazu gebracht, sich mit der Entwicklung neuer Ansätze und der Erforschung neuer Konzepte auseinanderzusetzen. Auch auf dem Gebiet der Biologie mehren sich die Anomalien und schaffen einen wachsenden Druck nicht nur auf die klassische Darwinsche Theorie, sondern auch auf die neodarwinistischen Ableger. Eine gültige Theorie für die Bereiche der Gehirn- und Bewußtseinsforschung hat die Wissenschaft zwar bislang noch nicht gefunden, aber auch in diesem Bereich gab es immer wieder Wissenschaftler, die erklärten, die Grundlagen begriffen zu haben, so daß das volle Verständnis nur noch eine Frage der Zeit sei. Inzwischen verlieren auch diese Annahmen allmählich ihren Rückhalt, zumal man Beobachtungen über ungewöhnliche Erfahrungen und Leistungen des menschlichen Bewußtseins gesammelt hat, die mit dem heutigen Wissensstand kaum zu erklären sind und die sich nicht einfach als Einbildung abtun lassen.

Die Überzeugung, daß die Grundlagen in der Erforschung der Natur und des Universums bereits gelegt seien, hat sich mittlerweile verflüchtigt. Von der für das Ende des 19. Jahrhunderts typischen Selbstzufriedenheit ist am Ende des 20. nur wenig übriggeblieben. Es entstehen immer mehr Gesellschaften und Vereinigungen, die sich die Erforschung der Ungereimtheiten, auf die die Wissenschaft im Zuge ihrer Beobachtungen stößt, auf ihre Fahne schreiben und sich von den Randbereichen des etablierten Wissenschaftsbetriebs in dessen Zentrum vorarbeiten. Die Geburt einer neuen wissenschaftlichen »Revolution« kündigt sich an.

Die neue wissenschaftliche Revolution vollzieht sich schneller als die Kopernikanische und ist umfassender als die Einsteinsche. Eines ihrer Kennzeichen ist die Integration einer großen Bandbreite von Ergebnissen in einen hochgradig vereinheitlichten, einfachen, wenn auch abstrakten theoretischen Bezugsrahmen. Der Grund dafür liegt darin, daß in der Wissenschaft ein Rätsel nicht dadurch gelöst werden kann, daß man ein bestehendes Konzept durch die Formulierung neuer Bedingungen zu retten versucht. Wenn die Zahl der unerklärbaren Beobachtungen einen Schwellenwert überschreitet, wird es unumgänglich, in einem Sprung zu einer neuen Grundannahme zu gelangen – zu einem neuen »Paradigma«. Auf einer tieferen (oder, wenn man so will: auf einer höheren) Ebene werden durch einen solchen Wechsel der Paradigmen die bisherigen wie auch die neuen Ergebnisse eines bestimmten Forschungsgebiets in einen neuen theoretischen Bezugsrahmen gestellt.

Der von Kopernikus und Newton entwickelte theoretische Bezugsrahmen stellt die himmlische und die irdische Sphäre auf die gleiche Grundlage. Die Thermodynamik der irreversiblen Prozesse des 20. Jahrhunderts ebnete den Weg für die Integration physikalischer und physikalisch-chemischer Systeme mit biologischen und letztlich mit soziokulturellen Systemen. Ähnlich bedeutet auch die derzeitige Revolution den Durchbruch zu einer neuen Ebene der Theoriebildung. Es findet eine Suche nach einem neuen Verständnis statt, das zur Erkenntnis eines größeren Zusammenhangs und zu größerer Geschlossenheit führen soll als die uneinheitlichen und in unterschiedlichen Sprachen formulierten Ansätze der klassischen Disziplinen der Naturwissenschaften.

In der Geschichte der Wissenschaft – von Galilei, Newton, Kopernikus und Kepler bis hin zu Einstein, Bohr, Jung, Guth, Hawking und Pribram – war jeder bedeutsame Fortschritt stets von einer tieferen und umfassenderen Einsicht in die empirisch beobachtete Realität begleitet. Die heraufdämmernde Revolution setzt die in der Vergangenheit begonnene Entwicklung fort. Sie senkt die Ebene, auf der die Forschung ihre Fragen stellt, weiter ab und erweitert damit gleichzeitig deren Basis.

Schon in den vergangenen Jahrhunderten wurde die Ebene der wissenschaftlichen Fragestellung kontinuierlich immer tiefer angesetzt. Zuerst wurde das unteilbare Atom des Demokrit von Dalton und Lavoisier als Grundbestandteil der gasförmigen Materie wiederentdeckt. Nachdem sich das Daltonsche Atom als spaltbar erwiesen hatte, wurde die Ebene der Forschung tiefer angelegt, und man kam zum Rutherfordschen Atom mit einem Kern und den um den Kern kreisenden Elektronen. Eine noch tiefer angesetzte Betrachtungsebene wurde in diesem Jahrhundert mit der Ebene der Planckschen Konstante erreicht, als bei Hochenergie-Experimenten Quarks, Strings und weitere etwa 200 Teilchen zutage kamen. Und das Feld, in das diese fortschreitend immer kleineren Teilchen eingebettet sind – das sogenannte »Nullpunktfeld«, über das noch mehr zu sagen sein wird –, hat sich vom passiven Euklidischen Raum der klassischen Mechanik zum turbulenten und mit potentieller Energie angefüllten Quantenvakuum gewandelt.

Wie soll es weitergehen? Die neue wissenschaftliche Revolution befindet sich noch in ihrer Anfangsphase – auf eine voll ausgebildete Theorie kann man derzeit bestenfalls hoffen. Doch es scheint eine realistische Perspektive zu sein, in der sich eine machtvolle neue Sichtweise der Welt abzeichnet. Diesen Anzeichen wollen wir uns als nächstes zuwenden.

DIE GROSSEN VEREINHEITLICHTEN THEORIEN DER NEUEN PHYSIK

Das deutlichste Anzeichen des bevorstehenden Paradigmenwechsels ist die in den verschiedensten Disziplinen betriebene intensive Suche nach einer einheitlichen Theorie. Eine solche Theorie wird mit einer ganzen Reihe unterschiedlicher Bezeichnungen belegt: systemisch, holistisch, integrativ oder einfach »allgemein«. Viele Wissenschaftler bevorzugen allerdings die Bezeichnung »vereinheitlicht«.

Die unbestrittene Domäne einer Großen Vereinheitlichten Theorie (auf englisch: *G*rand *U*nified *T*heory, abgekürzt: GUT) ist die neue Physik. Der Hang der Physik zu größerer Vereinheitlichung – wenn auch nicht in Form der »Großen Vereinheitlichung« – ist aus ihrer Geschichte abzulesen. Jede umfassendere Theorie hat es verstanden, das grundlegende Material an Fakten, von dem die Fachwelt der jeweiligen Periode Kenntnis hatte, unter einen Hut zu bringen. Dies war bei der Mechanik der Fall, die von Galilei entwickelt und durch Newton in eine allgemeingültige Formulierung gebracht wurde, und das gleiche gilt für Maxwells Elektrodynamik und Boltzmanns Thermodynamik.

Zu Beginn des 20. Jahrhunderts schaffte Einstein den entscheidenden Durchbruch, der wieder Geschlossenheit in das Weltbild der Physik brachte, das im 19. Jahrhundert aus den Fugen geraten war. Seine Spezielle Relativitätstheorie erwarb sich das Verdienst, für die Rätsel, mit denen sich die damalige klassische Physik herumschlug, eine schlüssige und elegante Lösung anzubieten. In noch größerem Maße traf das auf die Allgemeine Relativitätstheorie zu, die Geometrie und Mechanik in überraschender Weise auf eine gemeinsame Grundlage stellte. Der Raum und seine Geometrie sowie die Materie mit ihrer Mechanik wurden in eine unerwartete und vollkommene Einheit überführt. Man erkannte die zuvor mechanisch gedeutete Schwerkraft als ein Element der Geometrie und betrachtete sie nun als eine Wirkung der Krümmung des Raums. Die Geometrie des Raums wiederum wurde auf die Verteilung der Materie zurückgeführt. Es war zwar weiterhin manchmal von Nutzen, sich Raum und Zeit als zwei verschiedene Größen vorzustellen, doch die Physiker gewannen die Überzeugung, daß diese beiden Dimensionen ein einziges, untrennbar miteinander verbundenes Ganzes bilden.

Einstein selbst wollte nicht bei der Vereinheitlichung von Geometrie und Mechanik stehenbleiben und versuchte in einem weiteren Schritt, sämtliche bekannten Teilchenarten mit allen bekannten Kräften der

Raumzeit in der ihrerseits zeitlosen Matrix einer Vereinheitlichten Feldtheorie zu vereinigen. Doch in seinen Bemühungen konzentrierte er sich auf lediglich zwei der vier universalen Wechselwirkungen – die Schwerkraft und den Elektromagnetismus – und ließ die starke und die schwache Kernkraft außer Betracht. Daß dieser Versuch letztlich fehlschlug, lag an einer unzutreffenden Annahme über die Grundkräfte der Natur und nicht etwa daran, daß ein solches Unternehmen von der Sache her zum Scheitern verurteilt ist. Inzwischen beziehen die Physiker sämtliche vier universellen Kräfte sowie das ganze Spektrum der unentdeckten subatomaren Teilchen in die Bemühung um die Schaffung einer Großen Vereinheitlichten Theorie ein.

Große Vereinheitlichte Theorien bieten einen theoretischen Bezugsrahmen für die Vereinheitlichung sowohl der Teilchen, die in den derzeitigen Experimenten entdeckt werden, als auch der Kräfte, die die Wechselwirkung dieser Teilchen bedingen. Die Notwendigkeit einer solchen Vereinheitlichung wurde immer dringlicher, nachdem die »Elementarteilchen« allmählich überhandnahmen und die meisten sich keineswegs als elementar erwiesen.

DIE VEREINHEITLICHUNG DER TEILCHEN

In den zwanziger Jahren dieses Jahrhunderts kannte man nur drei Elementarteilchen: das Photon, das Elektron und das Proton. Ernest Rutherford wies darauf hin, daß es im Atomkern noch ein weiteres Teilchen geben müsse: das Neutron. Als der experimentelle Beweis dafür erbracht worden war, daß es dieses Teilchen wirklich gab, wurde die Liste der Elementarteilchen immer länger. In den dreißiger Jahren vermutete Wolfgang Pauli bei seinen Experimenten mit dem Zerfall radioaktiver Kerne die Existenz des Neutrinos, die 25 Jahre danach experimentell bestätigt wurde.

Zu dieser Zeit hatte die Quantentheorie bereits ein gutes Verständnis der äußeren Atomschalen möglich gemacht, doch die Stabilität des Atomkerns blieb ein Rätsel. Der Kernforscher Hideki Yukawa stellte die

Hypothese auf, daß ein weiteres Teilchen für die Stabilität verantwortlich sein mußte. Da er glaubte, daß dessen Masse irgendwo zwischen der des Protons und der des Elektrons liegen müsse, nannte er es Meson (nach dem griechischen Wort *mesos* = in der Mitte). Nach Yukawas Theorie wird die Stabilität des Atomkerns durch den ständigen Austausch von Mesonen zwischen den Protonen und Neutronen garantiert.

Als Experimente zum Nachweis des Mesons durchgeführt werden konnten, entdeckten die Physiker nicht nur dieses Teilchen, sondern eine ganze Familie von Teilchen, zu der auch die Muonen und die Pionen zählen. Mit leistungsfähigeren Teilchenbeschleunigern und im Zuge der Erforschung der kosmischen Strahlung, bei der Kernkollisionen hoch über der Atmosphäre untersucht wurden, kam es zur Entdeckung von weiteren Elementarteilchen. Einige davon wurden von den Experimentalphysikern anhand der Voraussagen der Theoretiker aufgespürt, andere kamen bei den Experimenten völlig unerwartet zum Vorschein.

Die ersten Elementarteilchen – das Elektron, das Proton, das Neutron und die ersten Mesonen – wurden erwartungsgemäß entdeckt und paßten genau in die damals gültigen theoretischen Vorstellungen von der Atomstruktur. Doch als die Physiker bei der Durchführung ihrer Experimente mit höheren Energien arbeiten konnten, stimmten die beobachteten Ergebnisse nicht mehr mit den Prämissen dieser Theorie überein. Eine dieser Unstimmigkeiten betraf die Lebensdauer von Teilchen, die sich in Wechselwirkung befinden. Die Theorie setzte für diese Teilchen eine Lebenserwartung von nur etwa 10^{-23} Sekunden an – eine Zeitspanne, in der ein Lichtstrahl sich kaum über die Strecke des Durchmessers eines Elementarteilchens würde bewegen können – doch die Experimente ließen erkennen, daß die Teilchen 10^{-10} Sekunden lang existieren. Das ist eine Zeit, in der das Licht einen gewöhnlichen Gegenstand überqueren kann. Da diese Teilchen zehn Billionen mal länger lebten, als man erwartet hatte, und nachdem sie sich zudem immer nur paarweise erzeugen lassen, belegte man diese Teilchen mit der Bezeichnung »strange«, was soviel wie »seltsam« bedeutet.

Um Ordnung in die vielerlei seltsamen Bewohner des sogenannten »Teilchenzoos« zu bringen, schlug der Physiker Murray Gell-Mann von der

Yale-Universität vor, die Teilchen auf eine besondere Weise in Gruppen zu je acht anzuordnen (er beabsichtigte damit eine Bezugnahme auf den achtfachen Weg des Buddha). Diese Anordnung stützte sich auf die theoretische Annahme, daß die Teilchen aus noch fundamentaleren Bestandteilen mit der Bezeichnung »Quark« aufgebaut sind. Ursprünglich ging man von drei verschiedenen Arten von Quarks aus, dem Up-Quark, dem Down-Quark und einem dritten Quark, das ebenfalls die Bezeichnung »strange« erhielt. Das Proton besteht zum Beispiel aus zwei Up-Quarks und einem Down-Quark, das Neutron aus zwei Down-Quarks und einem Up-Quark, und die in Wechselwirkung stehenden Teilchen haben zusätzlich noch ein »stranges« Quark. Als jedoch immer mehr Teilchen auftauchten, reichten drei verschiedene Quarks nicht mehr aus, und die Zahl der Mitglieder in der Familie der Quarks erhöhte sich von drei auf sechs. Das sechste und letzte Mitglied, das Top-Quark, wurde Anfang März 1995 bei Experimenten mit Hochenergie im Fermilab in Chicago entdeckt.

Die Quarktheorie von Gell-Mann (für die er den Nobelpreis erhielt) löste eine anhaltende Schwierigkeit, die sich bei der Anordnung der Teilchen ergeben hatte. Während die Leptonen (Teilchen mit geringer Masse wie Elektronen und Neutrinos, von griechisch *leptos* = leicht) eine geschlossene Symmetriegruppe bilden, ist das bei den Hadronen (schwere Teilchen wie Protonen und Neutronen, von griechisch *hadros* = groß, kräftig) nicht der Fall. Wenn sich jedoch jedes Hadron aus drei Quarks zusammensetzt, kann auch die Familie der Hadronen entsprechend der jeweiligen Kombination von Quarks im einzelnen Hadron in Symmetriegruppen angeordnet werden.

DIE VEREINHEITLICHUNG DER KRÄFTE

Mit der Einordnung der Teilchenarten in zusammenhängende Symmetriegruppen hat die mathematische Physik eine große Leistung vollbracht. Von einer wirklichen Vereinheitlichung konnte jedoch nur dann gesprochen werden, wenn es gelang, auch die von den Teilchen repräsentierten Kräfte zu vereinheitlichen. Einstein war mit seiner Vereinheitlichten Feldtheorie ein Pionier auf diesem Gebiet. Seine Theorie, die zwar nur die Schwerkraft und die elektromagnetische Kraft vereinheitlichte und deshalb zum Scheitern verurteilt war, inspirierte einen ganzen Schwarm von Großen Vereinheitlichten Theorien oder GUTs. Die derzeitigen GUTs und Super-GUTs bedienen sich sowohl der Quanten- wie der Relativitätstheorie und umfassen vier universale Wechselwirkungen. Dies sind die Schwerkraft, die elektromagnetische Kraft sowie die starke und die schwache Kernkraft, wobei man davon ausgeht, daß das physikalische Universum sowohl den Gesetzen der Relativität wie auch denen der Quantenmechanik gehorcht.

Die Große Vereinheitlichung versteht die Teilchen als Elemente innerhalb der vier universellen Felder. Die an einem bestimmten Punkt herrschende Feldstärke gibt die Wahrscheinlichkeit wieder, mit der an dieser Stelle ein Teilchen anzutreffen ist. Die Teilchen werden also sozusagen durch Veränderungen der Feldstärke erzeugt. Photonen, Elektronen, Nukleonen und der ganze »Teilchenzoo« sind Folgen der quantenmechanischen Dynamik dieser miteinander in Wechselwirkung stehenden und physikalisch durchaus realen Felder.

Das obige Konzept hat in der Physik eine gewaltige Akzentverschiebung von den einzelnen Größen zur Gesamtheit der dynamischen Matrizes – den Feldern – bewirkt, in die jene Größen eingebettet sind. Steven Weinberg unterstrich daher, daß das eigentliche Inventar des Universums aus Feldern bestehe – den Teilchen komme lediglich der Status von Epiphänomenen zu.

Die klassischen Felder wurden durch quantenmechanische Wahrscheinlichkeitsfelder ergänzt, ein Begriff, der in den zwanziger und dreißiger Jahren von europäischen Physikern wie Pasqual Jordan, Eugene Paul Wigner, Paul Dirac, Wolfgang Pauli, Enrico Fermi, Werner Heisenberg und anderen eingeführt wurde. In den vierziger Jahren wurde die Quanten-Elektrodynamik (QED) entwickelt. In den Experimenten mit Hochenergie, deren Durchführung ab der Mitte unseres Jahrhunderts möglich wurde, fanden die Vorhersagen dieser Theorie eine glänzende Bestätigung. Als es den Physikern gelang, durch Feldtheorien widersprüchliche experimentelle Befunde durch eine Erklärung zu erhellen, wurden weitere Quantentheorien entwickelt, die neue Stufen der Vereinheitlichung der physikalischen Naturkräfte markierten.

Der erste Durchbruch gelang, als die schwache Kernkraft und der Elektromagnetismus vereinheitlicht werden konnten (bis dahin schien die schwache Kernkraft andere Eigenschaften aufzuweisen als der Elektromagnetismus). Sidney Sheldon, Steven Weinberg und Abdus Salam konnten nachweisen, daß diese beiden Kräfte lediglich zwei verschiedene Erscheinungsformen ein und derselben »elektroschwachen« Kraft sind. Inzwischen nimmt man an, daß in den ersten Augenblicken des Universums kein Unterschied zwischen dem Elektromagnetismus und der elektroschwachen Kraft bestand. Als sich im Universum erste Strukturen herauszubilden begannen, wurde diese vollkommene Symmetrie gebrochen, und die zuvor einheitlichen Kräfte teilten sich auf in die elektromagnetische Kraft, die über große Entfernungen wirkt, und die schwache Kernkraft mit ihrer geringen Reichweite.

Wenn wir die starke Kernkraft derzeit besser verstehen würden, wäre eine weitere Vereinheitlichung möglich. Bevor die Quarks in den Überlegungen eine Rolle spielten, glaubte man, daß die starke Kernkraft auf dem Austausch von Kräfte übertragenden Teilchen wie den Mesonen beruht. Mit der Formulierung der Quarktheorie der Hadronen mußte man jedoch annehmen, daß zwischen den Quarks selbst eine Kraft wirksam wird. Es stellte sich heraus, daß diese Kraft mathematisch völlig analog zur elektromagnetischen Kraft behandelt werden konnte. Zwar stand die Vereinheitlichung dieser zwischen den Quarks wirkenden Kraft mit der elektroschwachen Kraft noch aus, doch ihr formales Erscheinungsbild war der letzteren sehr ähnlich. Im Anklang an den Begriff der Quanten-Elektrodynamik (QED) bekam die Theorie, die diese Vereinheitlichung leistete, die Bezeichnung Quanten-Chromodynamik (QCD). Dank dieser Theorien ist es gelungen, die Zahl der im Universum wirksamen fundamentalen Felder und Kräfte auf lediglich zwei zu reduzieren: die nunmehr integrierte elektroschwache und starke Kernkraft sowie die Gravitations- oder Schwerkraft.

Auf die erste Stufe des Programms der Großen Vereinheitlichung – die Entwicklung einer gemeinsamen Theorie der starken Kernkraft und

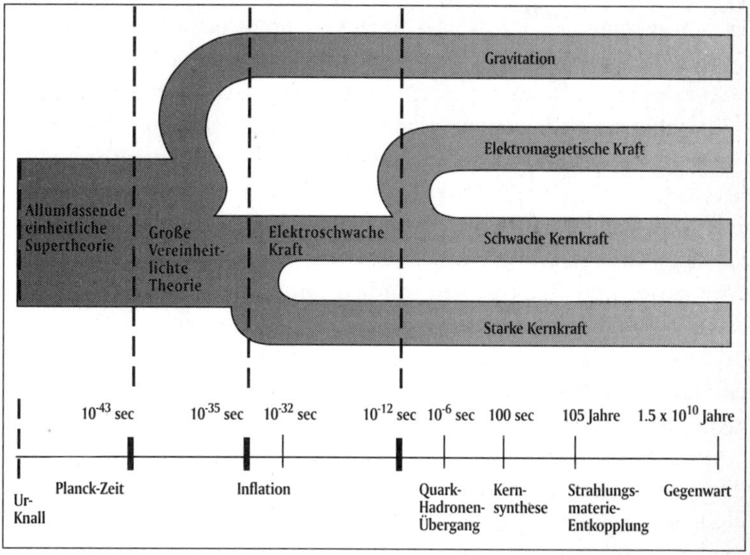

ABBILDUNG 6 Die Abfolge der Trennung der fundamentalen Kräfte des Universums nach der allumfassenden einheitlichen Supertheorie

der elektroschwachen Kraft im Verbund mit einer Theorie der Leptonen und Hadronen, aus denen sich die Materie des Universums zusammensetzt – mußte nun als Vollendung die zweite Stufe folgen: die Einbeziehung der Gravitationskraft in die Große Vereinheitlichte Theorie. Hiermit wäre der Übergang von der Großen Vereinheitlichung zur allumfassenden einheitlichen Supertheorie (»supergrand unification«) erreicht.

Die allumfassende Supertheorie braucht eine Quantifizierung des Schwerefeldes. Zur Quantifizierung der starken Kernkraft hatte man das Gluon herangezogen, und bei der elektroschwachen Kraft war dies durch die W- und die Z-Teilchen geschehen. Die Physiker hofften darauf, die Schwerkraft über ein Graviton genanntes Teilchen quantifizieren zu können.

Die Quantifizierung des Schwerefeldes ließ vielschichtige Probleme entstehen. Da die Einsteinsche Gravitationstheorie eine geometrische Theorie der Raumzeit ist, stand man vor der Aufgabe, ein geometrisches

System zu quantifizieren. Neben dieser verfahrenstechnischen Hürde traten auch noch andere Schwierigkeiten auf. Zum einen haben wir keinerlei Hinweis darauf, daß es in der Natur Gravitonen wirklich gibt, und zum zweiten führte die mathematische Behandlung der Gravitonen zu Ergebnissen, in denen unendliche Werte vorkommen. Die Quantentheorie der Gravitation sucht daher nach einem neuen Ansatz mit einer radikalen Abkehr von früheren Formulierungen der Quantenfeld-Theorie. Die Einführung von sogenannten »Eichsymmetrien« unter Benutzung von Supersymmetrien und Superräumen wurde erforderlich. In der Folge kam es zur Geburt einer neuen Generation von »Supertheorien«.

Der erste Durchbruch gelang mit der mathematischen Bewältigung der Supersymmetrie. Die mit der Supersymmetrie (liebevoll »Susy« genannt) arbeitende Quantenfeld-Theorie wurde zur »Quanten-Supergravitations-Theorie« – sie versetzte die Physiker in die Lage, Fermionen und Bosonen zu vereinheitlichen. Das bedeutete einen großen Fortschritt, denn die Fermionen mit halbintegralem Eigendrehimpuls bilden den Hauptbestandteil der Materie, die Bosonen mit ihrem integralen Eigendrehimpuls dagegen die fundamentalen Kräfteteilchen. (Fermionen und Bosonen unterscheiden sich durch ihren Eigendrehimpuls, den Spin. Bosonen haben ganzzahlige Spinwerte [1, 2, 3 ...], während Fermionen halbzahlige Spinwerte aufweisen [1/2, 3/2 et cetera].)

Bis dahin hatte man die Gruppe der Fermionen wie auch die Bosonen zu Familien zusammengefaßt, wobei es eine klare Trennungslinie zwischen den miteinander verwandten Fermionen und den untereinander ebenfalls verwandten Bosonen gab. Nunmehr jedoch ließen sich dank »Susy« Fermionen und Bosonen – Materie und Kräfte – aufeinander zurückführen. In den höheren Dimensionen eines »Superraumes« konnte jede Teilchenart in die andere »zurückgespiegelt« werden.

Zur Vereinheitlichung der Fermionen und Bosonen im Superraum mußte eine ganze Galerie neuer Teilchen eingeführt werden. Jedes Fermion und jedes Boson verlangte nach einem supersymmetrischen Partner. Wie zu den Photonen als spiegelbildliche Partner die Photinos hinzukamen und zu den Quarks die Sparks, mußte das Graviton mit seinem supersymmetrischen Spiegelbild, dem Gravitino, gekoppelt werden.

Damit war das grundsätzliche Hindernis für die Vereinigung der Gravitation mit allen anderen Kräften zu *einer* Urkraft beseitigt. Die theoretische Physik konnte sich jetzt der Forschung nach einer allumfassenden einheitlichen Urkraft widmen: der Supergravitation.

Doch die Theorien der Supergravitation gerieten in Schwierigkeiten. Vor allem verlangte eine Quantentheorie der Supergravitation, daß die supersymmetrischen Spiegelbilder der Teilchen höhere Massen als ihre Ausgangspartner aufwiesen. Das warf Zweifel daran auf, ob die Theorie sich je würde verifizieren lassen, denn die Energieniveaus der supersymmetrischen Teilchen erwiesen sich als viel zu hoch, um sie in Teilchenbeschleunigern erzeugen zu können. Die neuen Teilchen würde man also niemals beobachten können – es sei denn, daß – wie manche Physiker glauben – die Photinos bei hochenergetischen Kollisionen zwischen Elektronen und Positronen oder zwischen Protonen und Antiprotonen beobachtet werden könnten.

Die Supertheorien sagten nicht nur eine Vielzahl von neuen und experimentell nicht nachweisbaren Teilchen voraus, sie warteten auch noch mit einer weiteren Überraschung auf: In den meisten mathematischen Formulierungen waren elf Dimensionen erforderlich, damit sie überhaupt funktionieren konnten. Einsteins revolutionäre Neuerung, dem dreidimensionalen Raum als vierte Dimension die Zeit hinzuzufügen, verblaßte im Vergleich zu jenen Theorien, die auf die vier Dimensionen der Raumzeit bis zu sieben weitere Dimensionen sattelten.

Die Physiker machten sich deshalb mit komplexen mathematischen Methoden daran, die sieben zusätzlichen Dimensionen des Superraumes »kompaktzurechnen«, damit »Susy« mit den vier Dimensionen der Relativitätstheorie in Einklang gebracht werden konnte. Man ging von der Annahme aus, daß die zusätzlichen Dimensionen zwar existierten, jedoch auf kleinstem Raum dergestalt »aufgerollt« seien, daß sie nicht einmal im Größenordnungsbereich der Elementarteilchen zur Geltung kämen. Doch bald stellte sich heraus, daß alle Anstrengungen umsonst waren, denn es ließ sich keine Methode finden, mit der eine hinreichende »Kompaktifizierung« der sieben zusätzlichen Dimensionen zu erreichen war, ohne die vier restlichen Dimensionen ebenfalls zum Verschwinden zu bringen. Das hätte zur Folge gehabt, daß sich der empirische Geltungsbereich der Theorie auf eine nulldimensionale Welt beschränkt – in der Tat ein wenig befriedigendes Ergebnis für eine Theorie, die den Anspruch erhebt, das letzte Geheimnis der physikalischen Welt zu klären.

Eine Zeitlang hatte es den Anschein, daß das Konzept der Supertheorien ein Fehlschlag war. Doch dann trat eine junge Generation von Physikern mit einer noch kühneren Idee auf den Plan. Joel Scherk machte den Vorschlag, daß die Elementarteilchen keinen Teilchencharakter hätten, sondern im Raum in Form von »strings« (englisch: Saiten, Fäden) rotierten und Schwingungen ausführten. Sämtliche uns bekannten Erscheinungen der physikalischen Natur seien aus verschiedenen Kombinationen dieser Schwingungen aufgebaut, ähnlich wie die Musik eines Streichquartetts sich aus den Schwingungen der Saiten von vier Streichinstrumenten zusammensetzt.

Die Idee, daß rotierende und schwingende Strings die Grundlage für unser Verständnis der Natur liefern könnten, wurde schon in den sechziger Jahren geäußert. Gabriel Veneziano bemerkte damals, daß die Elementarteilchen bei der Anordnung in der Reihenfolge ihrer Massen ein Muster ergeben, das große Ähnlichkeit mit musikalischen Intervallen oder Resonanzen aufweist. Später kamen andere Physiker auf die Idee, daß diese Resonanzen durch winzige schwingende Strings von Teilchengröße hervorgerufen werden könnten.

Scherks Stringtheorie ließ sich mit Gell-Manns Quarktheorie gut vereinbaren. Die neue Theorie konnte erklären, weshalb es unmöglich war, ein freies Quark zu beobachten – aus demselben Grund nämlich, aus dem ein String (eine Saite) niemals nur ein einziges Ende haben kann. Wenn man das Ende einer Saite abtrennt, entsteht jedesmal ein neues Ende. Ganz ähnlich entstehen bei der Zertrümmerung eines Hadrons keine einzelnen Quarks, sondern es kommen neue Paarungen von Quarks zum Vorschein.

Im Jahr 1976 wiesen Joel Scherk, Ferdinando Gliozzi und David Olive nach, daß es möglich ist, die Supergravitation in die Stringtheorie einzuführen, wodurch diese zur Superstringtheorie wird (in der Superstringtheorie finden die Schwingungsbewegungen der Teilchen in einem höherdimensionalen Superraum statt). Der eigentliche Triumph dieser Theorie kam aber erst in der Mitte der achtziger Jahre, als die Supersymmetrietheorien am Problem der »Kompaktifizierung« zu scheitern drohten. John Schwartz und Michael Green konnten zeigen, daß sich eine zehndimensionale Stringtheorie mit der vierdimensionalen Raumzeit vertrug und nicht dazu führt, daß sämtliche Dimensionen verschwinden. Die neuen Superstrings erwiesen sich als noch winziger als die Strings der ursprünglichen Stringtheorie: Sie entsprechen der Planck-Länge von 10^{-35} Meter und sind damit kleiner als das kleinste Teilchen, das wir bisher kennen.

Die Vereinheitlichung der Physik ist eine legitime und althergebrachte Bestrebung. Die derzeitigen Anstrengungen dieser Art, die Große Vereinheitlichung, weisen bemerkenswerte Erfolge auf. Dies hat das Tor für die Super-GUTs, die allumfassenden vereinheitlichenden Supertheorien aufgestoßen, die eine noch umfassendere Form der Vereinheitlichung liefern sollen. Die Super-GUTs sind zwar noch in einem Frühstadium der Entwicklung – manche ihrer Aspekte, wie zum Beispiel die Superstringtheorie, haben noch mit ernsten Problemen zu kämpfen –, doch es macht sich zunehmend die Zuversicht breit, daß die Große Vereinheitlichung und letztlich auch die allumfassende Vereinheitlichung in Gestalt einer Super-GUT erreicht werden kann. Nur noch wenige Physiker zweifeln daran, daß es im Laufe der Zeit zu einer Vereinheitlichung sämtlicher Kräfte und Teilchen der Natur in einer einzigen Theorie kommen wird.

Zuversicht ist aber angebracht, da es niemals möglich sein wird, ein Super-GUT experimentell zu bestätigen. Um die elektroschwache Kraft beobachten zu können, die aus der Vereinigung der schwachen Kernkraft mit dem Elektromagnetismus entsteht, müssen Energien von 90 GeV aufgewendet werden können (wobei 1 GeV [Giga-Elektronenvolt = 1 Milliarde eV] der Energie zur Erzeugung eines Protons entspricht). Derartig hohe Energien liegen gerade noch im Leistungsbereich der modernsten Teilchenbeschleuniger mit ihren 100 GeV. Als diese Leistungsklasse von Beschleunigern verfügbar wurde und die vereinheitlichende Kraft bei der

Zertrümmerung hochbeschleunigter Teilchen zum Vorschein kam, erhielten die beiden Wissenschaftler Weinberg und Salam den Nobelpreis. Die experimentelle Vereinigung der starken Kernkraft mit der elektroschwachen Kraft würde jedoch 10^{14} GeV erfordern, und ein Beschleuniger, der eine derartige Leistung entfesseln könnte, müßte die Größe unseres Sonnensystems haben. Die Kraft, die nötig wäre, die Große Vereinheitlichte Kraft mit der Gravitation oder Schwerkraft in Übereinstimmung zu bringen, beträgt 10^{19} GeV – und das ist die Gesamtsumme der Energie, die im Augenblick des Urknalls in der Natur vorhanden war. Ein Teilchenbeschleuniger, der diese Energie zu erzeugen vermöchte, müßte 100 Billiarden mal stärker sein als der Supraleitende Supercollider, der größte Teilchenbeschleuniger, der jemals projektiert (aber nie finanziert und daher nie gebaut) wurde. Ein derartiger Apparat müßte eine Beschleunigerbahn von 100000 Lichtjahren Länge aufweisen und wäre damit so groß wie unsere Milchstraße.

Es ist daher festzustellen, daß die neue Physik sich im Rahmen von Erscheinungen bewegt, die nicht mehr experimentell überprüft werden können. Kein einziger Physiker gibt sich der Hoffnung hin, jemals »in der Natur« ein String zu finden, ebensowenig wie ein Quark. Wir würden ein Schwarzes Loch nicht erkennen können, selbst wenn wir davorstünden, und ein Elektron wird selbst bei größtmöglicher Vergrößerung immer nur ein undeutlicher Fleck bleiben, denn in der Zeit, die die Ausstrahlung nur eines einzigen Lichtquants beansprucht, beschreibt es eine Million Umkreisungen um den ihm zugeordneten Atomkern. Auch die Vereinheitlichung der Kräfte der Natur ist vor allem eine theoretische Forderung, die ihre Verbindlichkeit lediglich aus der Geschlossenheit, Präzision und Eleganz der Gleichungen bezieht, die dieser Vereinheitlichung Genüge leisten sollen. Dennoch fühlen sich die Wissenschaftler durch diese Tatsache nicht davon entmutigt, die GUTs und die Super-GUTs als eine mögliche Beschreibung der realen Welt zu betrachten – einer Welt, die sich in weit größere Tiefen und Weiten erstreckt als die Welt, die unseren Sinnen zugänglich ist.

Die Vereinheitlichung der physikalischen Welt nimmt ungeachtet des zunehmenden Abstraktionsgrades der Theorien ihren Gang. Der gegenwärtige Stand ist trotz aller notwendigen Überprüfungen und bei aller Verbesserungsfähigkeit ein bemerkenswerter Meilenstein auf der immerwährenden Suche der Menschheit nach dem, »was die Welt im Innersten zusammenhält«.

2 DIE SUCHE NACH VEREINHEITLICHTEN THEORIEN: ÜBER DEN DISZIPLINEN

Der Erfolg der Wissenschaft bei der Lösung der Rätsel, die das gegenwärtige Weltbild immer noch umgeben, steht und fällt aber nicht mit dem Gelingen der Großen Vereinheitlichung in der Physik. Wie kaum anders zu erwarten, liegt der Geltungsbereich der Großen Vereinheitlichten Theorien der Physik hauptsächlich auf physikalischem Gebiet. Das bedeutet eine Begrenzung: Die Physik hat es mit einem wichtigen Teil der Erscheinungen der Natur zu tun, doch keineswegs mit allen. Offensichtlich ist die Materie (oder Materieenergie) nicht nur in der Lage, sich zu Teilchen, Atomen und Molekülen zu verdichten, sondern sie ist auch zur Selbstorganisation in Form von Zellen, Organismen und Ökosystemen fähig – zumindest auf unserem Planeten. Selbst wenn, wie Stephen Hawking sagte, das Ziel der Physik darin liegen sollte, alles, was uns umgibt, zu verstehen, einschließlich unserer eigenen Existenz, so ist es ihr bislang noch nicht einmal gelungen, die Chemie oder die Biologie als gelöste Probleme abzulegen. Die Großen Vereinheitlichten Theorien beschreiben zwar die Eigenschaften und Wechselwirkungen der Teilchen, Atome und Moleküle, aber sie zeigen nicht auf, wie sich aus diesen Teilchen, Atomen und Molekülen die Erscheinungen der biologischen Welt aufbauen – von der menschlichen ganz zu schweigen.

Eine wirklich vereinheitlichte Wissenschaft müßte *jeden* Teilbereich der natürlichen Welt, sei es der physikalische, der biologische oder selbst der neuropsychologische, umfassen können. Sie könnte eine Erklärung für den Aufbau von immer komplexeren und besser integrierten Systemen mit immer stärker differenzierten Merkmalen liefern, und zwar unabhängig davon, ob diese Systeme der Physik, der Biologie oder den Geisteswissenschaften zuzurechnen sind.

Ist es überhaupt möglich, eine wahre transdisziplinäre Vereinigung zu erreichen?

Es ist ein Unterfangen von geradezu atemberaubendem Ehrgeiz, die Wechselwirkungen und Beziehungen entdecken zu wollen, die das Universum bis zu den Höhen der Komplexität haben gelangen lassen, in denen schließlich das Leben entstand. Dennoch gibt es Wissenschaftler mit genügend Pioniergeist, um diese Aufgabe in Angriff zu nehmen. Ein Blick über ihre Schulter soll uns einen wertvollen Eindruck davon vermitteln, wie die transdisziplinäre Theoriebildung eine wahre »Große Vereinheitlichte Theorie« zu schaffen in der Lage sein könnte.

BOHMS IMPLIZITE ORDNUNG

Der Physiker David Bohm dürfte sich bei der Entwicklung einer interdisziplinären Theorie, die zwar auf der Physik fußt, sich aber nicht nur auf die Welt der Physik beschränkt, am weitesten vorangeschritten sein. Seine Ideen haben inzwischen größere Popularität erlangt als die jedes anderen modernen Wissenschaftlers, sieht man vom Mentor seiner Anfangsjahre, Albert Einstein, ab. Sie werden in Wissenschaftlerkreisen ebenso diskutiert, wie sie unter jungen Menschen, selbst in der New-Age-Bewegung Bewunderung erregen.

Bei aller Radikalität ist Bohms Konzept von einer fundamentalen Einfachheit und Anmut. Er geht von zwei Dimensionen der Wirklichkeit aus: Die eine tritt auf der äußeren Ebene der physikalischen und biologischen Erscheinungen zutage, die andere befindet sich auf einer tieferen Ebene, zu der wir nur indirekten Zugang haben. Eine vernünftige Beschreibung des Universums darf diese tiefere Ebene, die Bohm als impliziert (»implicate«) bezeichnet (worunter er »nach innen gefaltet« versteht), nicht übergehen.

Das entscheidende Merkmal der impliziten Ordnung liegt darin, daß alles, was sich in der expliziten (»explicate«) Ordnung von Raum und Zeit abspielt, in jene »eingerollt« ist. Das läßt sich gut am Bild des Wasserwirbels verdeutlichen. Ein Wirbel hat eine relativ konstante, stabile und stets wiederkehrende Form, dennoch kommt ihm abseits der Bewegung der Flüssigkeit, in der er sich bildet, keine eigene Existenz zu. So erweckt er zwar den Eindruck, als hätte er eine eigene und unabhängige Körperlichkeit, doch stammt seine Ordnung aus der Dynamik des strömenden

Wassers. In ähnlicher Weise erscheinen uns die Teilchen als eigene Größen, leiten sich in Wahrheit aber aus der darunterliegenden Ordnung her, in die sie »eingerollt« sind.

Bohm führt dieses Prinzip mit einem Apparat vor (er wurde am Royal Institute in London gebaut), der aus zwei konzentrischen Glaszylindern besteht, zwischen denen sich eine zähe Flüssigkeit wie beispielsweise Glyzerin befindet. Nachdem ein Tropfen von in Glyzerin nicht löslicher Tinte in die Flüssigkeit gegeben wurde, wird der äußere Zylinder in langsame Drehung versetzt. Der Tropfen wird daraufhin allmählich zu einer Perlenschnur auseinandergezogen. Bei einer genügend großen Anzahl von Umdrehungen scheint er sich gänzlich im Glyzerin zu verlieren. Werden zwei Tropfen in die Flüssigkeit gegeben, bildet sich aus jedem eine eigene Perlenschnur. Sofern sich diese Perlenschnüre überschneiden, vermischen sich die beteiligten Tintenpartikel miteinander. Sobald man jedoch die Drehrichtung der Trägerflüssigkeit umgekehrt, ziehen sich die Perlenschnüre wieder zu getrennten Tintentropfen zusammen. Bohm erklärt den Vorgang so, daß die Farbpartikel der Tinte im gesamten System – der Kombination aus Glyzerin und Tinte – eingerollt oder »implizit« sind.

Bohms Theorie hat auf methodischer Ebene tiefreichende Aspekte, die zwar kaum bekannt, aber von größter Tragweite sind. Sie betreffen die Wechselwirkung der impliziten und der expliziten Ordnung. Die Bewegung der Teilchen in der beobachtbaren Welt der expliziten Ordnung wird stets durch die implizite Ordnung gelenkt. Dies geschieht durch eine »Pilotwelle«, die als das Quantenpotential bezeichnet wird (ihr mathematisches Symbol ist *Q*). Ähnlich wie die Gravitationskonstante *G* durchzieht auch das Quantenpotential *Q* die gesamte Raumzeit, wobei *Q* jedoch seinen Ursprung in der impliziten Ordnung hat, die sich jenseits von Raum und Zeit befindet. Deshalb kommen den Teilchen selbst nicht die doppelte Eigenschaft von Welle und Teilchen zu – sie haben grundsätzlich Teilchencharakter. Ihr von uns beobachteter Wellencharakter ist die Wirkung der aus der impliziten Ordnung stammenden Pilotwelle auf ihre Teilchenstruktur.

Die manifeste Welt leitet sich unter Vermittlung durch das Quantenpotential aus der impliziten Ordnung als explizite Ordnung mit stabilen und stets wiederkehrenden Formen ab. Da in der impliziten Ordnung sämtliche Dinge bereits gegeben sind, gibt es in der Natur keine zufälligen Ereignisse. Alles, was in der expliziten Ordnung geschieht, ist ein Abbild der Ordnung des impliziten Bereichs. Quarks und Galaxien ebenso wie Organismen und Atome sind ein für allemal Teil der Ordnung, die der beobachtbaren und erfahrbaren Welt gegenübersteht.

HEISENBERGS QUANTENUNIVERSUM

Eine andere Theorie, die den Versuch unternimmt, unser Wissen vom physikalischen Universum mit den unmittelbaren Erfahrungen unseres Lebens und Bewußtseins in Einklang zu bringen, ist das Erbe Werner Heisenbergs, erweitert von dem Quantenphysiker Henry Stapp.

Heisenberg selbst verhielt sich gegenüber den philosophischen Implikationen der Quantentheorie nicht eindeutig und schwankte zwischen einer idealistischen und einer physikalisch-materialistischen Interpretation. Zum Beispiel schrieb er, daß »wir letztlich davon ausgehen müssen, daß die Gesetze der Natur, die wir in der Quantentheorie mathematisch formulieren, sich nicht mehr mit den Teilchen selbst befassen, sondern damit, was wir von den Elementarteilchen wissen ... Die Vorstellung einer objektiven Existenz dieser Teilchen hat sich somit verflüchtigt ... in die durchsichtige Klarheit einer Mathematik, die nicht mehr das Verhalten der Elementarteilchen beschreibt, sondern vielmehr unser Wissen von diesen Teilchen.« Andererseits schrieb Heisenberg aber auch: »Wenn wir beschreiben möchten, was bei einem atomaren Ereignis geschieht, müssen wir uns darüber im klaren sein, daß das Wort ›geschieht‹ ... sich auf den physikalischen und nicht auf den psychischen Vorgang der Beobachtung bezieht, und wir können sagen, daß der Übergang vom Zustand der Möglichkeit in den der Wirklichkeit sich in dem Moment vollzieht, wo die Wechselwirkung zwischen dem Objekt und der Meßapparatur und damit mit der übrigen Welt ins Spiel kommt; er ist nicht an den Vorgang der Kenntnisnahme des Ergebnisses durch das Bewußtsein des Beobachters gebunden.«

Wenn der Übergang vom »möglichen« in den »wirklichen« Zustand (also der »Zusammenbruch der Wellenfunktion«) auf die Wechselwirkung zwischen Meßapparatur und Teilchen zurückgeht, dann ist die Quantenwelt, mit der sich unsere Beobachtung befaßt, offensichtlich eine physikalische Realität. Falls jedoch die Wellenfunktion anläßlich der Registrierung des Versuchsergebnisses im Bewußtsein des Beobachters zusammenbricht, ist die Welt der Quanten jenseits der konkreten Beobachtung eine ihrem Wesen nach idealistische, also durch die Tätigkeit des Bewußtseins erzeugte Welt. Die erste Alternative beschreibt die Position der sogenannten »ontologischen« Interpretation der Quantenmechanik im Gegensatz zum »idealistischen« Standpunkt der letzteren – dem Kennzeichen der sogenannten Kopenhagener Schule um Niels Bohr.

Stapp entschied sich für den ontologischen Standpunkt und erweiterte dessen Geltungsbereich über die Quantenphysik hinaus auf den Bereich makroskopischer Erscheinungen. Dies ergibt das um großräumige nichtklassische Effekte ergänzte »Heisenbergsche Quantenuniversum«.

Das Quantenuniversum kommt ohne Bohms auf einer impliziten Ordnung fußendes Quantenpotential aus. Es behält jedoch die Vorstellung bei, daß die in der Quantentheorie auftretende Wahrscheinlichkeitsverteilung auch in der Natur und nicht bloß im Kopf des Beobachters existiert. Die Quanten-Wahrscheinlichkeitsverteilung und deren gelegentliches sprunghaftes Verhalten geben die Wirklichkeit vollständig wieder.

Daraus ergibt sich, daß sich bei der Entwicklung der physikalischen Welt zwei Phasen abwechseln: Allmähliche Entwicklungsphasen gemäß deterministischer Gesetze, die in Analogie zu den Gesetzen der klassischen Physik aufgefaßt werden können, unterbrochen von gelegentlichen Phasen abrupter und unkontrollierter Quantensprünge. Von den vielen durch die deterministischen Gesetze zugelassenen Möglichkeiten werden in diesen Sprüngen ganz bestimmte makroskopische Möglichkeiten realisiert. Die Wechselwirkung, die die Wellenfunktion zusammenbrechen läßt, das sogenannte »Ereignis«, findet in einer Situation statt, in der die Quanten-Wahrscheinlichkeitsverteilung durch deterministische Gesetze abgetragen und in einzelne deutlich voneinander abgegrenzte alternative Zweige aufgespalten worden ist. Das Ereignis aktualisiert eine dieser Alternativen und eliminiert sämtliche anderen. Im Heisenbergschen Quantenuniversum beschränken sich die aktualisierbaren Alternativen nicht ausschließlich auf die mikroskopische Welt – es kann durchaus auch ein makroskopisches und der direkten Beobachtung zugängliches Ereignis sein.

Nach Stapp liefert das Heisenbergsche Quantenuniversum eine kohärente quantenmechanische Erklärung von biologischen und sogar von Bewußtseinsphänomenen. Obwohl in diesem Universum der in seiner Entfaltung begriffene Quantenzustand zum Teil auch von mathematischen Gesetzen bestimmt ist, die in ihrer Struktur analog zu denen der klassischen Physik sind, bezieht er sich nicht auf etwas Substantielles, sondern repräsentiert lediglich den Grad der Möglichkeit und Wahrscheinlichkeit bestimmter Ereignisse. Als Folge davon ist das Universum nicht mehr etwas Materielles, sondern es hat eine bewußtseinsähnliche Struktur angenommen. Die materiehaften Aspekte der Phänomene beschränken sich auf bestimmte (nicht-klassische) mathematische Eigenschaften, die genausogut als Merkmale einer in Entwicklung begriffenen bewußtseinsartigen Welt verstanden werden können.

Die Implikationen der klassischen Physik, die für Geist und Bewußtsein keinen Raum lassen, werden vom Heisenbergschen Quantenuniversum auf den Kopf gestellt: Hier bleibt kaum noch ein natürlicher Ort für die *Materie* übrig.

Wenn diese nicht-klassischen mathematischen Verfahrensweisen als charakteristisch für eine wesentlich bewußtseinsartige Welt akzeptiert werden, dann, so schließt Stapp, »dürften wir in der Quantentheorie die Basis für eine Wissenschaft gefunden haben, die in der Lage sein könnte, sich auf mathematisch und logisch kohärente Weise mit der ganzen Bandbreite des wissenschaftlichen Denkens zu befassen, von der Atomphysik über die Biologie bis zur Kosmologie, einschließlich jenes im Rahmen der klassischen Physik so rätselhaft gebliebenen Gebietes, nämlich der Beziehung zwischen den menschlichen Gehirnprozessen und dem Strom der bewußten menschlichen Erfahrung«.

PRIGOGINES DISSIPATIVE SYSTEME

Stapps idealistisches Konzept von einem Heisenbergschen Quantenuniversum legt uns nahe, unsere Überzeugung von einem »materieartigen« Universum aufzugeben. Es können aber alternative Formen der transdisziplinären Vereinheitlichung gefunden werden, bei denen die physikalische Welt als eine grundsätzlich materiehafte Welt beibehalten wird. Diese Art von Theorien betrachtet Leben und Bewußtsein als Faktoren, die sich im Laufe der andauernden Evolution des Universums herausgebildet haben.

Die Theorien, die in der Evolution den Schlüssel zur interdisziplinären Vereinheitlichung sehen, gehen von der Beobachtung aus, daß die Natur im Laufe der Zeit immer komplexere Strukturen aufbaut. Die natürlichen Entwicklungsprozesse gehen kontinuierlich, wenn auch manchmal sprunghaft und nicht-linear weiter.

Aus Elementarteilchen bilden sich Atome, aus Atomen wiederum Moleküle und Kristalle. Die Moleküle ihrerseits organisieren sich zu Makromolekülen und noch komplexeren Zellstrukturen, wie wir sie in der Welt des Lebendigen antreffen. Schließlich bilden sich vielzellige Organismen, die ihrerseits soziale und ökologische Systeme entstehen lassen. Es ist nicht notwendig, ja nicht einmal vernünftig anzunehmen, daß jeder dieser Aufbauprozesse seine eigenen Gesetzmäßigkeiten hat. Die gleichen fundamentalen Naturgesetze, die als die Algorithmen der Natur anzusehen sind, können dynamische Wechselwirkungen anstoßen, wodurch sich der Grad der Komplexität steigert, von den physikalischen Teilchen bis zu aus lebenden Organismen aufgebauten Systemen. Diese Algorithmen sind auf allen Gebieten der Natur als die Grundgesetze der Evolution anzusehen. Die transdisziplinären Großen Vereinheitlichten Theorien, die diese Grundgesetze formulieren, würden somit die allgemeine Theorie der Evolution darstellen.

Allgemeine Evolutionstheorien wurden bis vor einigen Jahrzehnten von der Philosophie formuliert, die die Schlaglöcher der wissenschaftlichen Erklärungen mit spekulativen Erkenntnissen auffüllte. Dennoch sind Werke wie Henri Bergsons »Evolution créative«, Herbert Spencers

»First Principles«, Samuel Alexanders »Space, Time and Deity«, Teilhard de Chardins »Die Entstehung des Menschen« und Alfred North Whiteheads »Prozeß und Realität« Meilensteine des evolutionären Denkens.

In jüngerer Zeit sind Konzepte und Theorien entwickelt worden, die die Evolution als eine übergreifende Erscheinung aus dem Bereich der spekulativen Philosophie auf die Ebene der wissenschaftlichen Forschung übernommen haben. Als Pionier dieser Gattung der Vereinheitlichten Theorien ist Ilya Prigogine mit seinen Arbeiten über die Thermodynamik offener Systeme und unumkehrbarer Prozesse hervorgetreten.

Prigogine gehörte zu den ersten Forschern, denen beim Studium evolutionärer Prozesse deren vereinheitlichende Implikationen auffielen. Ein lebendes System, sagte er, ist nicht wie ein Uhrwerk, das durch die einfachen kausalen Beziehungen erklärt werden kann, die zwischen seinen einzelnen Teilen herrschen. In einem Organismus stellt jedes Organ und jeder Prozeß eine Funktion des Ganzen dar. Ein ähnlicher Ansatz, fügte er hinzu, sei auch in den Sozialwissenschaften notwendig. Die Theorie der unumkehrbaren Entwicklung offener thermodynamischer Systeme lasse sich auf die physikalische Chemie, auf biologische Systeme und daher auch auf den Menschen und seine Sozialsysteme anwenden.

Um die Bedeutung dieser Theorie zu erkennen, müssen wir uns bewußt sein, daß sich die klassische Thermodynamik mit der Energieumwandlung in geschlossenen Systemen befaßte, in denen geordnete Zustände zwangsläufig in Chaos übergehen. Für die Physik des 19. Jahrhunderts bestand die letzte Konsequenz dieses Gedankens in einem allmählichen Ende des gesamten Universums, dem sogenannten »Wärmetod«. Doch seit der ersten Hälfte des 20. Jahrhunderts haben sich die Wissenschaftler mit neuen Ansätzen beschäftigt. Lars Onsagers 1931 veröffentlichte Studie »Reciprocal Relations in Irreversible Processes« (Reziproke Beziehungen in unumkehrbaren Prozessen) versuchte unumkehrbare Prozesse zu beschreiben, die ein System vom thermodynamischen Gleichgewicht fort-, nicht etwa auf dieses zusteuern lassen. Im Jahre 1947 befaßte sich Ilya Prigogine in seiner Doktorarbeit mit dem Verhalten von Systemen, die weit entfernt vom Gleichgewichtszustand angesiedelt sind, und in den frühen sechziger Jahren erarbeiteten Aharon Katchalsky und

P. F. Curran die mathematischen Grundlagen für den neuen Wissenschaftszweig der Ungleichgewichts-Thermodynamik. Diese Forscher führten den Nachweis, daß die klassische Thermodynamik durch ihre Konzentration auf allmähliche Veränderungen in geschlossenen Systemen die Auseinandersetzung mit den Systemen der Wirklichkeit verfehlt hatte. Die wirkliche Welt ist voll ungleichgewichtiger Systeme, die sich nicht linear entwickeln und die gegenüber der in ihrer Umgebung fluktuierenden freien Energie offen sind. Sie beziehen aus ihrer Umgebung negative Entropie (Entropie ist die physikalische Benennung für das in einem System herrschende Maß an Ordnung, das durch den Grad der Verfügbarkeit von freier Energie angezeigt wird) und exportieren, oder, wie Prigogine sagt, »dissipieren« Entropie (verbrauchte Energie) in diese Umgebung zurück. Derartige Systeme bilden die Basis des Lebens – oder wie es Schrödinger Mitte dieses Jahrhunderts ausdrückte: »Das Leben nährt sich von der Negentropie.«

Da vom Gleichgewichtszustand weit entfernt arbeitende offene Systeme Entropie »dissipieren«, nannte Prigogine diese Systeme »dissipative Systeme« (oder auch dissipative Strukturen). Solche Systeme können sich in einem stationären Zustand befinden (wenn die von ihnen produzierte Entropie und die aus ihrer Umgebung importierte negative Entropie sich genau die Waage halten). Sie können aber auch wachsen und komplexer werden (wenn ihr Import an negativer Entropie größer ist als die Entropie, die durch unumkehrbare Prozesse innerhalb des Systems produziert wird). Dissipative Systeme können nicht funktionieren, wenn ihr Import an freier Energie ihre interne Entropie-Produktion nicht ausgleicht.[1]

Die Dynamik dissipativer Systeme liefert eine Grundlage für das Verständnis der fortschreitenden Komplexität, die wir in der Natur antreffen. In Systemen weit vom thermodynamischen Gleichgewicht setzen die komplexitätserhöhenden Prozesse ein, sobald eine innerhalb des Systems selbst oder in seiner Umgebung stattfindende kritische Fluktuation dieses System destabilisiert. Das destabilisierte System findet entweder von selbst zu einem neuen dynamischen Gleichgewicht zwischen seiner Negentropie-Aufnahme und seiner Entropie-Produktion, oder es tritt in einen chaotischen Zustand ein, der seine Umformung, wenn nicht gar seine Auflösung einleitet.

Wenn ein dissipatives System erfolgreich zu einem neuen dynamischen Gleichgewicht findet, besteht eine statistisch signifikante Wahrscheinlichkeit, daß der neue Zustand ein höheres Maß an Struktur und Komplexität aufweist als der Zustand, der aufgegeben wurde. Das bedeutet, daß bei einer gegebenen größeren Anzahl von dissipativen Systemen durch zufällige Fluktuationen ausgelöste Instabilitäten dafür sorgen, daß eine signifikante Zahl dieser Systeme noch weiter vom trägen Zustand des thermischen Gleichgewichts ab- und auf das bemerkenswerte, wenn auch inhärent instabile, dynamische Gleichgewicht zuwandert, in dem Leben – und vielleicht Bewußtsein – auftreten können.

Das zufällige Zusammenspiel von kritischen Fluktuationen und die Transformationen, die auf die Destabilisierung des vorherigen Systemzustandes folgen, ist das entscheidende Element, durch das sich die transdisziplinäre Vereinheitlichte Theorie von Ilya Prigogine definiert. Systeme aus sämtlichen Bereichen werden durch ihre Dynamik beschrieben, seien es physikalische, chemische, biologische, ökologische oder sogar menschliche.

In der neuen Physik werden kühne Versuche zum Aufbau Vereinheitlichter Theorien unternommen, mit dem Ziel, die in einem gegebenen Bereich der Forschung erzielten Ergebnisse unter einen Hut zu bringen. Diese Versuche werden von noch kühneren Bemühungen zur Schaffung transdisziplinärer Theorien flankiert, in der Hoffnung, die Ergebnisse eines breiten Spektrums von Wissenschaften vereinheitlichen zu können, zu denen nicht nur die Physik, sondern auch die Biologie und die Geisteswissenschaften gehören.

Bei den Theorien der transdisziplinären Vereinheitlichung kann man zwei Kategorien unterscheiden: solche, die den Geltungsbereich und die Gesetze der Physik dahingehend zu erweitern versuchen, daß diese auch auf die Welt des Lebendigen Anwendung finden können, und solche, die sich mit der Dynamik beschäftigen, durch die sich aus der zunächst rein physikalischen Welt allmählich Phänomene entwickeln, die nicht mehr rein physikalischer Art sind. Vereinheitlichte Theorien der zweiten Kategorie, die sich auf die Evolution beziehen, versprechen, uns ein neues Verständnis dafür zu liefern, wie aus dem physikalischen Universum zunächst das Leben und dann das Bewußtsein als Teile des allgemeinen Prozesses der Selbstorganisation und Selbsterschaffung hervorgegangen sind.

Anmerkung

1 In der Formelsprache von Prigogines Theorie der dissipativen Systeme wird die Veränderung der Entropie durch die Formel $dS = d_iS + d_eS$ angegeben, wobei dS die Gesamtveränderung der Entropie des Systems bedeutet, d_iS die Veränderung der Entropie, die durch irreversible Prozesse innerhalb des Systems eintritt, und d_eS die Entropie, die aus der Umgebung in das System gelangt. In einem isolierten System ergibt dS stets einen positiven Wert, denn dS wird allein durch d_iS bestimmt, das bei einem Arbeit verrichtenden System notwendigerweise ein wachsender Wert ist. In einem offenen dissipativen System ist es jedoch möglich, daß d_eS die innerhalb des Systems produzierte Entropie ausgleicht oder sie sogar übersteigt. In dissipativen Systemen muß dS daher nicht positiv sein, es kann auch den Wert null oder einen negativen Wert annehmen.

3 VEREINHEITLICHTE THEORIEN: DER HEUTIGE STAND

Umfang und Tiefgründigkeit der heutigen vereinheitlichenden Theoriebildung sind beeindruckend. Doch wie anerkannt sind diese Theorien tatsächlich? An dieser Stelle sollten wir versuchen, eine Einschätzung der derzeitigen Lage zu geben, und zwar zunächst hinsichtlich der auf der Physik aufbauenden GUTs – der Großen Vereinheitlichten Theorien.

STÄRKEN UND SCHWÄCHEN DER GUTS

Im Hinblick auf die GUTs sind die Physiker zu großartigen Ergebnissen gelangt, deren Reichweite ebenso beeindruckend ist wie die mathematische Präzision der Berechnungen. Ein neues Bild des Universums zeichnet sich ab – ein in hohem Maß vereinheitlichtes Bild. In diesem Bild leiten sich aus einer einzigen einheitlichen »Superkraft« die Teilchen und die Kräfte des Universums ab und spalten sich in verschiedene dynamische Ereignisse auf, die weiterhin in dauernder Wechselwirkung miteinander stehen. Die Raum-Zeit-Struktur ist ein dynamisches Kontinuum; Teilchen und Kräfte sind integrale Bestandteile dieses Kontinuums. Jedes Teilchen, jede Kraft wirkt auf alles andere ein – in der Natur gibt es keine getrennten Kräfte und Gegenstände, nur verschiedene Gruppen von in Wechselwirkung stehenden Ereignissen mit jeweils unterschiedlichen Eigenschaften.

Die Vorstellung von einem festgefügten Urgrund aller Wirklichkeit hat sich als unnötiger Ballast erwiesen, der von den klassischen Vorstellungen übriggeblieben ist. Diese Vorstellung versuchte, alles, was es gibt, als eine Kombination der Eigenschaften von Grundbausteinen zu erklären, die man in den Atomen gefunden zu haben glaubte. Heute ist eine Reihe von abstrakten und unsichtbaren Teilchen an die Stelle der einstigen, Billardkugeln gleichenden Atome, die sich unter dem Einfluß äußerer Kräfte bewegen, getreten. Die Prozesse der physikalischen Welt werden nicht mehr den Bewegungsgesetzen zugeschrieben, die für das Verhalten von einzelnen Partikeln gelten. Ebenso wenig wird die physikalische Wirklichkeit aus Gruppen von fundamentalen Gegebenheiten abgeleitet, selbst wenn hierfür Atome nicht mehr in Frage kommen, sondern Quarks, in Wechselwirkung stehende Teilchen, Superstrings oder bislang nicht entdeckte, noch abstraktere Gefüge. Das ist ein wichtiger Schritt, denn es ist kaum anzunehmen, daß Erscheinungen von einem Grad der Komplexität, der für die Phänomene des Lebens typisch ist, durch Gleichungen beschreibbar sein sollten, die sich ausschließlich auf die kleinsten Bausteine des Universums beziehen.

Das Bild eines in Wechselwirkungen stehenden und sich selbst organisierenden Universums wird seine Gültigkeit behalten, ungeachtet des großen Verschleißes an Theorien, die diesem Bild Konturen zu verleihen versuchen. Man kann sich schwer die Rückkehr der Physik zu einem Weltbild vorstellen, in dem die materiellen Dinge und die bewegenden Kräfte getrennte Größen sind. Man muß andererseits feststellen, daß die GUTs zwar technisch ausgefeilte Theorien darstellen, was sie eigentlich aussagen und bedeuten, ist bislang aber nicht hinreichend artikuliert worden. Die Wissenschaftler waren zu sehr damit beschäftigt, diejenigen mathematischen Verfahren zu entwickeln, die eine Vereinheitlichung der von ihnen beobachteten Phänomene zu leisten in der Lage sind, um sich eingehend um die Implikationen ihrer Formeln zu kümmern. Die traditionellen Vermittler und Kritiker des zeitgenössischen Wissens, die Philosophen, haben sich bislang zum großen Teil aus der Diskussion herausgehalten. Mit wenigen Ausnahmen haben sie den Anschluß an die neuesten Entwicklungen noch nicht gefunden.

Der Mangel an philosophischen Konzepten macht sich bemerkbar. In der Begeisterung der ersten Erfolge haben sich manche Wissenschaftler zu der Behauptung hinreißen lassen, daß ihre GUTs alles und jedes erklären könnten. Doch es wäre zweifellos zu hoch gegriffen, wollte man die physikalischen GUTs und Super-GUTs als »Alleskönner-Theorien« (englisch »TOE: Theory of everything«) bezeichnen.

Wie wir bereits dargestellt haben, können die GUTs die in Raum und Zeit voranschreitende Höherstrukturierung der Materie nicht hinreichend erklären. Wir haben aber auch gesehen, daß eine theoretische Formulierung der Gesetze, unter denen sich der stetige Aufbau von Struktur und Komplexität im Universum vollzieht, zumindest möglich ist. Es stellt sich die Frage, ob eine solche Theorie durch eine Erweiterung der physikalischen Gesetze zustande kommen kann oder ob es nötig sein wird, über den Bereich der Physik hinauszugehen.

Es ist offensichtlich, daß die komplexeren Bereiche der Natur nicht mehr zum Reich der Physik gehören – die herkömmlichen physikalischen Theorien verlieren hier ihre Gültigkeit. Doch vielleicht ist es möglich, die heutigen physikalischen Theorien dergestalt zu verallgemeinern – oder nötigenfalls mit zusätzlichen Faktoren zu vervollständigen –, daß sie auch jenseits der Physik angewendet werden können.

STÄRKEN UND SCHWÄCHEN DER TRANSDISZIPLINÄREN VEREINHEITLICHTEN THEORIEN

David Bohms Ideen nehmen unter den Theorien, die über den Bereich des Physikalischen hinausgehen, einen hervorgehobenen Platz ein. Wie beschrieben, versuchte er, die Vorstellungswelt der Quantenphysik mittels einer zusätzlichen Komponente zu vervollständigen: den Faktor *Q*, eine Pilotwelle, die aus der fundamentalsten Dimension des Universums stammt – Bohm nennt sie die implizite Ordnung.

Diese implizite Ordnung enthält in einer holographisch umfassenden Form alles, was in der expliziten Ordnung existiert; die Bewegung des Eingehens in diese Ordnung und des wieder Hervorgehens aus ihr nennt Bohm Holobewegung. Die Gebilde, denen wir in unserer Erfahrungswelt begegnen, sind Elemente der impliziten Ordnung, die durch die Holobewegung hervorgebracht werden. Selbst wenn solche Gebilde stabil, unabhängig und autonom erscheinen, sind sie ebenso eine Erscheinungsform der impliziten Ordnung, wie ein Strudel die Erscheinungsform der fließenden Bewegung einer Flüssigkeit ist. »Die explizite Ordnung … ist nur eine Annäherung und kann losgelöst von ihrer Wurzelung in der primären Realität der impliziten Ordnung, das heißt der Holobewegung, nicht ganz verstanden werden. Alles, was man in der expliziten Ordnung antrifft, kommt aus der Holobewegung und fällt letztlich in diese zurück.«[1]

Bohms Gedankengang zur Gleichsetzung der »Holobewegung« mit der »impliziten Ordnung« fußt auf einer Kette von theoretischen Überlegungen, die ihn überhaupt erst zum Konzept der impliziten Ordnung gelangen ließen. Wie seine Mitarbeiter Basil Hiley und David Peat notieren, wollte Bohm die traditionelle Auffassung von Teilchen und sich in Interaktion befindenden Feldern in einer kontinuierlichen Raumzeit überwinden und sie durch die Vorstellung eines »Strukturprozesses« ersetzen. In der topo-chronologischen Herangehensweise, die er wählte, wird die Existenz von Materie und von Feldern durch einen Bruch in der Raum-Zeit-Hintergrundstruktur angezeigt. So ist die Welt der Materie im Grunde ein Bruch in der Ganzheit des Kosmos – einer Ganzheit, die im Zustand des Vakuums gründet, das er als eine Hintergrundmatrix voller undifferenzierter Aktivität sieht. Die Aktivität des Vakuums ist die Basis; die physikalische Welt, wie sie sich der Beobachtung darstellt, ist lediglich die Bühne für die quasi-stabilen, halbautonomen Ganzheiten, die als Resultat dieser Aktivität ins Leben gerufen werden. Raumzeit selbst ist nur ein Derivat der Holobewegung als Aktivität des Vakuums.

Von dieser Vorstellung der Vakuumaktivität ist es nur ein Schritt zur impliziten Ordnung. Vakuumaktivität generiert einen Fluß in der impliziten Ordnung, und die unveränderlichen Charakteristika des Fließens stellen die explizite Ordnung dar. Das, was in der Hintergrundstruktur verbleibt – die nicht-unveränderlichen Charakteristika des Fließens, ist die implizite Ordnung. Verständlicherweise sieht Bohm von diesem Ansatz her die Holobewegung als primäre Realität an: Sie ist es, die die explizite Ordnung kreiert, während der Rückstand dieses generativen Prozesses die implizite Ordnung darstellt. Doch das Problem dieser Sichtweise liegt darin, daß wir, obwohl die Holobewegung des Eingehens und wieder Hervorgehens die primäre Realität ist, sie empirisch nicht erfahren können – all unsere Beobachtungen betreffen die explizite Ordnung: die sekundäre Wirklichkeit.

Die beiden unterschiedlichen Formen der Realität erinnern an das klassische philosophische Problem der »primären« (wie räumliche Ausdehnung und zeitliche Dauer) und der »sekundären« Qualitäten (zum Beispiel Farbe und Klang). Wie Bohms implizite Ordnung stellen die primären Qualitäten die eigentliche Wirklichkeit dar, die wir jedoch nicht kennen oder nicht erkennen können; sekundäre Qualitäten dagegen machen, wie Bohms explizite Ordnung, die wahrnehmbare und beobachtbare Welt aus, doch sie sind nicht wahrhaft real. Während letztere, wie Alfred North Whitehead es in einem Wortspiel ausdrückt, Illusion ist, ist die erstere Traum.

Beim von Henry Stapp bevorzugten und entsprechend ausgelegten Heisenbergschen Quantenuniversum liegt das Problem an einer anderen Stelle. Wenn wir die Gesetze der Quantenphysik auf makroskopische Vorgänge anwenden, erhalten wir eine Welt des Wechsels von Determinismus und Zufall. Deterministische Gesetze erzeugen alternative Möglichkeiten, wobei durch die Wechselwirkung eines Teilchens mit einem beliebigen Teil der übrigen Welt eine der Alternativen aktualisiert, sämtliche anderen dagegen zunichte gemacht werden. Hiermit könnte ein universaler Prozeß gefunden worden sein, der die Grundlage nicht nur des Verhaltens von Teilchen, sondern auch von komplexen Systemen wie lebenden Organismen und bewußtseintragenden Gehirnen abzugeben verspricht. Dieses Versprechen wird allerdings nur zum Teil eingelöst.

Eines der Probleme liegt darin, daß keine Theorie und keine Gesetzmäßigkeit auszumachen sind, die erklären könnten, nach welchen Kriterien ein Quantenereignis die Auswahl zwischen den vorhandenen Alternativen trifft. Dieser Entscheidungsprozeß bleibt unerklärt und wird dem Zufall anheimgegeben. Das öffnet einer gewissen willkürlichen Zufälligkeit die Tür, die sich mit den empirischen Befunden nicht vereinbaren läßt.

Doch ist dies nicht das einzige Problem. Im Makrobereich, auf den sich die Theorie anwenden lassen soll, findet ein unablässiger Auswahlprozeß statt, der dazu führen müßte, daß die Wellenfunktion sämtlicher Objekte unablässig zusammenbricht. Man mag sich damit abfinden, daß ein Photon auf dem Weg von der Lichtquelle, die es abstrahlt, zur Zählapparatur, die es registriert, Wahlmöglichkeiten für seine Wechselwirkung hat (und sich somit in einem probabilistischen Quantenzustand befindet). Es ist aber völlig ungeklärt, ob es zulässig ist, einen Organismus oder ein anderes System des Makrobereichs als in einem so hohen Maße von seiner Umgebung isoliert zu verstehen, daß es sich in einem dem Teilchen vergleichbaren »reinen« Zustand befindet. Falls sich ein derartiges System in einem »verunreinigten« Zustand befindet – das heißt, sofern es mit irgendeinem Bestandteil seiner Umgebung in Wechselwirkung steht –, muß seine Wellenfunktion zusammenbrechen. In einem Heisenbergschen Quantenuniversum wäre dies andauernd der Fall. In Regionen mit hinreichend großer Materiedichte, wie etwa unserer Welt, würden die dynamischen Gesetzmäßigkeiten durch die Häufigkeit der »Ereignisse« blockiert. Ein Angebot von alternativen Möglichkeiten käme gar nicht zur Entfaltung.

Vielleicht ist das Unterfangen, die Theorien der Physik überhaupt auf die Welt des Lebens und des Bewußtseins anwendbar zu machen. Wenn dem so ist, dürfte die mit der Evolution operierende Spielart der transdisziplinären Vereinheitlichenden Theorien die bessere Alternative darstellen.

Prigogine hat die Entwicklungsdynamik entdeckt, die in jenen Systemen herrscht, die weit außerhalb des thermodynamischen Gleichgewichts angesiedelt sind. Systeme in diesem »dritten Zustand« (nicht im oder nahe beim Gleichgewicht) zeigen ein bemerkenswertes Verhalten. Wenn sie durch Veränderungen destabilisiert werden, streben sie nicht einem neuen Gleichgewicht zu, sondern sie strukturieren ihre inneren Kräfte dergestalt um, daß sie mehr von der in ihrer Umgebung verfügbaren freien Energie verarbeiten und speichern können. Als Folge davon kommen sie nicht etwa allmählich zum Stillstand, sondern sie entwickeln sich zu noch dynamischeren und komplexeren Systemen.

Bei näherer Betrachtung zeigt auch der thermodynamische Lösungsansatz trotz seiner Brillanz einige merkliche (vielleicht aber behebbare) Mängel. Die Schwierigkeit tritt auf, sobald sich die evolutionäre Entwicklungsbahn eines solchen stark ungleichgewichtigen Systems aufgabelt: In diesem Moment ist es vollkommen dem Zufall ausgeliefert. Prigogine kann die »Wahl«, die das System in diesem Moment trifft, um nach einer entwicklungsgeschichtlichen Aufgabelung einem neuen dynamischen Zustand zuzustreben, ebensowenig erklären wie Stapp die »Entscheidung« eines Teilchens für einen bestimmten deterministischen Zustand, nachdem es mit dem übrigen Universum in Wechselwirkung getreten ist. In Prigogines ungleichgewichtigem Universum wie im Heisenbergschen Quantenuniversum bleibt die Evolution ein reines Zufallsprodukt.[2]

Hier liegt das Problem. Sofern das Ergebnis einer Transformation weder von der Vergangenheit des jeweiligen Systems noch vom Zustand des Universums abhängig ist, kann nur noch der Zufall darüber bestimmen, welchen neuen dynamischen Zustand das System anstrebt. Betrachtet man nur *ein* System, bleibt die evolutionäre Entwicklung unvorhersehbar, betrachtet man *viele*, müßte sich ein völlig verwirrendes Bild ergeben. Wenn die Evolution dissipativer Systeme von einer Zufallsdynamik vorangetrieben würde, dann hätten diese Systeme die Tendenz, sich nicht nur sehr unterschiedlich, sondern voneinander fort zu entwickeln. Selbst bei gleicher Ausgangslage und identischem innerem Zustand würden keine zwei Systeme auf die gleichen äußeren Einflüsse treffen und die gleichen inneren Fluktuationen aufweisen – daher müssen sie sich auf unterschiedliche Entwicklungspfade begeben. Prigogine sprach nicht ohne Grund von einem dem Evolutionsprozeß zugrunde liegenden Drang zur Differenzierung.[3]

Doch wenn sich die Systeme im Laufe der Zeit mehrheitlich auseinanderentwickeln würden, müßten wir eine inkohärente Vielfalt von hochausdifferenzierten Systemen konstatieren, anstatt der unübersehbaren kohärenten Ordnung, die sich an den kosmologischen Konstanten und den physikalischen und chemischen Prozessen ablesen läßt – ganz zu schweigen von den geradezu erstaunlich aufeinander abgestimmten biologischen und ökologischen Systemen. Eine Theorie, die den Fakten gerecht werden soll, darf nicht bei der Erklärung der Dynamik der *Divergenz* stehenbleiben; sie muß auch die Dynamik der *Konvergenz* beschreiben.

ERSTE FOLGERUNGEN

Welche Schlußfolgerungen lassen sich aus dieser Zusammenfassung des heutigen Standes der Vereinheitlichten Theorien ziehen?

Man kann durchaus sagen, daß die derzeitigen Versuche, eine einheitliche Theorie über die beobachtbare und experimentell nachprüfbare Welt zu entwickeln, zu bemerkenswerten Erkenntnissen geführt haben, doch eine endgültige Theorie steht noch aus. Die Situation ist jedoch nicht hoffnungslos: Die Mängel sind im Prinzip behebbar. Es gibt keinen in der Sache selbst liegenden Grund, weshalb eine Theorie, die eine einheitliche Erklärung aller Phänomene der physikalischen und der belebten Welt zu liefern in der Lage ist, nicht aufgestellt werden könnte. Warum sollte die Wissenschaft nicht im Prinzip imstande sein, alle (oder fast alle) Dinge zu erfassen, die das Universum bevölkern? Die Lehren, die wir aus den bisherigen Anstrengungen gezogen haben, könnten uns den Weg weisen.

Grundsätzlich ist festzustellen, daß die allgemeinen Evolutionstheorien sich zwar auf dem richtigen Weg befinden, doch sie sollten weiterentwickelt werden – sie müssen sich dem Problem des Zufalls und der zufälligen Divergenz stellen. Zu diesem Zweck wäre es sinnvoll, die Existenz von Feldern in ihre Überlegungen einzubeziehen, die von anderer Art sind als die Felder der Gravitation, des Elektromagnetismus und der starken und schwachen Kernkraft. Gibt es in der Natur neben diesen genannten vier immensen Feldern noch andere Felder und Kräfte? Es wäre möglich. Es könnte zum Beispiel *superschwache* Kräfte geben, die vom derzeitigen Instrumentarium der Physiker noch nicht registriert werden können, die aber durchaus auf die indeterministischen Bewohner der Quantenwelt einwirken, ja möglicherweise sogar auf gewisse hochkomplexe und hochsensible Systeme der makrokosmischen Welt wie die Genome des menschlichen Nervensystems. Ihre Einwirkung könnte von großer Bedeutung sein. Wie kann sich zum Beispiel ein aus Atomen und Molekülen aufgebautes Universum – und wie können sich aus denselben Bausteinen zusammengesetzte Himmelskörper – auf wahrscheinlichkeitsgesteuerte, jedoch nicht zufällige und beliebige Weise zu höheren

Formen der Organisation entwickelt haben? Haben wir es hier mit einem fünften, superschwachen Feld zu tun, das im Schoße der Natur seine feinen Fäden zwischen Teilchen, Atomen, Molekülen, Zellen, Organismen und ganzen Ökologien spinnt? Die Einbettung in dieses Feld könnte dazu führen, daß die vielen Systeme, die in der Natur entstehen und sich entwickeln, obwohl unterschiedlich, sich jedoch zu immer höheren Systemen und Metasystemen zusammenfinden können. Dieses fünfte Feld könnte der Grund für Vielfalt und Ordnung zugleich sein. Es könnte uns die Einheitlichkeit und Geschlossenheit des großen Entwicklungsbogens der Natur verstehen lassen, der sich von mikroskopischen Quanten zu makroskopischen Organismen bis hin zum menschlichen Bewußtsein spannt.

Ein fünftes Feld verspricht, der Wissenschaft den Schlüssel für eine umfassende und geschlossene Erklärung von praktisch allem, was sich im Universum entwickelt, zu liefern. Mit diesem faszinierenden Unterfangen werden wir uns im vierten und letzten Teil dieser Studie befassen.

Anmerkungen

1 Laut Prigogine wird der Evolutionsprozeß eines Systems durch ein im System wirkendes Element des Zufalls vorangetrieben. »Nur dann, wenn sich ein System in hinreichendem Maße zufällig verhält, kann der Unterschied zwischen seiner Vergangenheit und Zukunft, und somit die Unumkehrbarkeit, zu seinem Merkmal werden«, schrieb er zusammen mit Isabelle Stengers in dem Buch »Order out of Chaos«. »Der ›historische‹ Pfad, an dem entlang sich ein System entwickelt, während seine Steuerungsparameter zunehmen, ist dadurch gekennzeichnet, daß sich stabile Perioden, in denen deterministische Gesetze dominieren, mit instabilen Abschnitten vor den Gabelungspunkten abwechseln, wo das System zwischen zwei oder mehr möglichen zukünftigen Entwicklungen ›wählen‹ kann. Der deterministische Charakter der kinetischen Gleichungen, mit denen die möglichen Zustände und ihre jeweilige Stabilität berechnet werden können, und die ›Zufälligkeit‹ der Fluktuationen, die vor den Gabelungspunkten die ›Wahl‹ zwischen den Zuständen entscheiden, sind untrennbar miteinander verwoben. Diese Mischung aus Notwendigkeit und Zufall ist grundlegend für die Geschichte des Systems.«

2 Ein Universum voll von zufälligen Verzweigungen würde sich jeglicher Berechenbarkeit entziehen. Da jede Verzweigung zu (mindestens) zwei Entwicklungsbahnen führt, die sich ihrerseits wieder in (mindestens) zwei Bah-

nen aufspalten, wächst die Zahl der Entwicklungsbahnen exponentiell zur Zahl der Aufgabelungen. Nach 100 Verzweigungen gäbe es etwa 10^{33} Entwicklungsbahnen (beziehungsweise die entsprechende Zahl von Systemen mit unterschiedlichen Evolutionspfaden). Ein superschneller Computer könnte mit einem passenden Programm pro Sekunde ungefähr 10^{6} mögliche Entwicklungsbahnen berechnen. Um die Entwicklungsbahnen (und die zugehörigen Zustände) ausschließlich der ersten 100 Verzweigungen nachzurechnen, würde dieser Computer 10^{27} Sekunden benötigen. Diese 10^{27} Sekunden entsprechen jedoch 10^{20} Jahren, und das ist länger als das Alter des Universums. Wenn allerdings die Verzweigungen nicht rein zufälliger Art sind, müssen wir nicht jede Möglichkeit einzeln berechnen, sondern nur solche, denen eine bestimmte Wahrscheinlichkeit zukommt. Das würde den Arbeits- und Zeitaufwand erheblich verringern.

3 B. F. Hiley und F. D. Peat, »The Undivided Universe«, London, Routledge 1993, S. 382

TEIL IV
DER NEUE HORIZONT

Wir suchen nach dem einfachsten Denkmodell, das die beobachteten Tatsachen miteinander verbindet.
Albert Einstein, »Mein Weltbild«, 1934

1 DER SCHLÜSSEL ZU »QGK«

Der erste Teil dieses Buches war eine Rundreise durch die Gefilde des anerkannten wissenschaftlichen Weltbilds – ein Überblick über den Nahbereich. Dieser Überblick ist für das Verständnis und die Handlungsfähigkeit äußerst wichtig, doch für den Laien ist er oft hinter einem Komplex von komplizierten Formeln und abstrakten Modellvorstellungen nur schwer zu erkennen.

Unsere Entdeckungsreise begann mit einer Betrachtung des wissenschaftlichen Verständnisses von Kosmos, Materie, Leben und Bewußtsein. Wir haben dabei bemerkt, daß es sich beträchtlich von dem unterscheidet, was sich die öffentliche Meinung darunter vorstellt. Im zweiten Teil wurde offenbar, daß das herrschende wissenschaftliche Weltbild noch nicht abgeschlossen ist, sondern eine ganze Reihe von undeutlichen Stellen aufweist. Im dritten Teil taten wir einen Ausblick auf die Neuerungen – Revolution wäre ein besseres Wort –, die bei den Bemühungen von führenden Wissenschaftlern entwickelt wurden, ein geschlossenes, plausibles und zusammenhängendes Bild der gesamten Welt zu zeichnen, wie sie unserer Beobachtung und unseren Experimenten zugänglich ist. Auf diese Weise sind wir vom anerkannten wissenschaftlichen Weltbild zu den Problemen vorgedrungen, die dieses Bild beeinträchtigen. Das führte uns zwangsläufig zum derzeitigen Ringen um ein klareres, vollständigeres und einheitlicheres Bild – zu der Suche nach neuen und weniger problematischen Ufern.

Jetzt wollen wir noch weitergehen auf eine Reise in die Gefilde der Antizipation, auf eine Forschungskreuzfahrt. Unser Ziel ist jene ferne Küste, die zur Zeit am Horizont auftaucht. Dort wartet ein zusammenhängendes und schlüssiges Bild der fundamentalen Prinzipien und Gegenstände auf uns, die sich in diesem Universum entwickeln und in ihm existieren – einschließlich der Materie, des Lebens und des Bewußtseins. Ein solches »quasi-gesamtheitliches Konzept« (wir werden es QGK nennen) ist keine Utopie mehr. Es ist die inzwischen herangereifte Frucht der angestrengten Forschung und der innovativen Theoriebildung, von denen die derzeitige wissenschaftliche Revolution begleitet ist.

Betrachten wir das quasi-gesamtheitliche Konzept einmal eingehender. Warum ist dieses Konzept nur *quasi*-gesamtheitlich? Darf die Wissenschaft etwa nicht darauf hoffen, zu einem vollständigen, wahrhaftig totalen Bild der beobachteten und beobachtbaren Welt zu gelangen? Leider darf sie das nicht, denn dazu müßte sie ihren angestammten Bereich verlassen. Hier ist ein etwas bescheidenerer Anspruch, der allein schon unglaublich ehrgeizig ist, unbedingt angezeigt: Erstens, weil eine wirklich totale Betrachtungsweise der bekannten Welt auch spirituelle und metaphysische Elemente enthalten müßte – Vorstellungen vom Wesen Gottes, der Seele und anderer transzendenter Wirklichkeiten –; diese sind der naturwissenschaftlichen Untersuchung aber nicht zugänglich, weder jetzt noch in absehbarer Zukunft. Der zweite Grund liegt darin, daß die Gegenstände des Erfahrungsbereichs, die dem wissenschaftlichen Zugriff zugänglich sind, eine offene Gruppe bilden. Es können jederzeit neue Phänomene auftauchen, wie es in der jüngsten Vergangenheit etwa mit den Quarks, den Schwarzen Löchern und den Supraleitern der Fall war. Gemessen am Weltbild späterer Epochen ist so auch das scheinbar vollständigste wissenschaftliche Weltbild zu jedem Zeitpunkt nur quasi vollständig.

Aber ein quasi-gesamtheitliches Konzept ist offensichtlich keine einfache Angelegenheit. Sie würde unsere Erkenntnis der physikalischen und der lebendigen Natur zusammenführen und diese beiden Wissensbereiche mit dem intimeren Wissen verbinden, das wir von unserer bewußten und unbewußten Geistestätigkeit haben. Eine derartige Zusammenführung liegt heute im Bereich des Möglichen: Dazu muß in unserem schon vorhandenen Wissen ein durchgehender Zusammenhang hergestellt werden. Dem steht im Prinzip nichts entgegen.

Wie wir bereits gesehen haben, weist das heutige wissenschaftliche Weltbild immer wieder fehlende Zusammenhänge auf, obwohl innerhalb bestimmter Forschungsgebiete der Zusammenhang durchaus gegeben ist. Die Beobachtungen der Botaniker beim Betrachten von Pflanzen passen zum Linnéschen Klassifikationsschema und bilden so heute die Grundlagen der Biochemie und der Biologie der Pflanzen. Aber sie passen schon nicht mehr so gut zu dem, was die Wissenschaft über die Physiologie des Menschen weiß, und so gut wie gar nicht zu unserem Wissen über die innere Struktur des Atoms. Die größten Brüche unseres wissenschaftlichen Weltbildes bestehen zwischen der Welt der Physik und der des Lebendigen, also zwischen der »Natur« und der Welt des menschlichen Bewußtseins. Eine wirklich Vereinheitlichte Theorie müßte auch diese Bereiche befriedigend miteinander verbinden können.

Eine echte Vereinheitlichte Theorie ist eine transdisziplinäre Theorie mit einer quasi totalen Perspektive. Sie schafft Ordnung unter den vorhandenen Elementen der wissenschaftlichen Erkenntnisse und macht sie rational begreifbar. Sie läßt uns die Welt *besser* verstehen und nicht nur *mehr* darüber wissen.

Eine transdisziplinäre Vereinheitlichte Theorie – und das mag überraschen – kompliziert das wissenschaftliche Verständnis daher nicht, sondern sie vereinfacht es. Dies geht durchaus nicht zu Lasten der Detailtreue und der Präzision. Ein Psychologe, der über die menschliche Natur im allgemeinen im Bilde ist, wird von diesem Wissen nicht daran gehindert, mehr über die Psychologie des einzelnen Patienten zu erfahren. Im Gegenteil, indem er die speziellen Eigenheiten in der Persönlichkeit eines Patienten zu seinem Wissen über die Grundstruktur der menschlichen Persönlichkeit in Bezug setzt, kann er zu einem tieferen Verständnis der Psychologie des einzelnen Patienten gelangen. Das Einmalige eines Menschen oder jedes anderen Gegenstandes der realen Welt liegt schließlich nicht in dem einen oder dem anderen Merkmal (wenn dem so wäre, stünden wir andauernd vor einem neuen Rätsel), sondern in der *Kombination* vertrauter und bekannter Merkmale, die wir im jeweils speziellen Fall vor uns haben. Das gilt für alle Organismen ebenso wie für die Quarks – es gilt für alles, was die Welt des Beobachtbaren bevölkert.

Eine gute wissenschaftliche Theorie kann zeigen, daß bestimmte einmalige Merkmale aus Elementen zusammengesetzt sind, die ihrerseits keineswegs Einmaligkeit beanspruchen können. Eine gute allgemeine Theorie geht noch weiter, indem sie einen Zusammenhang zwischen einer Vielzahl von (für sich betrachtet einmaligen) Erscheinungen herstellt. Eine echte Vereinheitlichte Theorie macht noch einen weiteren Schritt: Sie formuliert den Zusammenhang von *allem*, das unserer wissenschaftlichen Betrachtung in irgendeiner Form zugänglich ist.

Wie kann die Wissenschaft zu einer Vereinheitlichten Theorie gelangen, die diese quasi totale Perspektive hat? Der logischste Ansatz bestünde darin, von den noch bestehenden Rätseln, Widersprüchlichkeiten und Paradoxien, also von den Brüchen unseres derzeitigen wissenschaftlichen Weltbildes auszugehen. Wenn es der Wissenschaft gelingt, den Schlüssel zu finden, mit dem man die Rätsel lösen und den Zusammenhang herstellen kann, wird es möglich sein, das vorhandene Wissen zu einer geschlossenen Theorie zusammenzufügen – zu einer Kathedrale aus vielerlei unterschiedlichen Elementen, deren Gesamterscheinung dennoch harmonisch ist.

Die Frage ist: Haben die Verwerfungen des Zusammenhangs eine gemeinsame treibende Ursache, und gibt es folglich auch eine gemeinsame Lösung? Sofern das nicht der Fall ist, wird es unmöglich sein, eine auf einem allgemeinen Konzept beruhende Vereinheitlichung zu finden. Wenn es aber eine gemeinsame Ursache gibt, werden die Wissenschaftler hier den Schlüssel finden, der ihnen den Zusammenhang erschließt. Werfen wir deshalb noch einmal einen Blick auf die noch immer bestehenden Paradoxien der Physik, der Biologie und der kognitiven Wissenschaften.

UNAUFGELÖSTE PARADOXIEN: EINE KURZE ZUSAMMENSTELLUNG

(A) Paradoxien der physikalischen Welt

Elementarteilchen mit identischen Quantenzuständen weisen eine simultane Kopplung ihrer Zustände auf, die auch dann aufrechterhalten wird, wenn meßbare Distanzen zwischen ihnen liegen; Photonen, die einzeln abgestrahlt werden, erzeugen die gleichen Interferenzmuster wie ein Wellenbündel; Elektronen entwickeln in Supraleitern einen hochkohärenten Fluß und nehmen identische Wellenfunktionen an. Manche Teilchen werden simultan und ohne erkennbaren Energieaustausch in verschiedenen Atomen in Korrelation gebracht, auch dann, wenn sie zuvor nicht miteinander assoziiert waren. In den Energieschalen, die den Atomkern umgeben, ist der Korrelationsgrad besonders hoch. Vier Elemente – Helium, Beryllium, Kohlenstoff und Sauerstoff – sind hinsichtlich ihrer Resonanzfrequenzen so genau aufeinander abgestimmt, daß im Universum genügend Kohlenstoff entstehen konnte, um die physikalische Grundlage für Leben zu bilden. Und die kosmologischen Konstanten sind ihrerseits so genau aufeinander abgestimmt, daß sich auf diesem und vermutlich auch anderen Planeten Leben entwickeln konnte.

(B) *Paradoxien in der Welt des Lebendigen*

Die Morphologie und selbst die genetische Information höchst unterschiedlicher Arten zeigen erstaunliche Gemeinsamkeiten – besonders, wenn man annimmt, daß die in einem begrenzten Zeitrahmen ablaufende Evolution von einem zufälligen und ungerichteten natürlichen Mutations- und Ausleseprozeß beherrscht wird. Obwohl lebende Arten in ihren Zellen nur einen einzigen stets wiederkehrenden Satz an Erbinformation besitzen, sind sie in der Lage, ihre hochkomplexe Körperstruktur aufzubauen, aufrechtzuerhalten und zum Teil sogar wiederherzustellen. Wenn eine Art infolge von Veränderungen der Umwelt gezwungen ist, ihr Anpassungsmuster grundlegend umzustellen, wird die Anpassung an die neue Situation im Bedarfsfall durch massive, koordinierte und entschieden nicht-zufällige genetische Mutationen hergestellt.

(C) *Paradoxien auf dem Gebiet des menschlichen Bewußtseins*

Die Fähigkeit der Erinnerung sowie die inter- und transpersonale Kommunikation beschränken sich nicht auf die Reichweite, die herkömmlicherweise dem Gehirn und dem Nervensystem des Menschen zugesprochen werden. Unter gewissen Umständen sind Menschen offensichtlich dazu befähigt, jede beliebige Situation und vielleicht ihr ganzes Leben in der Erinnerung ablaufen zu lassen – sie haben Zugriff auch auf die Erinnerungen anderer Personen. Gelegentlich scheinen sie die körperliche und die seelische Verfassung verschiedener Personen über Raum und Zeit hinweg beeinflussen zu können. Sowohl einzelne Individuen wie auch ganze Kulturen scheinen die Fähigkeit zu haben, auf transpersonaler Ebene Kontakt miteinander aufzunehmen und zu kommunizieren: Sie verfügen über ein Repertoire an Ideen, Artefakten und Kenntnissen, das über die Reichweite der gewöhnlichen Formen persönlicher oder kultureller Interaktion hinausgeht.

Hinsichtlich all dieser verwirrenden (aber auch herausfordernden) ungeklärten Phänomene sind zumindest folgende Fragen zu klären:

- Wie konnte das Universum zum Zeitpunkt Null Verhältnisse vorausahnen, die sich erst nach zehn Milliarden Jahren oder noch später entwickelten?
- Wie ist die Übereinstimmung der Energieniveaus von vier verschiedenen Arten von Atomkernen zu erklären?
- Wie kann ein Photon, das als einzelnes Energiepartikel abgestrahlt wurde, beim Doppelspalt-Experiment seinen Weg durch *beide* Öffnungen nehmen?
- Wie kann ein Teilchen den Zustand eines anderen Teilchens »kennen«? Wir können schließlich beobachten, daß die Teilchen in Supraleitern auf den Schalen um gemeinsame Atomkerne herum koordinierte Zustände einnehmen.
- Wie kommt es, daß zuvor optimal an ihr Milieu angepaßte Arten, die eine dramatische Milieuveränderung über sich ergehen lassen müssen, dennoch überleben können – und nicht etwa aussterben und eine lediglich von Algen und Bakterien bevölkerte Welt hinterlassen?
- Wie kommt es, daß an die 40 phylogenetisch völlig verschiedene Arten von Insekten und andere Tierarten das gleiche Steuerungsgen für den Aufbau ihres Auges erworben haben? Haben sie diese Information von einem archetypischen Modell oder Muster übernommen – oder untereinander ausgetauscht?
- Wieso weisen bestimmte Arten in ihrem Organismus Reparaturpro-

gramme für im Labor aus wissenschaftlicher Neugier künstlich erzeugte Verletzungen auf, wobei diese Programme in der Stammesgeschichte dieser Arten nicht durch natürliche Auslese entstanden sein konnten?

- Woher kommen die wie ein Film ablaufenden Erinnerungen an das ganze Leben und die Erinnerungen an ein offenbar *früheres* Leben? Wie kann ein Gehirn mit einem Durchmesser von nur zehn Zentimetern die unglaubliche Informationsmenge von $2{,}8 \times 10^{20}$ Bits und mehr beherbergen?
- Wie kommt es, daß ein Viertel der Bevölkerung – und nicht etwa nur besonders empfindsame Menschen – die Fähigkeit hat, zu einem gewissen Maß einiges vom Bewußtsein anderer Menschen »abzulesen«?
- Wie ist es möglich, daß jemand spontan und unmittelbar auf Körper und Geist eines anderen Einfluß nehmen und vielleicht auch über beträchtliche Entfernungen hinweg in einen anderen »hineinsehen« kann, um festzustellen, was ihm fehlt?
- Ist es denkbar, daß sich bei der gemeinsamen Meditation mehrerer Leute eine Art von kollektivem Bewußtsein einstellt – und daß dieses konzentrierte Gruppenbewußtsein auf die körperliche Befindlichkeit anderer einen Einfluß ausübt?
- Und schließlich: Ist es wirklich ein reiner Zufall, daß unterschiedliche und weit voneinander entfernt ansässige Kulturen wie auch unterschiedliche Zweige von Kunst und Wissenschaft von Zeit zu Zeit auffallende Parallelentwicklungen und »Synchronizitäten« aufweisen?

Auf diese Fragen gibt es eine gemeinsame Antwort, denn die Paradoxien und Rätsel, die in ihnen zum Ausdruck kommen, weisen alle in die gleiche Richtung: *Alles, was hier als fraglich angesprochen wurde, ist auch möglich, vorausgesetzt, die Dinge und Ereignisse, die im Universum nebeneinander existieren, sind auch miteinander vernetzt.* Wenn es eine solche Vernetzung tatsächlich gibt, können die Elementarteilchen eines gegebenen Koordinatensystems gegenseitig ihren jeweiligen Zustand kennen; die Genome lebender Organismen vermögen sich auf die relevanten Aspekte ihrer Umwelt einzustellen, und menschliche Gehirne und menschliches

Bewußtsein können auf transpersonale Weise über Raum und Zeit hinweg miteinander kommunizieren.[1]

In den verschiedenen Bereichen der Natur – dem physikalischen, dem biologischen und auch dem psychologischen – soll es also einen Raum und Zeit verbindenden Faktor geben. Da in Abwesenheit eines solchen Faktors im physikalischen Universum nichts Interessanteres als Wasserstoff und Helium hätte entstehen können, wäre man gezwungen, die Tatsache, daß es komplexere Strukturen wie beispielsweise lebendige Organismen gibt, entweder einem unwahrscheinlichen Glücksfall oder dem Willen eines allmächtigen Schöpfers zuzuschreiben. Auch die Evolution, der Aufbau und die Regeneration von biologischen Systemen wären dann nur durch mysteriöse Baupläne und andere metaphysische Faktoren erklärbar und nicht durch wissenschaftliche Modelle, die in Beobachtung und Experiment verwurzelt sind. Wenn wir die Möglichkeit der spontanen geistigen Vernetzung des Bewußtseins mehrerer Menschen ablehnen, müssen wir eine ganze Reihe der faszinierendsten Aspekte der menschlichen Erfahrung ignorieren oder als Aberglaube und Phantasie verwerfen.

SUBTILE VERNETZUNGEN: DAS GRUNDKONZEPT

Auf der Suche nach einer tragfähigen Lösung für die mannigfaltigen Rätsel und Paradoxien, die das gegenwärtige wissenschaftliche Weltbild verunzieren, dürfte man um die Anerkennung von subtilen Vernetzungen nicht herumkommen. Dieser Befund steht im Einklang mit der vorläufigen Schlußfolgerung, zu der wir gelangt sind, als wir uns einen Überblick über den derzeitigen Stand der transdisziplinären vereinheitlichenden Theoriebildung verschafft haben: Die Kohärenz der Evolutionsprozesse wird einleuchtend, sobald wir davon ausgehen, daß die Beliebigkeit der Zufallskomponente durch die Wirkung einer superschwachen Kraft aufgefangen wird, die eine Vernetzung zwischen den sich entwickelnden Systemen herstellt. Es stellt sich also heraus, daß eine im großen und ganzen widerspruchsfreie Evolutionstheorie die gleichen Voraussetzungen hat wie eine geschlossene transdisziplinäre Vereinheitlichte Theorie. Das ist eine entscheidende Feststellung. Der gleiche Faktor, der die verwirrendsten Probleme der heutigen Naturwissenschaft lösbar machen würde, könnte auch die Vereinheitlichung der Ergebnisse dieser Wissenschaften herbeiführen. Die derzeitige Suche nach dem »fünften Feld« der Natur, in das alles eingebettet ist, ist durchaus berechtigt.

Bevor wir uns einen Überblick über die neuesten Ergebnisse der mit dem fünften Feld befaßten Forschung verschaffen, sollten wir uns die Zeit nehmen, eine prinzipielle Frage zu klären. Wie könnte ein alles vernetzendes fünftes Feld das Problem des blinden Zufalls als Motor der Evolution aus der Welt schaffen?

Diese Frage läßt sich am besten anhand von zwei verblüffenden Beispielen beantworten – Gedankenexperimente, die von hochrangigen Wissenschaftlern vorgetragen wurden, auch wenn sie ursprünglich zur Erläuterung eines anderen Zusammenhangs dienen sollten.

Das erste Beispiel stammt von dem Astrophysiker Sir Fred Hoyle. Nehmen wir einmal an, sagte Hoyle, ein Blinder würde versuchen, Ordnung in die verdrehten Quadrate eines Rubik-Würfels zu bringen. Jeder, der es schon einmal versucht hat, weiß aus eigener Erfahrung, daß es eine ganze Weile dauern kann, bis man auf sämtlichen sechs Seiten des Würfels die richtige Ordnung der Farben hergestellt hat. Selbst ein intelligenter Spieler braucht manchmal Stunden, bis er durch Probieren die Lösung gefunden hat. Ein Blinder braucht natürlich noch viel länger, da er nicht wissen kann, ob ihn eine Drehung, die er an dem Würfel vornimmt, dem Ziel näher bringt oder ihn weiter davon entfernt. Nach Hoyles Berechnung hat der Blinde eine Chance von 1 zu 5×10^{18}, um zufällig durch richtige Drehungen die passenden Farben auf die sechs Würfelflächen zu bringen. Der Blinde hat folglich kaum Aussicht, seinen Erfolg jemals zu erleben: Wenn er pro Sekunde eine Drehung schafft, wird er 5×10^{18} Sekunden brauchen, um alle Möglichkeiten durchzuprobieren. Dieser Zeitraum übersteigt jedoch nicht nur die Lebenserwartung des blinden Spielers, sondern auch jeden vertretbaren Schätzwert für das Alter des Universums.

Die Situation ändert sich jedoch radikal, wenn der blinde Spieler durch »Ansagen« unterstützt wird. Wenn er bei jedem Spielzug eine korrekte Rückmeldung in Form eines »Ja« oder »Nein« erhält, wird er die Farbfelder des Würfels in durchschnittlich 120 Zügen in die richtige Anordnung bringen können. Falls er wieder eine Drehung pro Sekunde ausführt, wird er die Züge, die ihn an sein Ziel bringen, statt in den zuvor benötigten 126 Milliarden Jahren in zwei Minuten durchgespielt haben!

Hoyles Berechnungen machen den gewaltigen Unterschied deutlich, den eine Vernetzung – in diesem Fall in Form einer dauernden Informationsrückkopplung – bei der Zielsuche bedeutet. In diesem Beispiel ist die Führung des Spielers durch die rückgekoppelte Information perfekt: Die Ansagen sind immer zutreffend. Wenn die Information nicht fehlerfrei (oder für den Spieler weniger verbindlich) ist, werden Zufallsfehler auftreten, und der Spieler wird länger brauchen, bis er am Ziel ist. Aber auch wenn die Ansage nur gelegentlich und unverbindlich erfolgt, wird die Zielstrebigkeit des ansonsten völlig ungerichteten Prozesses erhöht.

In Hoyles Beispiel steht das Ziel von Anfang an fest: die richtige Anordnung der Farben der Würfelflächen des Rubik-Würfels. In der Natur dürften vorgegebene Ziele jedoch die große Ausnahme darstellen. Die Wissenschaftler halten nicht viel von »Teleologie« – der Annahme, daß die Natur einem Plan folgt, der schon feststand, als die Entwicklung ihren Anfang nahm. Sie sind vielmehr der Ansicht, daß der Prozeß der Zielsuche das Ziel erst erzeugt. Wie muß man sich das vorstellen? Ein Beispiel, das der Quantenphysiker John Wheeler ersonnen hat, liefert darauf eine Antwort.

Wheelers Beispiel geht von dem in England und Amerika beliebten Gesellschaftsspiel »Twenty Questions« (zwanzig Fragen) aus, das dem in Deutschland vom Fernsehen bekannten »Heiteren Berufe-Raten« ähnelt. Bei diesem Spiel muß einer der Mitspieler mit zwanzig Fragen eine Person oder eine Sache erraten, auf die sich die anderen Spieler geeinigt haben. Als Antwort auf seine Fragen sind nur »ja« oder »nein« zulässig. Während ein Spieler vor der Tür wartet, einigen sich die anderen auf eine Sache oder Person, die erraten werden soll. Wenn der erste Spieler wieder hereinkommt, beginnt er das Spiel mit allgemeinen Fragen wie zum Beispiel »Ist es eine Pflanze?«, um dann nach und nach zu spezielleren Erkundigungen, wie »Ist es größer als ein Elefant?« fortzuschreiten. In der Endphase einer wohlüberlegten Fragestrategie kann der fragende Spieler schließlich eine klare Entscheidungsfrage stellen wie beispielsweise »Ist es die Straßenlaterne dort an der Ecke?«.

Das Spiel wird also üblicherweise zielorientiert gespielt: Die Person oder Sache, die erfragt werden soll, wird von den Spielern zuvor festgelegt. Doch Wheeler meinte, daß man das Spiel auch anders spielen könne: Die Spieler kommen überein, nicht an eine bestimmte Person oder Sache zu denken, teilen dies dem Fragesteller aber nicht mit, der somit nach wie vor seine Fragen stellt, als ob es etwas herauszufinden gäbe. Das Spiel würde schnell in vollkommener Verwirrung enden, wenn die Spieler nicht eine einzige Regel verabredet hätten: Es muß immer eine Antwort gegeben werden, die sich mit den vorhergehenden Antworten vereinbaren läßt. Lautet die Frage also beispielsweise »Ist es eine Pflanze?« und die Antwort war zufällig ein »ja«, dann müssen sämtliche weiteren Antworten so gegeben werden, als ginge es tatsächlich um eine Pflanze. Während die Fragen sich immer mehr vom Allgemeinen zum Speziellen bewegen, wird die Bandbreite der erlaubten Antworten zunehmend enger. Ein geschickter Fragesteller kann auf einen Punkt hinsteuern, an dem die anderen Spieler, die sich an die Regel der Widerspruchsfreiheit halten müssen, nicht umhinkönnen, mit »ja« zu antworten. Auf diese Weise steuert das Spiel einem bestimmten Ziel zu, ohne daß ein solches anfänglich verabredet gewesen wäre.

Gerade dieses Beispiel demonstriert recht gut, daß »Spiele«, die jeden ihrer Züge speichern und daraus stammende relevante Informationen wieder in die aktuellen Entscheidungen einspeisen, allmählich eine deutliche Orientierung auf ein Ziel annehmen, wobei sie mit weit größerer Geschwindigkeit und Effizienz auf ihr selbstgeschaffenes Ziel lossteuern als ein Prozeß, der sich auf das richtungslose Probieren mit verschiedenen Möglichkeiten beschränkt.

In der Natur würden solche Faktoren zu einer völlig veränderten Lage führen. Falls Informationen über die Vergangenheit durch Rückkopplungsprozesse in gegenwärtige Prozesse eingespeist werden, wird bei der Entwicklung höherer Komplexitätsgrade das ungerichtete Spiel des

Zufalls begrenzt, die Entwicklungsprozesse erhalten Folgerichtigkeit, und ihre Geschwindigkeit nimmt zu. Zu dem von Prigogine konstatierten Differenzierungsdrang tritt ergänzend ein »Konvergenzdrang« – die gesamte Natur wird zu einem seine eigenen Ziele selbsttätig erzeugenden und seine eigene Entwicklung vorantreibenden System. Zudem entfalten sich die divergierenden/konvergierenden Ordnungen, die in diesem Prozeß entstehen, in Zeiträumen, die innerhalb des Rahmens liegen, der nach vernünftiger Schätzung für die physikalische Evolution des Kosmos und die biologische Evolution auf der Erde zur Verfügung stand.

Eine Theorie, die uns Einblick in die Prozesse gewährt, mit denen die Natur Informationen über die Evolution der Dinge, die in ihr existieren, in sich selbst zurückkoppelt, könnte die Entfaltung der Komplexität vom Urknall (oder davor) bis in unsere Tage nachvollziehbar machen. Eine solche Theorie könnte letztlich alles erklären – vorausgesetzt, daß alles, was der Kosmos enthält, das Ergebnis von vernetzt interaktiven Selbstschöpfungsprozessen ist. Diese Theorie würde zur Gattung der evolutionären Vereinheitlichten Theorien gehören und könnte uns quasi totale Einsicht in das wissenschaftlich erforschbare Universum liefern.

VERNETZUNGEN IN RAUM UND ZEIT

Wie wir gesehen haben, könnten Vernetzungen aus einer hilflos probierenden Welt ein Universum machen, das sich selbsttätig aus sich selbst heraus entwickelt – ein Universum, das wir durch eine einzige, stark verallgemeinerte, aber geschlossene Theorie erklären könnten, die eben deshalb einen hohen Grad an Genauigkeit erreichen dürfte. Gibt es aber solche Vernetzungen in der realen Welt unseres Alltags?

Dieses das Universum umspannende Netz der Wechselbeziehungen soll im folgenden in seiner realen Möglichkeit untersucht werden. Müssen dazu metaphysische oder übernatürliche Prinzipien herangezogen werden? Wir wollen mit der Wechselbeziehung im Raum beginnen und uns dann damit beschäftigen, wie zeitübergreifende Wechselbeziehungen möglich sein könnten.

Bei Wechselbeziehungen im Raum gilt: Wenn ein Gegenstand oder Ereignis am Ort A mit einem Gegenstand oder Ereignis am Ort B in Wechselwirkung steht, dann muß etwas vorhanden sein, das die Wirkung von A nach B überträgt. Es widerstrebt uns, eine »Fernwirkung« zuzulassen. Der gesunde Menschenverstand legt uns vielmehr nahe anzunehmen, daß es ein kontinuierliches Medium geben muß, das sich zwischen den beiden Gegenständen oder Ereignissen erstreckt und sie somit auch verbindet. Die Naturwissenschaft bezeichnet kontinuierliche Medien dieser Art als »Felder«.

Felder sind merkwürdige Gebilde: Für gewöhnlich kann man nur ihre Wirkung beobachten, das zugehörige Feld aber nicht. Felder gleichen in dieser Hinsicht einem aus besonders feinen Fäden gesponnenen Netz. Wenn die Fäden so dünn sind, daß sie mit bloßem Auge nicht mehr wahrgenommen werden können, ist das Netz selbst ohne entsprechende Hilfsmittel nicht mehr sichtbar, wohl aber die Knoten, wo mehrere Fäden miteinander verknüpft sind. Die Knoten scheinen im Nichts zu schweben, doch sie sind durch die Fäden des Netzes untereinander verbunden. Wenn sich ein Knoten bewegt, bewegen sich folglich auch alle anderen. Da wir beobachten, daß die Bewegung eines Knotens mit der Bewegung aller anderen Knoten »verknüpft« ist, müssen wir davon ausgehen, daß die Knoten durch ein entsprechend großes Netz verbunden oder »vernetzt« sind.

Felder, die Wechselbeziehungen zwischen verschiedenen Erscheinungen vermitteln, kann man auch mit einer Matratze aus miteinander verbundenen Schraubenfedern vergleichen. Wenn man die Federn an einer Stelle niederdrückt, werden auch die anderen Federn entsprechend niedergedrückt, verformt und gespannt. Die Matratzenfläche verformt sich in zusammenhängender, wenn auch nicht in einheitlicher Weise. Das ist ein dynamisches Modell für das Verhalten von Teilchen, wie es von der Stringtheorie beschrieben wird. Im Modell der Strings werden die Teilchen als ortsgebundene Schwingungsmuster in kontinuierlichen Schwingungsfeldern aufgefaßt. Die Schwingungen sind durch Kraftfelder verbunden, so daß Frequenzänderungen einer Schwingung entsprechende Frequenzänderungen aller anderen Schwingungen hervorrufen.[2]

Netze und Federn sind gute Sinnbilder für sogenannte klassische Felder. Diese Felder sind *kausal* und *lokal*. Kausal bedeutet in diesem Zusammenhang, daß das Feld absolut vorhersagbare Wechselwirkungen erzeugt. Die Einwirkung, die ein Körper erfährt, wenn er einem solchen Feld ausgesetzt wird, ist jedesmal völlig identisch; die Bahn eines im Schwerefeld der Erde abgefeuerten Geschosses zum Beispiel beschreibt bei unveränderten sonstigen Bedingungen jedesmal exakt die gleiche parabolische Kurve. Man bezeichnet diese Felder als lokal, weil sich ihre Veränderungen höchstens mit Lichtgeschwindigkeit ausbreiten. Bei einem plötzlichen Verschwinden der Sonne von ihrem vertrauten Platz im Sonnensystem würde sich zum Beispiel der veränderte Gravitationseffekt auf der Erde für die Dauer von vollen acht Minuten nicht bemerkbar machen – also so lange, wie das Licht von unserem Zentralgestirn bis zu unserem Planeten unterwegs ist.

Es gibt jedoch auch nicht-klassische Felder. Man bezeichnet sie als Quantenfelder. Diese Felder sind weder kausal noch lokal. Bei Objekten wie den in Quantenfeldern sich bewegenden Elementarteilchen ist es nicht möglich, eindeutige Messungen von Position und Impuls gleichzeitig vorzunehmen. Diese Teilchen sind ihrem Wesen nach undeterminiert und zudem in einer fast gleichzeitigen Weise miteinander korreliert. Quantenfelder bestimmen nicht den tatsächlichen Zustand der in sie eingebetteten Objekte, sie regeln lediglich die Wahrscheinlichkeitspotentiale für das Eintreten bestimmter physikalischer Wirkungen. Diese Potentiale sind von immanent probabilistischer Natur. Quantenfelder beschreiben das Verhalten von physikalischen Objekten, die nicht im Begriffssystem der klassischen Physik beschrieben werden können, da sie nicht fest umrissenen kausalen Gesetzen gehorchen und keinen eindeutigen Ort im Raum einnehmen.

Es ist bislang noch eine offene Frage, ob Quantenfelder lediglich eine hilfreiche theoretische Vorstellung sind oder ob sie eine echte und unüberwindliche Unbestimmtheit im Kernbereich der physikalischen Wirklichkeit beschreiben. Die Quantenphysiker neigen zur letztgenannten Interpretation, während jene Physiker, die in dieser Debatte Einsteins Partei ergriffen haben, den erstgenannten Standpunkt einnehmen: Sie betrachten Quantenfelder als Erklärungshilfen, auf denen man vorläufig die Berechnungen aufbauen kann, solange nichts Besseres gefunden worden ist.

Wir wollen diese Frage auf sich beruhen lassen, bis wir geprüft haben, ob es ein physikalisch verifizierbares »fünftes Feld« in der Natur wirklich gibt. Wenn dem so ist, könnten Quantenfelder die Wirkung oder die Konsequenz dieses darunterliegenden Feldes sein (das sich jedoch seinerseits als ein nicht-klassisches Feld erweisen und Eigenschaften haben könnte, die über diejenigen eines klassischen Feldes hinausgehen). Doch damit wollen wir uns nicht aufhalten, bevor wir zeitliche und nicht nur räumliche Vernetzungen in Betracht ziehen.

In der klassischen Physik werden zeitliche Beziehungen zwischen verschiedenen Objekten nicht durch Felder hergestellt, sondern durch eine lückenlose Kausalkette. Die Physiker führten die beobachteten Wirkungen auf die als Auslöser betrachteten Ursachen zurück, indem sie allgemeine Bewegungsgesetze aufstellten und nach einer strengen Verkettung von Ursache und Wirkung suchten. Die Ausgangsbedingungen eines jeden Prozesses wurden als die Wirkung einer vorangegangenen Ursache betrachtet, die ihrerseits wiederum die Wirkung einer noch früheren Ursache war. Auf diese Weise schien sich eine ununterbrochene Kette von Ursachen bis zu jenem hypothetischen Augenblick zurückzuerstrecken, an dem das Universum in Gang gesetzt wurde. Man stellte sich vor, daß die Anfangsbedingungen, die in diesem Augenblick geherrscht haben, für alles, was sich seither ereignet hat, bestimmend waren.

Die Wissenschaft ist mittlerweile von dieser Form der zeitlichen Bezogenheit abgerückt; der Determinismus der klassischen Mechanik wurde während der ersten Jahrzehnte dieses Jahrhunderts über Bord geworfen und die Vorstellung von der zeitlichen Verknüpfung durch Ursachenketten aufgegeben. Ein probabilistisches Universum, wie es sich uns heute darstellt, kann nicht durch seine Vergangenheit »verursacht« sein. Bestenfalls kann es besondere Ereignisse geben, die einer begrenzten Zahl von Folgeereignissen ihren Stempel aufdrücken.

Zum besseren Verständnis der derzeitigen wissenschaftlichen Vorstellung von der Art der Verbindung zwischen Ereignissen und Objekten in Raum und Zeit müssen wir uns einer weiteren Analogie bedienen. Wenn zwischen zwei Ereignissen eine zeitübergreifende Verbindung besteht, haben wir es mit »Gedächtnis« zu tun. Das spätere Ereignis hat auf irgendeine Weise eine »Erinnerung« an das frühere.

Auf den ersten Blick scheint im Begriff »Gedächtnis« eine Beschränkung der Diskussion auf Fragen des menschlichen Gehirns zu liegen. Doch bei genauerem Hinsehen erweist sich dieser Begriff als ein breites Konzept mit vielerlei Anwendungsmöglichkeiten in der Welt der Biologie und des Menschen. Gedächtnis wird beim Menschen zwar mit dem Bewußtsein in Verbindung gebracht, doch es gibt sowohl in der physikalischen wie in der Welt des Lebendigen vom Bewußtsein unabhängige Formen des Gedächtnisses. Schon die primitivsten Organismen bewahren bestimmte Eindrücke aus ihrer Umwelt in sich auf und besitzen damit eine ganz einfache Form von Gedächtnis, obwohl ihnen ein Nervensystem fehlt, das Bewußtheit und Bewußtsein ausbilden könnte. Selbst ein belichteter Film hat ein »Gedächtnis«: Er »erinnert« sich an die unterschiedlichen Hell-Dunkel-Muster, die durch die Linse der Kamera auf seine Oberfläche projiziert worden sind. Auch der Computer, der diesen Text verarbeitet, der soeben auf ihm geschrieben wird, hat ein Gedächtnis – obwohl er wahrscheinlich weder Geist noch Bewußtsein besitzt.

Der aussichtsreichste Kandidat, der als Träger der zeitlichen Vernetzungen in Frage kommt, ist allerdings jene Art von gedächtnisartiger Informationsspeicherung, die wir vom Hologramm her kennen.

Betrachten wir ein Hologramm: Grundsätzlich ist es ein auf einer lichtempfindlichen Platte oder einem Film gespeichertes Welleninterferenzmuster, das von zwei sich überschneidenden Lichtstrahlen hervorgerufen wurde. Der eine Strahl erreicht den lichtempfindlichen Film unmittelbar, während der andere an dem Gegenstand, den es zu reproduzieren gilt, gestreut wird. Die beiden Strahlen treten in Wechselwirkung, wobei das sich ergebende Interferenzmuster die Merkmale der Oberfläche wiedergibt, von der der gestreute Strahl reflektiert wurde. Bei der Abbildung des Interferenzmusters gelangen Informationen über das Aussehen der Oberfläche des Gegenstandes, der das Licht reflektiert, auf sämtliche

Bildbereiche des Films. Man kann also sagen, daß das Hologramm ein verteilter Informationsspeicher ist.

Da alle Teile des holographischen Musters von sämtlichen Teilen des fotografierten Objektes mit Informationen bestückt werden, kann man aus jedem beliebigen Bereich des Films durch die Rekonstruktion des dort gespeicherten Interferenzmusters ein dreidimensionales Bild erzeugen. Wenn zwei oder mehr Bereiche des Films von verschiedenen Beobachtern aus unterschiedlichen Blickwinkeln betrachtet werden, erhalten sie dennoch die gleichen Bildinformationen. Je kleiner der Filmbereich ist, aus dem man das Bild gewinnt, desto verwaschener ist es allerdings.

Holographische Informationen sind neben der verteilten Art ihrer Speicherung auch noch außerordentlich dicht gepackt. Ein kleiner Ausschnitt einer holographischen Platte kann eine gewaltige Menge unterschiedlicher Interferenzmuster speichern. Es gibt Schätzungen, daß der gesamte Inhalt der amerikanischen Kongreßbibliothek auf einem mehrfach geschichteten holographischen Informationsträger von der Größe eines Zuckerwürfels untergebracht werden könnte.

Diese Eigenschaften der holographischen Informationsspeicherung legen die Annahme nahe, daß die zeitüberspannenden Vernetzungen der Natur sich in Form von Hologrammen vollziehen. Die Natur hätte dann ein holographisches Gedächtnis.

Das holographische Gedächtnis der Natur könnte in einem völlig leeren Raum nicht funktionieren; als Grundlage benötigt es ein kontinuierliches Medium, das die Interferenzmuster des Hologramms tragen kann. Wir müssen daher erneut mit der Feldvorstellung operieren: Das Gedächtnis der Natur muß sich auf ein Feld gründen, das Informationen holographisch speichert und überträgt – auf ein »Holofeld«.

Am Beispiel der Wellenmuster, die von Schiffen in die Meere gepflügt werden, kann man anschaulich illustrieren, wie ein universales Holofeld Informationen speichern und übertragen würde. Die Wissenschaftler haben herausgefunden, daß Gewässeroberflächen – die Oberflächen von Meeren, Seen und Teichen – außerordentlich große Informationsmengen bergen. Ihre Wellenmuster enthalten Informationen über vorbeigefahrene Boote und Schiffe, die Richtung des Windes, die Gestalt der Küstenlinien und vieler anderer Faktoren, die störend auf die glatte Oberfläche eingewirkt haben. Die Wellenmuster können sich oft stunden- oder sogar tagelang halten, nachdem die Wasserfahrzeuge selbst schon längst verschwunden sind. (Aus genügender Höhe wie zum Beispiel aus dem Flugzeug oder von einer hohen Klippe aus sind solche Muster bei ruhiger Wasseroberfläche mit dem bloßen Auge zu erkennen.) Die Wellen werden durch die vereinte Wirkung von Schwerkraft, Wind und Küstenformationen zwar allmählich geglättet, doch solange sie vorhanden sind, liefern sie Informationen über alles, was in dem betreffenden Seegebiet vor sich gegangen ist.

An den Wellenbewegungen kann man nicht nur sozusagen passive Informationen über ein Meeresgebiet ablesen, sie beeinflussen auch aktiv alles, was in diesem Gebiet geschieht. Auf einem großen Dampfer wird das Kielwasser eines anderen Schiffes kaum eine merkliche Rollbewegung hervorrufen, dieselbe Wirkung kann jedoch durchaus dramatische Formen annehmen, wie jeder bestätigen kann, der mit einem kleinen Segelboot ins Kielwasser eines Ozeanriesen geraten ist. Daraus ergibt sich, daß durch die Interferenz von Wellenfronten ein mehr oder weniger subtiler, aber durchaus effektiver Informationstransfer stattfindet. Es ist hier unerheblich, ob sich der Vorgang auf dem Meeresspiegel oder auf einem holographischen Film abspielt.

Ein kontinuierliches Holofeld der Natur würde sich zwar der direkten Beobachtung entziehen, doch es würde sowohl für raum- wie auch für zeitübergreifende Vernetzungen eine sichere Grundlage schaffen. Wie wir gesehen haben, kommt eine räumliche Vernetzung nur zustande, wenn die entsprechenden Informationen an verschiedenen Orten gleichzeitig verfügbar sind. Die verteilte Art der Informationsspeicherung in einem holographischen Feld erfüllt diese Voraussetzung. Zeitübergreifende Vernetzung erfordert die dauerhafte Speicherung einer bestimmten Menge an Informationen. Ein Holofeld wird auch dieser Bedingung gerecht.

Es ist interessant (und wichtig), sich klarzumachen, daß der blinde Zufall seine Rolle im Kosmos ausgespielt hat, falls es raum- und zeitüberspannende universale Vernetzungen tatsächlich geben sollte. Kein Gegenstand und kein Ereignis wäre vollkommen von allem anderen abgekoppelt, und jedes scheinbar »zufällige« Zusammentreffen hätte daher eine tiefere Logik. Das bedeutet aber nicht, daß alles und jedes mit der ehernen Klammer von Naturgesetzen zusammengezwängt würde. Verbindungen könnten von äußerst subtiler Art sein und würden dann nur mit statistisch berechenbarer Signifikanz hervortreten, so daß sich Wirkungen nur dort zeigen würden, wo die Zahl der beteiligten Faktoren sehr groß ist. (Beim Würfeln mit einer großen Zahl von einseitig beschwerten Würfeln wird selbst ein winziger Gewichtsunterschied zwischen den sechs Würfelflächen eine spürbare Tendenz entstehen lassen, daß die Zahl auf der jeweils leichtesten Seite am häufigsten vorkommt. Das gleiche gilt bei einer großen Zahl von Würfen mit einem einzigen unsymmetrisch gewichteten Würfel.)

DAS FÜNFTE FELD

Es reicht nicht aus, lediglich anzunehmen, daß es ein raum- und zeitverbindendes Holofeld geben könnte – wir müssen danach fragen, ob es tatsächlich existiert. Wenn dem so wäre, gäbe es ein informationsübertragendes Feld, das sich durch die Raumzeit erstreckt. Wie würde ein solches Feld beschaffen sein? Nachdem wir nun das Konzept geklärt haben, werden wir uns den Ergebnissen der laufenden Forschung auf dem Gebiet des fünften Feldes zuwenden. Was ist über die Natur dieses Feldes bislang herausgefunden worden? Ist es ein klassisches oder ein Quantenfeld – oder noch etwas anderes? Wir wollen die verschiedenen Möglichkeiten betrachten.

Wie wir bereits festgestellt haben, hat die Wissenschaft bisher vier universale Felder in der Natur entdecken können: das Schwerefeld, das elektromagnetische Feld und die Felder der starken und der schwachen Kernkraft. Nach den Großen Vereinheitlichten Theorien der neuen Physik sind diese vier Kräfte und ihre Felder im ganz frühen Universum als eine einzige einheitliche Superkraft entstanden. Die Felder, die wir heute beobachten können, haben sich in der Phase der rapiden Ausdehnung und Abkühlung, die unmittelbar auf den Urknall folgte, von der ursprünglichen Superkraft durch spontane Symmetriebrüche entkoppelt. Ist es dann möglich, auf ein fünftes Feld zu verzichten, weil eines dieser vier Felder Eigenschaften aufweist, die es zu einem universalen Holofeld machen könnten?

Das ist nicht besonders wahrscheinlich. Die starke und die schwache Kernkraft sind Kräfte mit lokalem Wirkungsbereich und kommen nicht für Wechselwirkungen in Frage, die sich über große Räume und Zeiten erstrecken. Gravitations- und elektromagnetische Felder haben zwar kosmische Ausdehnung, doch die Beziehungen, um die es hier geht, passen nicht in die anerkannten Theorien von Gravitation und Elektromagnetismus. Man müßte diese Theoriegebäude bis zur Unkenntlichkeit umbauen, wenn Raum- und Zeitverbindungen durch die Speicherung und Übertragung von Information in sie hineingepackt werden sollte. Wie bereits angedeutet, ist es sinnvoller, nach einem superschwachen (doch in keiner Weise einflußlosen oder unbedeutenden) fünften Feld in der Natur Ausschau zu halten.

Obwohl das fünfte Feld nicht – oder noch nicht – zum Bestand der unter Physikern unumstrittenen Felder gehört, hat eine Reihe von hervorragenden Gelehrten Hypothesen über seine Existenz aufgestellt. Bereits im Jahre 1967 stellte der Harvard-Physiker Harlow Shapley die Frage, ob es nicht neben Raum, Zeit, Materie und Energie im Universum vielleicht »eine zusätzliche, eine fünfte Größe« gibt. Angenommen, man stünde vor der Aufgabe, das Universum zu erschaffen, müßte man nicht diese fünfte Größe einbringen? Könnte man sie als Entwicklungsdrang, Gerichtetheit, Uratem des Lebens oder kosmische Evolution bezeichnen? Shapley entschied sich für das letztgenannte Phänomen, das er für das wahrscheinlichste hielt. Die kosmische Evolution, bemerkte er, könnte die fünfte Größe sein, die uns zum Verständnis eines dynamischen Universums noch fehlt.

Inzwischen hat sich gezeigt, daß wir zum Verständnis eines dynamischen Universums auch mit einem etwas bescheideneren Modell auskommen können, nämlich mit einem den ganzen Kosmos vernetzenden Holofeld. Dies wäre das superschwache fünfte Feld, das in einer subtilen Wechselwirkung mit den bekannten vier anderen Feldern steht. Der Physiker William Tiller kam zu der gleichen Schlußfolgerung. »In der herkömmlichen Wissenschaft«, schrieb er, »gelten vier Kräfte als verantwortlich für sämtliche im Universum beobachtbaren Phänomene: die starke Kernkraft, die schwache Kernkraft, die elektromagnetische Kraft und die Gravitationskraft. Es hat sich jedoch eine Fülle von experimentellen Daten ergeben, die auf der Basis dieser Kräfte allein nicht erklärt werden können.« Tiller nennt die Kraft, die zur Erklärung der ansonsten nicht erklärbaren Daten herangezogen werden muß, ein »Feinenergie-Feld«. Ein Feinenergie-Feld dürfte vermutlich kein klassisches Feld darstellen, aber auch nicht ein reines Quantenfeld. Es dürfte eine eigenständige physikalische Realität und eigenständige physikalische Eigenschaften besitzen, die mit denen der bekannten klassischen Felder nicht zusammenfallen.

Eine Reihe von Physikern wie auch David Bohm hat über die Existenz und die Beschaffenheit eines subtilen Feldes mit universalen Wirkungen spekuliert. Es werden derzeit zunehmend Theorien und Hypothesen vorgestellt, die versuchen, die paradoxen Wechselbeziehungen zwischen Quanten mit den Begriffen eines physikalisch realen Feldes (im Gegensatz zu einem reinen Wahrscheinlichkeitsfeld) zu erklären. Wie wir gleich sehen werden, interpretieren diese Hypothesen die Raumzeit als ein physikalisch reales Feld, beziehungsweise sie betrachten das die Raumzeit durchdringende Quantenvakuum als die potentielle Quelle dieses Feldes.

In der Biologie hat der Feldbegriff eine längere, aber ebenso umstrittene Geschichte. Um erklären zu können, wie die bemerkenswert geordneten Erscheinungsformen der belebten Natur entstanden sein könnten, haben einige Biologen vermutet, daß im jeweiligen Organismus zusätzlich zu den biochemischen Prozessen und den genetischen Programmen ein spezielles biologisches Feld am Werk sein müsse.

Die Debatte über Biofelder reicht zurück bis in die zwanziger Jahre unseres Jahrhunderts – damals postulierte Alexander Gurvitch die Existenz eines morphogenetischen (formschaffenden) Feldes. Er kam auf diesen Gedanken, als er bemerkte, daß bei der Herausbildung des Embryos die Rolle der einzelnen Zellen nicht durch deren Eigenschaften oder durch ihre Beziehung zu Nachbarzellen bestimmt wird, sondern durch einen Faktor, der das gesamte selbstorganisierende System einbezieht. Er nahm daher die Existenz eines systemumfassenden »Kraftfeldes« an, das durch die Kraftfelder der einzelnen Zellen erzeugt werde. Gurvitch behauptete ursprünglich, daß dieses allgemeine Feld von nichtmaterieller Beschaffenheit sei, doch später gestand er zu, daß dieses Konzept auch in die Sprache der Physik übersetzt werden könnte.

Eine Reihe von Biologen, darunter N.K. Koltschiow in der früheren Sowjetunion, Ervin Bauer in Ungarn und Paul Weiss in Österreich haben die Ansätze des Biofeld-Konzepts weiter ausgearbeitet. Sie stießen auf solche schwer erklärbaren Phänomene wie das spontane Wiederzusammenfinden des auseinandergerissenen Zellverbandes eines Schwamms, die Regeneration abgetrennter Gliedmaßen und selbst der Iris des Auges bei Molchen ebenso wie die Fähigkeit mancher Arten, aus einem befruchteten Ei auch nach Zerstörung der molekularen Substruktur den kompletten Organismus entstehen zu lassen. Wenn man ein *planarium* (eine Plattwurmart) in zwei Hälften zerschnitt, dann war es, wie es hieß, sein Biofeld, das die Regeneration in zwei komplette Organismen besorgte. (Wenn man einen Magneten auseinanderschneidet, entstehen zwei neue Magneten mit einem jeweils eigenen Magnetfeld. In gleicher Weise soll sich das Biofeld des Wurms beim Auseinanderschneiden in zwei identische Biofelder aufteilen, die aus beiden Wurmhälften jeweils einen vollständigen neuen Wurm entstehen lassen.

Während der letzten 50 Jahre wurden auf vielen Gebieten der Biologie feldartige Phänomene entdeckt; die oben angeführten anfänglichen Spekulationen erfuhren eine beträchtliche Weiterentwicklung. D'Arcy Thompson schrieb ein wegweisendes Werk über die Evolution der Gestalt der heutigen Arten, die er am kontinuierlichen Gestaltwandel der Fische illustrierte, Hermann Weyl demonstrierte den konsequenten Symmetriewandel der äußeren Gestalt einer großen Zahl von mit Organen ausgestatteten Arten und Conrad Washington und René Thom unterteilten das Biofeld in geometrische Strukturzonen von unterschiedlicher Stabilität, wobei sie die Beziehungen zwischen geometrischen Formen und den dynamischen Prozessen lebender Systeme aufzeigten. Der Biologe Harold Saxton Burr schlug vor, das Biofeld als »L«-Feld (Lebensfeld) zu verstehen, das die physikalische Struktur des Organismus steuert und organisiert, und Burrs Mitarbeiter Leonard Ravitz behauptete, Beweise dafür gefunden zu haben, daß das L-Feld unmittelbar vor dem physischen Tode verschwindet.

In jüngerer Zeit trugen Biologen wie Brian Goodwin vor, daß die Wachstumsprozesse von Pflanzen und Tieren an Biofelder angekoppelt seien. Laut Goodwin entwickeln sich die Erscheinungsformen der belebten Natur, wenn biologische Felder auf bereits bestehende organische Einheiten einwirken. Die Grundeinheit der organischen Gestalt und Organisation ist das Biofeld – Moleküle und Zellen sind lediglich »Kompositionseinheiten«. Nach Goodwins Darstellung entwickelt sich das Leben in einer Art heiligem Reigen an der Schnittstelle zwischen Organismus und Umwelt, angeregt durch die Wechselwirkung zwischen den Organismen und dem Feld, in das sie eingebettet sind.

Goodwin sprach biologischen Feldern keine eigene, vom lebendigen Organismus unabhängige Existenz zu. Andere Forscher jedoch, darunter der russische Biologe V. M. Inyuschin, zögerten nicht, biologische Felder unabhängig von ihrer Bindung an einen Organismus zur physikalischen Realität zu erklären. Nach Inyuschin stellen solche Felder einen fünften Zustand der Materie dar und setzen sich aus Ionen, freien Elektronen und freien Protonen zusammen. Bei Menschen sei das Feld zwar an das Gehirn gebunden, es könne auch über den Organismus hinausgreifen und dabei telepathische Phänomene hervorrufen.

Rupert Sheldrake, Autor einer vieldiskutierten Biofeldtheorie, war der Meinung, daß Biofelder unabhängig von den Organismen bestehen, auf die sie einwirken. Nach seiner Ansicht werden »morphogenetische« (gestalterzeugende) Felder von den vorausgegangenen Organismen der gleichen Spezies andauernd geformt und verstärkt. Die lebenden Mitglieder einer Art sind mit den Erscheinungsformen der früheren Artgenossen durch eine Raum und Zeit überspannende Kausalkette verbunden. Die Ankopplung erfolgt durch die sogenannte »morphische Resonanz«, die sich zwischen ähnlichen Formen und Mustern aufbauen kann. Die Resonanz wird durch Wiederholung weiter verstärkt, so daß eine Art sich um so stärker vermehrt, je mehr sie sich bislang schon fortgepflanzt hat. Ein gegebenes Verhaltensmuster wird um so besser von den Artgenossen gelernt, je perfekter ein bestimmtes Individuum dieses Verhalten bereits erlernt hat … und so weiter.

Nach Sheldrake tragen morphogenetische Felder keine meßbare Energie, doch die vorliegenden Beweise sprechen gegen diese Annahme. Die Wissenschaftler vom A. S.-Popow-Bioinformations-Institut in der früheren Sowjetunion berichten, daß die Wellenlänge des menschlichen bioenergetischen Feldes im Bereich von 300 bis 2000 Nanometer liegt. Sie behaupten, daß die von Naturheilern ausgehende Heilwirkung von diesem Feld vermittelt wird, indem das Feld des Heilers mit dem Feld des Patienten in Interaktion tritt. Forscher von der Universität in Lantsu und am Nuclear Institute von Shanghai, die ebenfalls den energetischen Aspekt des menschlichen Biofeldes untersucht haben, fanden heraus, daß die Stärke dieses Feldes mit der Stärke der geistigen Kraft des jeweiligen Individuums variiert. Qigong-Meister wiesen zum Beispiel ein höheres Maß an Bioenergie auf als die meisten anderen Probanden.

Diese Beobachtungen wurden durch die Untersuchungen von Valerie Hunt am Energy Fields Laboratory an der University of California in Los Angeles bestätigt. Um den »emotionalen Körper« zu messen, benutzte sie eine hochentwickelte Meßeinrichtung, die über Leitungen fest mit den Testpersonen verbunden war und zusätzlich per Funk über einen UKW-Sender kurzer Reichweite die Daten einer telemetrischen Apparatur aufnahm. An verschiedenen Körperzonen der Testpersonen hatte Valerie Hunt Silber- oder Silberchloridfühler angebracht. Ihre Messungen ergaben, daß die Frequenzen der Schwingungen der körperlichen Energieausstrahlung die elektromagnetischen Frequenzen all der Farben umfaßten, die sensible Personen in der menschlichen Aura wahrnehmen. Sie fand auch, daß die von Mystikern, Sehern und Heilern ausgestrahlten Energiefelder sich in einem wesentlich höheren Frequenzbereich bewegen (um und über 400 Hertz) als die Felder von Personen im körperlichen und geistigen Alltagszustand (im letzteren Fall liegt die Frequenz meist unter 250 Hertz). Individuen mit einer starken spirituellen Begabung können oft »Aura«-Frequenzen bis 200 Kilohertz (200 000 Hertz) erfassen – der Obergrenze des Meßbereichs der von Valerie Hunt verwendeten Apparatur. Menschen mit derartig hochfrequenter Ausstrahlung berichten vielfach, daß ihnen Bilder und Ereignisse weit jenseits der unmittelbaren Sinneswahrnehmung zugänglich seien.

Die Vorstellung, daß im Universum alles miteinander verknüpft ist, läßt eine uralte Ahnung der Menschheit anklingen: Mystiker, Dichter und Metaphysiker haben schon immer beteuert, daß alle Dinge miteinander verflochten sind – von den Blütenblättern der Rose im Garten bis zu den fernsten Sternen am Firmament. Heute können wir erkennen, daß dieser Vorstellung nicht nur eine ästhetische Bedeutung zukommt: Sie ist die Voraussetzung für die Schaffung einer transdisziplinären Vereinheitlichten Theorie, die ihre Erklärung von Natur, Leben und Bewußtsein auf der Basis räumlicher und zeitlicher Vernetzungen aufbaut. Solche Vernetzungen können über ein holographisches »fünftes Feld« vermittelt werden, das Informationen codiert und überträgt.

Ein holographisch funktionierendes, superschwaches Feld könnte es in der Natur tatsächlich geben. Physiker und Biologen sind auf wichtige Hinweise für seine Existenz gestoßen. Jetzt gilt es, dieses Feld als ein handfestes Element des Universums zu »entdecken« und in unser Weltbild einzubauen.

Anmerkungen

1 Die Physiker meinen, daß die Korrelationen, die zwischen kleinsten Teilchen herrschen – die berühmten »nicht-lokalen Korrelationen« von Bells Theorem – nicht geeignet sind, um ein Signal von einem Teilchen auf ein anderes zu übertragen. Das heißt jedoch nicht, daß Korrelationen von der Art, wie sie zwischen Mikroteilchen vorkommen, nicht in anderen Bereichen der Natur in einer signalübertragenden Variante zu beobachten sein könnten. Das Bellsche Theorem beschreibt einen Sonderfall eines viel allgemeineren Phänomens, das für unser Verständnis der Natur absolut grundlegend sein wird.

2 In der wissenschaftlichen Fachsprache ist das Feld als eine Funktion von Raum und Zeit definiert, die einer Gleichung partieller Ableitungen mit eindeutigen Varianzen folgt. Das Ergebnis ist eine physikalische Größe, die an verschiedenen Orten verschiedene Werte aufweist, wobei jeder Ort durch eine mathematische Funktion beschrieben wird. Felder, die der heutigen Physik bekannt sind, schließen Vektorfelder, Skalarfelder, Spinor- und Tensorfelder ein. Es sind elektromagnetische Felder, Gravitations- beziehungsweise Schwerefelder, die Felder der starken und der schwachen Kernkraft sowie nichtklassische Wahrscheinlichkeitsfelder, die den Quantenzuständen der Elementarteilchen zugeordnet sind.

2 DIE ENTDECKUNG DES VERNETZTEN FELDES

Die universelle Vernetzung ist die Grundvoraussetzung, mit der eine echte Vereinheitlichte Theorie steht und fällt. Ob eine solche Theorie überhaupt möglich ist, hängt entscheidend davon ab, ob es gelingt, ein Feld in unserem Kosmos aufzuspüren, das Atome und Galaxien, Menschen und Mäuse, Gehirn und Bewußtsein verbindet und in Rückkopplungsschleifen Informationen von einem zum anderen und von allem zu jedem vermittelt.

Gibt es ernstzunehmende Hinweise, daß dieses »kosmische Internet« in unserem Universum tatsächlich existiert? Es liegt auf der Hand, daß es nicht ausreicht, dieses den Erfordernissen auf den Leib geschneiderte Feld lediglich zu postulieren. Das wäre zwar einfach, aber wissenschaftlich haltbar wäre es nicht. Die Wissenschaft muß der von Wilhelm von Ockham im 14. Jahrhundert aufgestellten Vorschrift gehorchen, daß die Einführung von überflüssigen Hilfsgrößen nicht statthaft ist. Die Biologen dürfen nicht kurzerhand die »Lebenskraft« ins Feld führen, wenn sie erklären wollen, weshalb ein Organismus Funktionen aufweist, die wir als »lebendig« bezeichnen, genausowenig wie Psychologen eine »Liebeskraft« erfinden dürfen, um zu begründen, warum sich immer wieder Leute ineinander verlieben. In ähnlicher Weise kann die Wissenschaft nicht einfach ein fünftes Feld aus dem Ärmel ziehen, um so die Löcher im Gewebe der aktuellen Wissenschaft zu stopfen. Die Existenz von neuen Größen (zum Beispiel Kräften oder Feldern), darf nur dann gefordert werden, wenn dies die *einfachste*, *ökonomischste* und *rationalste* Methode ist, um eine Erklärung für Ergebnisse und Beobachtungen zu finden. Glücklicherweise stehen wir nicht vor der Notwendigkeit, ein allumfassendes neues Feld postulieren zu müssen, denn der Wissenschaft ist schon ein Feld unseres Universums bekannt, das für den gesuchten Zweck in Frage kommen kann.

DAS QUANTENVAKUUM

Es häufen sich die Hinweise, daß das alles verbindende Holofeld eine spezielle Erscheinungsform des kosmischen Quantenvakuums ist. Doch was ist dieses Quantenvakuum? Die Bezeichnung wirkt geheimnisvoll, aber sie bezieht sich auf einen der wichtigsten und bis jetzt am wenigsten verstandenen Aspekte des physikalischen Universums. Es lohnt sich daher, sich eingehender damit zu beschäftigen.

In der heutigen Quantenphysik wird das Quantenvakuum als der niedrigste mögliche Energiezustand eines Systems definiert, für den sowohl die Gleichungen der Quantenmechanik wie auch der Speziellen Relativitätstheorie gelten. Es ist jedoch mehr als ein Energiezustand eines Systems: Es ist auch die Stelle, an der sich das Nullpunktfeld manifestiert. Die Energien dieses Feldes tauchen auf, wenn alle anderen Energieformen verschwinden – nämlich am Nullpunkt (daher der Name). Nullpunktenergien sind »virtuelle« Energieformen und nicht dasselbe wie die klassischen elektromagnetischen, gravitativen oder nuklearen Kräfte des Kosmos. So verstanden sind sie der Ursprung jener Energien, die als Masse gebunden sind, nämlich der Materieteilchen, die das Universum bevölkern.

Die physikalischen Definitionen des Nullpunktfeldes lassen auf ein beinahe unermeßliches Meer von Energie schließen, das die Materieteilchen als Substrukturen aus seiner Tiefe emportauchen läßt. Nach den Berechnungen des Physikers Paul Dirac gehört zu allen Teilchen mit positivem Energiezustand ein Gegenstück mit negativer Energie (zu jedem derzeit bekannten Teilchen ist inzwischen ein solches »Antiteilchen« gefunden worden). Die Nullpunktenergien des Quantenvakuums addieren sich zur sogenannten »Dirac-See«, einem Ozean aus Teilchen in negativem Energiezustand. Es ist zwar nicht möglich, diese Teilchen zu beobachten, aber sie sind deshalb keineswegs fiktiv. Wenn die negativen Energiezustände des Nullpunktfeldes des Vakuums mit genügend hohen Energien (in der Größenordnung von 10^{27} erg/cm^3) angeregt werden, wird der entsprechende Bereich dieses Feldes in den positiven (und somit beobachtbaren) Energiezustand gestoßen. Dieser Vorgang ist unter der Bezeichnung »Paarerzeugung« bekannt, wobei aus dem Feld ein positives (reales) Teilchen und sein Antiteilchen entstehen. Wo es Materie gibt, gibt es deshalb auch immer die Dirac-See. Das beobachtbare Universum schwimmt sozusagen auf der Oberfläche dieses Ozeans.

Die große Mehrheit der heutigen Wissenschaftler ist zwar noch relativ wenig über diese geheimnisvolle, dabei absolut grundlegende Domäne der Energie informiert, doch das Interesse an ihr wächst zusehends. Es sind wichtige Entdeckungen gemacht worden. Wie wir heute wissen, war das Quantenvakuum der Schoß, aus dem das beobachtbare Universum geboren wurde. Ein Bereich dieses Vakuums (das sogenannte Minkowski-Vakuum) geriet in eine explosive Instabilität und spaltete sich in Materie und Gravitation auf. In der anschließenden, weniger turbulenten Robertson-Walker-Phase des Universums synthetisierte dieses riesige Energiefeld die in Raum und Zeit fortbestehenden Materieteilchen.

Wir wissen auch, daß das Quantenvakuum nicht nur der Quell, sondern auch der Abfluß der Materie im Kosmos ist. Stephen Hawkings berühmte Theorie über Schwarze Löcher weist nach, daß am »Ereignishorizont« eines Schwarzen Loches bei einem dort erzeugten Teilchenpaar das eine Teilchen in den umgebenden Raum entkommt, während sein Antiteilchen-Zwilling in das Schwarze Loch gezogen wird, wo es zerfällt und wieder in das Nullpunktfeld des Vakuums eingeht.

Dieses Feld weist eine schwindelerregende Energiedichte auf. Nach einer Schätzung von John Wheeler entspricht die Dichte einem Materieäquivalent von 10^{94} g/cm^3. Diese Menge übertrifft die Gesamtmenge aller im bekannten Universum vorhandenen Materie. Im Vergleich zu diesem Energieniveau ist die Energiedichte des Atomkerns – des energiereichsten Materieklumpens im ganzen Kosmos – nachgerade winzig: Sie beträgt »nur« 10^{13} g/cm^3.

Wenn die Energie des Nullpunktfeldes des Vakuums von der Art wäre, wie die uns vertraute gewöhnliche Energie, würde das Universum augenblicklich in sich zusammenstürzen und sich auf weniger als den Durchmesser eines Atoms zusammenziehen. (Diese Konsequenz ergibt sich aus Einsteins berühmter Formel $E = mc^2$ für das Äquivalent von Materie und Energie.)

Die Welt der Materie – oder wie wir nunmehr sagen sollten: die Welt der Massenenergie – ist zumindest bis zum Schlußakt des Universums (oder unseres gegenwärtigen Universums) vor dieser Katastrophe gefeit. Heute und auch noch während der unzählbaren Milliarden von Jahren, die uns bevorstehen, wird das Universum auf der Oberfläche dieses unvorstellbaren Energiefeldes dahintreiben.

DERZEITIGE SPEKULATIONEN UND VORLÄUFIGE ERGEBNISSE

Zwischen dem anerkannten Wissensstand über das Quantenvakuum und dem, was noch spekulativ und umstritten ist, verläuft eine dünne Trennlinie. Da die gegenwärtigen Erkenntnisse noch mit konzeptionellen Schwarzen Löchern durchsetzt sind, werden zweifellos neue Erkenntnisse vorliegen, denn die Forscher entwickeln immer weitere Denkansätze und Methoden. Hier soll ein Überblick über die vielversprechendsten Forschungsansätze gegeben werden, bei denen wir annehmen können, daß sie sich auf dem richtigen Weg befinden.

Betrachten wir also die Natur des Vakuum-Nullpunktfeldes. Nach gängiger Ansicht ist es homogen und isotrop (in sämtlichen Richtungen gleichförmig). Diese aus der Quanten-Elektrodynamik (QED) abgeleitete Deutung gestattet elegante und mathematisch folgerichtige Berechnungen. Es gibt jedoch auch die stochastische Elektrodynamik: Hier wird das Vakuum als ein dauernd von Fluktuationen durchwirktes Feld betrachtet. Dieses läßt die mathematische Behandlung entsprechend »unordentlicher« werden, doch es könnte wohl sein, daß das Vakuum tatsächlich von einem fluktuierenden Energiefeld erfüllt ist. Die alternative Theorie käme in diesem Fall der Wahrheit näher, auch wenn sie weniger einfach und elegant ist. Einstein sagte: »Wir sollten unsere Theorien so einfach wie möglich machen – aber nicht einfacher.«

Es ist in der Physik keine Neuigkeit, daß dem Feld, das der Bewegung und dem Verhalten der Materie zugrunde liegt, eine eigene Struktur zukommt. Auch Einsteins Relativitätstheorie fordert ein strukturiertes Feld, nämlich das Raum-Zeit-Kontinuum. Dieses Feld steht in Wechselwirkung mit der wirklichen Welt der Materie, aber es hat, zumindest in der ursprünglichen Interpretation der Relativitätstheorie, keine eigene Realität – es ist rein geometrisch aufzufassen. Neuerdings haben einige Physiker diese Annahme zu hinterfragen begonnen. Neben anderen Forschern entwickelten der Italiener Ignazio Licata und der Deutsche Manfred Requard Theorien von einem relativistischen Universum, in dem die Raumzeit nicht als abstrakte Geometrie, sondern als ein physikalisch konkretes (sogenanntes »retikuläres«) Feld aufgefaßt wird, das im Quantenvakuum wurzelt. In dieser Betrachtungsweise ist das Vakuum keine abstrakte geometrische Konstruktion, sondern ein tatsächliches physikalisches Feld, das mit den Materieteilchen unseres Universums in Wechselwirkung steht.

Einige Nullpunktfeld-Energien können beobachtet und gemessen werden, wenn auch nicht jederzeit und nicht unter allen Bedingungen. Das Energiefeld des Vakuums (das wir der Einfachheit halber im folgenden die Energie des Vakuums nennen wollen) verhält sich wie eine Art Suprafüssigkeit. Diese Flüssigkeiten haben seltsame Eigenschaften. In supragekühltem Helium verschwinden jeglicher Fließwiderstand und jegliche Reibung, so daß es unbeeinträchtigt durch feinste Risse und Kapillaren hindurchströmen kann. In gleicher Weise können sich Körper widerstandsfrei durch solche Flüssigkeiten bewegen. (Da Suprafüssigkeiten auch der Bewegung von Elektronen keinerlei Widerstand entgegensetzen, sind sie gleichzeitig Supraleiter). Eine supraleitende Flüssigkeit ist daher für die Körper oder Elektronen, die sich in diesem Medium bewegen, gewissermaßen »nicht vorhanden« – sie erhalten keine Information, die auf das Medium hinweist. Auch wenn die Elektronen Meßgeräte hätten, würden sie nicht die geringste Spur des Mediums feststellen können.

Es ist möglich, daß das Quantenvakuum sich hinsichtlich der Teilchen, die sich in ihm bewegen, wie eine Suprafüssigkeit verhält. Die Teilchen und die aus ihnen aufgebauten Körper merken nichts von seiner Gegenwart – das Vakuum existiert für sie nicht. Da unser Körper und unser Gehirn aus den mit positiver Energie ausgestatteten Teilchen der Welt, die für uns die wirkliche ist, aufgebaut sind und sich die Gesamtheit dieser Teilchen gleichsam in einer Supraflüssigkeit bewegt, bemerken unsere Sinnesorgane und auch unsere empfindlichsten Meßinstrumente nichts von unserer Bewegung durch das Vakuum. Wir glauben aber, daß es das uns und unsere Welt umgebende Meer aus Energie nicht gäbe![1]

Das Vakuum verhält sich aber nicht immer und überall wie eine reibungslose Supraflüssigkeit. Der Physiker Piotr Kapitza (der sich in der ehemaligen Sowjetunion viele Jahre lang der Erforschung der Eigenschaften von supraflüssigem Helium gewidmet hat) stellt fest, daß sich in einem solchen Medium nur diejenigen Objekte ohne Reibung bewegen, die sich in einem uniformen Bewegungszustand befinden. Wenn ein Körper stark beschleunigt wird, erzeugt er im Medium Wirbel, die Widerstände auftreten lassen, so daß die klassischen gegenseitigen Beeinflussungen hervorgerufen werden. In Wirbeln von supraflüssigem Helium werden hochbeschleunigte kleine Objekte ganz wie in einer klassischen Flüssigkeit fortgeschwemmt.

Falls es im Quantenvakuum einen ähnlichen Effekt gibt, müßten Teilchen unserer realen Welt, die sich in keinem uniformen Bewegungszustand befinden, bei der Bewegung in diesem Energiefeld eine Einwirkung erfahren. Aus diesen Einwirkungen würden sich dann die berühmten relativistischen Effekte ergeben. Aber auch die vertrauteren Eigenschaften der Körper und Teilchen unserer Welt wie Trägheit, Gravitation und Elektromagnetismus ließen sich darauf zurückführen.

Die fortgeschrittenen Forschungen der Physik haben die Grundvorstellung bestätigt, auf der diese revolutionären Annahmen aufbauen. Die derzeitigen Arbeiten folgen einer Anregung, die in der Mitte der siebziger Jahre von den Physikern Paul Davies und William Unruh ausging. Die Argumentation von Davies und Unruh geht von den unterschiedlichen Verhältnissen bei uniformer im Gegensatz zu beschleunigter Bewegung im Vakuum aus. Eine konstante Bewegung läßt das Spektrum des Vakuums als isotrop (in alle Richtungen gleichförmig) erscheinen, während eine beschleunigte Bewegung eine Wärmestrahlung hervorruft, die die Richtungssymmetrie aufbrechen läßt. Der »Davies-Unruh-Effekt«, dessen Größenordnung unterhalb der Schwelle der Meßbarkeit liegt, hat die Physiker veranlaßt, nach weiteren Zuwachseffekten zu suchen, die von einer beschleunigten Bewegung im Vakuum hervorgerufen werden. Diese Bemühungen erwiesen sich als fruchtbar, denn es zeigte sich, daß die Kraft der Trägheit möglicherweise den Wechselwirkungen im Vakuum entspringt.[2]

Im Jahre 1994 legten Bernhard Haisch, Alonso Rueda und Harold Puthoff eine mathematische Beweisführung vor, nach der sich die Trägheit als eine dem Vakuum eigene Lorenz-Kraft auffassen läßt. Die Kraft entsteht unterhalb der Teilchenebene und erzeugt einen Widerstand gegen die Beschleunigung von massetragenden Körpern. Die beschleunigte Bewegung von Körpern durch das Vakuum erzeugt ein Magnetfeld, das die Teilchen ablenkt, aus denen ein Körper besteht. Je größer der Körper, desto mehr Teilchen sind in ihm enthalten und desto größer sind die Ablenkung und folglich auch die Trägheit. Somit wäre die Trägheit eine Form des elektromagnetischen Widerstandes, der in beschleunigten Systemen durch die Störung des aus virtuellen Teilchen bestehenden (oder wie auch immer supraflüssigen) Gases des Vakuums entsteht.

Mehr noch als die Trägheit scheint die Masse ein Produkt der Wechselwirkung mit dem Vakuum zu sein. Wenn Haisch und seine Mitarbeiter recht behalten, ist in der Physik die Vorstellung von einer Masse weder fundamental noch überhaupt notwendig. Wenn Wechselwirkungen der masselosen elektrischen Ladungen des Vakuums (also der Bosonen, aus denen die »Supraflüssigkeit« des Vakuumfeldes besteht) mit dem elektromagnetischen Feld oberhalb des bereits erwähnten Schwellenwertes des Energieniveaus stattfinden, wird Masse buchstäblich »geschaffen«. So muß Masse also nicht als eine fundamentale Größe des Universums gelten, sondern kann als eine Struktur verstanden werden, die aus der Energie des Vakuums kondensiert.[3]

Wenn Masse ein Produkt der Wechselwirkung des Vakuums ist, dann gilt das auch für die Schwerkraft. Wie wir aus Schulzeiten wissen, hängt die Schwerkraft stets unmittelbar im »umgekehrten Quadrat« mit der Masse zusammen (sie nimmt proportional zum Quadrat der Entfernung zwischen zwei sich anziehenden Massen ab). Wenn daher Masse in Wechselwirkung mit dem Vakuum entsteht, dann muß auch die Kraft, die mit der Masse zusammenhängt, so entstehen. Tatsächlich hebt die Theorie, die Haisch und seine Mitarbeiter entwickelt haben, genau darauf ab. Sie gibt eine spekulative, aber erstaunlich kohärente mathematische Erklärung dafür, wie Schwerkraft im Nullpunktfeld geschaffen wird. Die neue Theorie fußt auf der Annahme, daß die elektrische Komponente dieses Feldes geladene Teilchen zum Schwingen bringt und daß aus dieser Oszillation die sekundären elektromagnetischen Felder entstehen. Im Ergebnis wirken sowohl die elektrischen Kräfte des Nullpunktfeldes, die ein bestimmtes Teilchen zum Schwingen bringen, als auch die sekundären Energien, die im Feld durch ein anderes Teilchen ausgelöst werden, auf es ein. Der Effekt ist eine gegenseitige Anziehung zwischen den beiden Teilchen. So erweist sich die Schwerkraft als eine über eine weite Strecke aktive Wechselwirkung zwischen zwei Teilchen, die Ähnlichkeiten mit der vertrauteren Van-der-Waals-Kraft aufweist.[4]

Geht man vom Prinzip des Gleichgewichts zwischen Trägheit und Schwerkraft aus, stehen und fallen die auf der Wechselwirkung zwischen Vakuum und geladenem Teilchen aufgebauten Theorien der Trägheit und der Gravitation auch miteinander. Wenn diese Theorien bislang auch nicht unumstritten sind, enthalten sie doch viele Implikationen, die sie bedenkenswert machen. Zum einen erscheint die Schwerkraft nicht länger als eine geheimnisvolle Kraft, die zwischen zwei Gebilden wirksam wird, die in Raum und Zeit voneinander entfernt sind. In der klassischen Physik stellte diese Kraft eine metaphysische »Wirkung über Entfernung« dar, während sie in der Allgemeinen Relativitätstheorie als durch die Geometrie der Raumzeit hervorgerufen betrachtet wird. Es ist jedoch unklar, wie eine geometrische Struktur ein physikalisch reales Feld schaffen oder beeinflussen kann, außer man sieht sie als ein Äther-ähnliches Raum-Zeit-Medium an (eine Auffassung, der Einstein selbst in seinen späten Jahren zuneigte). Doch Schwerkraft kann in diesem Äther-ähnlichen Raum-Zeit-Medium nicht existieren, da dessen ungeheure Energiedichte in Verbindung mit der Gravitation (durch die Gleichsetzung von Energie und Masse der Relativitätstheorie) zu einem sofortigen Kollaps des Universums auf die Größe von weniger als einem Stecknadelkopf führen müßte. In der alternativen, auf der Wechselwirkung zwischen ZPF und Ladung fußenden Theorie kann dies nicht geschehen, da das Vakuum nicht auf sich selbst einwirken kann. Schwerkraft gibt es wegen des Fehlens von Masse im Nullpunktfeld nicht; sie entsteht nur durch die Bewegung geladener Teilchen. Daher ist ihr Wert auf die Massen dieser Teilchen beschränkt und umfaßt nicht ein Massenäquivalent aller Bosonen im Vakuum.

Im Lichte dieser Forschungen an vorderster Front scheinen *alle* fundamentalen Charakteristika, die wir normalerweise mit der Materie assoziieren, Produkte der Interaktion des Vakuums zu sein: Trägheit, Masse und auch Schwerkraft.

Die Zahl der Gebiete, auf denen Wechselwirkungen zwischen Materie und dem Vakuumfeld entdeckt werden, nimmt ständig zu. Man hat festgestellt, daß es unter bestimmten Bedingungen zu Interaktionen der Vakuumenergien mit den Elektronen kommt, die den Atomkern umkreisen. Diese Effekte sind zu beobachten, wenn ein Elektron von einem Energieniveau zu einem anderen »springt« – an den dabei abgestrahlten Photonen ist eine minimale Frequenzverschiebung gegenüber dem Normalwert feststellbar, der sogenannte »Lamb-shift«. Ebenso erzeugen Vakuumenergien zwischen eng beieinanderliegenden Metallplättchen einen Strahlungsdruck. Zwischen den Plättchen werden einige Wellenlängenpakete des Vakuums ausgeschlossen, so daß sich hier die Energiedichte gegenüber der Umgebung verringert. Das führt zu einem Sog, der die Metallplättchen nach innen durchbiegt und aufeinander zubewegt.

Das Quantenvakuum ist kein leerer Raum – es ist ein signifikanter Bestandteil unseres Universums. *Wie* signifikant es ist, können wir nur vermuten, doch schon bei vorsichtiger Einschätzung wird klar, daß ihm ein höherer Stellenwert zukommt als dem Vakuum der klassischen Theorien. Schon in diesen Theorien wird anerkannt, daß das Verhalten von Elementarteilchen vom Vakuum beeinflußt wird, doch sie führen Wechselwirkungen der Makrowelt von Materie und Energie nicht auf das Quantenvakuum zurück. Die an der vordersten Forschungsfront gewonnenen Erkenntnisse lassen jedoch vermuten, daß Wechselwirkungen zwischen dem Quantenvakuum und der beobachtbaren Welt der Makrodimensionen allumfassend und für unser Verständnis der Natur der Wirklichkeit fundamental sind.

Die Arbeit einer Gruppe russischer Physiker ist in diesem Zusammenhang besonders relevant. Wie der Autor dieses Buches anläßlich seines Besuchs der russischen Akademie der Wissenschaften im Januar 1996 erfuhr, hat das Team um Anatoly Akimow, G. I. Schipow und V. N. Binghi eine eingehende Theorie des »physikalischen Vakuums« entwickelt. In ihrer Theorie hat das Vakuum den Rang einer physikalischen Substanz, die das gesamte Universum erfüllt. Es registriert und überträgt die Spuren aller Teilchen und Objekte. Wenn es gelingt, diese Theorie experimentell (die umfangreichen Versuchsreihen haben bereits begonnen) zu erhärten, könnte sie die Physik der kommenden Jahre revolutionieren.

Trotz der Abstraktheit des Konzepts und der mathematischen Darstellungsweise sind die Aussagen dieser russischen »Torsionsfeldtheorie des physikalischen Vakuums« einfach und fundamental. Ihre Grundannahme lautet, daß alle Objekte, von den Elementarteilchen bis zu den Galaxien, im Vakuum Wirbel hervorrufen. Diese von Teilchen und anderen Gegenständen verursachten Wirbel sind Informationsträger, die quasi verzögerungsfrei eine Verbindung zwischen den physikalischen Ereignissen herstellen. Die Ausbreitungsgeschwindigkeit eines Bündels dieser »Torsionswellen« liegt in der Größenordnung von 10^9 C – das Milliardenfache der Lichtgeschwindigkeit. Da nicht nur physikalische Objekte, sondern auch die Neuronen unseres Gehirns Torsionswellen aussenden und empfangen, sind nicht nur Teilchen gegenseitig über ihren Zustand informiert (wie im berühmten EPR-Experiment), sondern auch Menschen. Unser Gehirn ist ebenfalls ein »Torsionsfeldsender und -empfänger«. Hier könnte die gemeinsame physikalische Erklärung der Nicht-Lokalität der Quanten sowie der Telepathie, des telepathischen Sehens und der anderen telesomatischen Phänomene liegen, die in Kapitel II, 4 erörtert worden sind.

Eine auf dem Vakuum aufbauende Theorie der Informationsübertragung läßt den Grad der Vernetzung des Universums wesentlich höher erscheinen, als das in Einsteins Relativitätstheorie der Fall ist. Je schneller Signale von einem Punkt des Raumes zu einem anderen gelangen können, desto mehr Punkte können sie in einem gegebenen Zeitraum miteinander verbinden. Eine absolut simultane Verbindung zwischen räumlich voneinander getrennten Ereignissen wird es wohl niemals geben (denn dazu müßten Signale sich mit unendlich großer Geschwindigkeit ausbreiten), doch schon wenn die Signale sich mit Überlichtgeschwindigkeit ausbreiten, verbreitern sich die Interaktions-Lichtkegel, die jeden gegebenen Punkt im Raum mit der Vergangenheit und Zukunft des Universums verknüpfen. Dies könnte auch die durchgängige Gleichförmigkeit der Struktur des Kosmos erklären, denn bei einer den Grenzwert der Lichtgeschwindigkeit einhaltenden Informationsausbreitung hätte keine Einheitlichkeit zwischen den entlegensten Regionen hergestellt werden können.

Es bedarf natürlich der experimentellen Überprüfung, ob Signale sich tatsächlich schneller als mit Lichtgeschwindigkeit ausbreiten können. Die Torsionsfeld-Vakuum-Theorie der Russen liefert uns dazu die Möglichkeit. Die russischen Wissenschaftler hoffen, einen von ihnen gebauten Torsionsfeld-Generator, der mit 60 Gigahertz arbeitet, in einer Marssonde zu installieren und eine Torsionswelle vom roten Planeten zur Erde senden zu können. Wenn das Torsionssignal gleichzeitig mit einem lichtschnellen Funksignal abgestrahlt wird, müßte es den Vorhersagen zufolge acht Minuten vor dem Funksignal auf der Erde eintreffen.[5]

Torsionswellen sind nicht nur über-lichtschnell, sie sind auch beständig. Die metastabilen »Torsions-Phantome«, die durch Wechselwirkungen zwischen Eigendrehimpuls und Torsion entstehen, können auch dann überdauern, wenn die auslösenden Objekte nicht mehr vorhanden sind. Die Existenz solcher »Phantomphänomene« ist durch die Experimente von Wladimir Poponin und seinem Team am Institut für biochemische Physik an der russischen Akademie der Wissenschaften bestätigt worden (Poponin hat das Experiment inzwischen am Heartmath Institute in den USA wiederholt). Er brachte eine Probe von DNS-Molekülen in eine Kammer ein, deren Temperatur konstant gehalten werden kann, und setzte die Probe Laserstrahlen aus. Dabei entwickelte sich in dem die Kammer umgebenden elektromagnetischen Feld eine bestimmte Struktur, die mehr oder weniger den Erwartungen entsprach. Doch es zeigte sich auch, daß diese Struktur nach der Entfernung der DNS-Probe aus der laserbestrahlten Kammer noch eine Zeit fortbestand. Die Prägung des Fel-

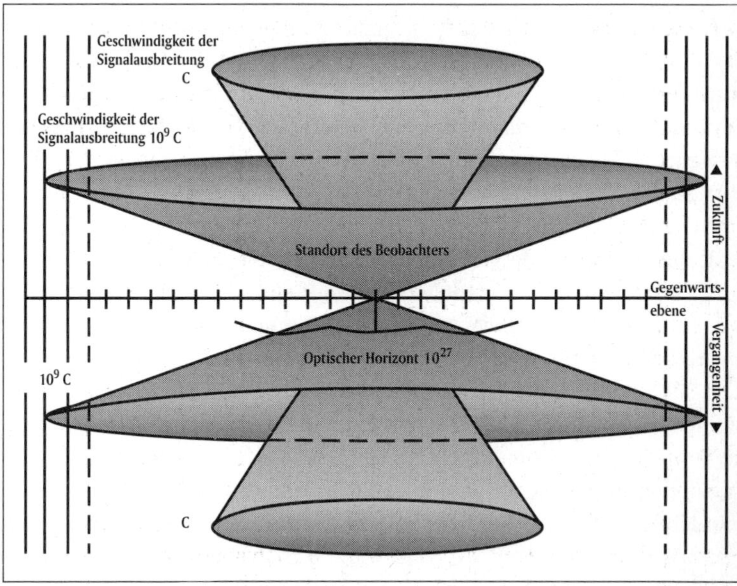

7 Die Reichweite von Wechselwirkungen, wenn im Universum Signalübermittlung im Vakuumfeld stattfindet, im Vergleich zur entsprechenden Reichweite unter Einhaltung des Grenzwertes der Lichtgeschwindigkeit (der Maßstab dient lediglich der Verdeutlichung)

des durch die DNS bleibt also erhalten, auch wenn die DNS nicht mehr vorhanden ist. Poponin und seine Mitarbeiter zogen aus dem Experiment den Schluß, daß dem physikalischen Vakuum eine neue Feldstruktur entsprungen sei. Dieses Feld ist äußerst reaktionsbereit und kann durch eine Reihe von Energien angeregt werden, die nur knapp über dem Nullpunkt liegen. Der Phantomeffekt ist nach Ansicht der Forscher die Manifestation einer bislang übersehenen Substruktur des Vakuums.

Die in diesem Kapitel vorgestellten Theorien sind im wahrsten Sinn des Wortes revolutionär – sie sind eine Aufforderung, fundamentale Annahmen sowohl der Relativitäts- wie auch der Quantentheorie neu zu überdenken. Ihre Implikationen hinsichtlich des Weltbildes sind nicht minder radikal. In der Perspektive, die sich abzuzeichnen beginnt, kommt den Grundfesten des Universums auf einmal eine aktive Rolle in den Funktionen und Prozessen des Kosmos zu. Leben und sogar das Bewußtsein sind eine Manifestation der beständigen subtilen Wechselwirkung der in der klassischen Benennung als »Materie« bezeichneten Wellenpakete mit dem darunterliegenden und alles vernetzenden, physikalisch realen Vakuumfeld.

Das alles verbindende Holofeld ist wahrscheinlich weder ein Gravitations- noch ein elektromagnetisches oder nukleares Feld; es dürfte eher ein »fünftes Feld« des Universums darstellen. Aber im Gegensatz zur klassischen Spekulation über das fünfte Feld nehmen wir nicht an, daß es sich um ein übernatürliches oder esoterisches Phänomen handelt. Jüngste und bislang noch kaum bekannt gewordene Erkenntnisse weisen darauf hin, daß es sich um ein Feld handelt, das aus der Wechselwirkung des Quantenvakuums, jenes unergründlichen kosmischen Energieozeans, mit den Gegenständen und Ereignissen der beobachteten und beobachtbaren Welt entsteht.

Die Entdeckung dieses Feldes und seine Aufnahme in das Repertoire der physikalisch realen Ereignisse wird einen fundamentalen Wandel des wissenschaftlichen Weltbilds auslösen. Während wir im nächsten und letzten Kapitel den kosmischen Reigen von Materie, Leben und Bewußtsein im flüsternden Gewässer unseres auf feinste Weise vernetzten Universums betrachten, wird dieser bevorstehende Wandel in Umrissen zutage treten.

Anmerkungen

1 Die fehlende Meßbarkeit ist häufig dafür verantwortlich, daß Wissenschaftler ein Phänomen nicht anerkennen. Um die Jahrhundertwende führte das Fehlen einer meßbaren Wechselwirkung zwischen realen Körpern und einer angeblich den gesamten Weltraum ausfüllenden Substanz, in der sich diese Körper konsequenterweise zu bewegen hätten, dazu, daß die Wissenschaftler sich gezwungen sahen, die Vorstellung vom »Lichtäther« über Bord zu werfen.

2 Die Trägheit wurde ursprünglich als die Eigenschaft eines massetragenden Körpers definiert, solange in Ruhe oder gleichförmiger Bewegung zu verharren, wie keine Kraft von außen auf ihn einwirkt; dies wird mathematisch in New-

tons zweitem Bewegungsgesetz ausgedrückt als F = ma, Kraft = Masse x Beschleunigung. Die Trägheit schien daher eine fundamentale quantitative Eigenschaft der Materie zu sein, doch sie blieb stets eine geheimnisvolle Eigenschaft. Newton sah sich außerstande zu ergründen, warum der Materie diese Eigenschaft anhaftet.

3 Auf den ersten Blick scheint diese neue Theorie im Widerspruch zu Einsteins berühmter Gleichung über das Energieäquivalent der Masse zu stehen ($E = mc^2$), doch in Wirklichkeit ist das nicht der Fall. Die Energie entspricht immer noch der mit dem Quadrat der Lichtgeschwindigkeit beschleunigten Masse. Dieses Äquivalent bedeutet, daß Masse nicht nur aus Energie entstehen, sondern auch in Energie zurückverwandelt werden kann. Dazu müßte sie nur auf den Wert der mit sich selbst multiplizierten Lichtgeschwindigkeit beschleunigt werden. Obwohl in diesem Kosmos keine Masse Lichtgeschwindigkeit erreichen kann, wissen wir doch, daß sich Masse in reine Energie umsetzen kann – zum Beispiel bei der Vernichtung von Teilchen, wenn ein Positron und ein Elektron sich gegenseitig vernichten und der Energiebetrag ihrer Restmasse als Gammastrahlung abgegeben wird.

4 Die Interpretation, die Puthoff und andere vorgelegt haben, besteht aus zwei Teilen. Im ersten Teil wird die von Schrödinger als »Zitterbewegung« bezeichnete Energie der ultrarelativistischen Schwingungen mit der Gravitationsmasse m_g nach der Division durch c^2 gleichgesetzt. Außer einem Faktor 2 bringt dies eine Beziehung zwischen der Gravitiationsmasse und elektrodynamischen Parametern hervor, die mit der oben postulierten trägen Masse m_i identisch sind. Doch Puthoff *et al* zeigen, daß die Gravitationsmasse m_g um den Faktor 2 reduziert sein müßte, damit eine strenge Äquivalenz zwischen m_i und m_g, das heißt zwischen den Kräften der Gravitation und der Trägheit, erreicht wird.

Der zweite Teil von Puthoffs Analyse leitet eine umgekehrt quadratische Kraft von den Van der Waalschen Energie-ähnlichen Interaktionen zwischen zwei angetriebenen oszillierenden Dipolen ab. Diese Analyse ist zugegebenermaßen unvollständig und bedarf einer weiteren theoretischen Ausarbeitung im Rahmen eines vollständig relativistischen Modells. Bernhard Haisch und Alfonso Rueda, »The Zero-Point Field and the NASA Challenge to Create the Space Drive«. In: Journal of Scientific Exploration, Bd. 11, Nr. 4 (Winter 1997); und H. E. Puthoff, »Gravity as a Zero-Point Fluctuation Force«. In: Phys., Rev. A, 39 (1989).

5 Diese Theorie war zur Zeit der Niederschrift dieses Buches noch nicht außerhalb Rußlands veröffentlicht. Sie ist so wichtig und faszinierend, daß sie verdient, unter Nennung einiger fachlichen Details vorgestellt zu werden. Wie bereits bemerkt, wird das Quantenvakuum im allgemeinen im Rahmen der Quanten-Elektrodynamik (QED) abgehandelt, was eine elegante und relativ einfache mathematische Behandlung dieses Phänomens erlaubt. Ein solches Formelwerk kann dennoch zu falschen Schlüssen führen, da es nicht unbedingt die bestmögliche Wiedergabe der physikalischen Realität darstellen muß – wie jede wissenschaftliche Theorie kann auch die Quanten-Elektrodynamik neu überdacht und erweitert werden. Dies dürfte erforderlich sein, um den Phänomenen gerecht zu werden, die derzeit in Bezug auf das Quantenvakuum ans Licht kommen.

Die russischen Physiker haben nicht gezögert, diesen Schritt zu wagen. Sie stützten sich dabei auf frühe Arbeiten Einsteins. G. I. Schipow hat in einer richtungsweisenden Abhandlung nachgewiesen, daß das Vakuum in Übereinstimmung mit dem von Clifford und Einstein entwickelten Programm zur

Geometrisierung der Raumzeit nicht nur in den Begriffen der Riemannschen (vierdimensionalen) Raumkrümmung, sondern auch in den Begriffen der Cartanschen Torsion dargestellt werden kann. In den zwanziger Jahren von Albert Einstein und Elie Joseph Cartan durchgeführte Untersuchungen legten den Grundstein einer Theorie, die später unter der Bezeichnung ECT (Einstein-Cartan-Theorie) bekannt wurde. Die Idee dazu stammte ursprünglich von Cartan, der sich zu Beginn dieses Jahrhunderts spekulativ mit Feldern beschäftigte, die durch Winkelimpulsdichte erzeugt werden. Unabhängig davon entwickelte später eine Reihe russischer Physiker, zu denen auch N. Myschkin und V. Belyajew gehörten, diesen Ansatz weiter. Sie versicherten, die physikalische Manifestation von dauerhaften Torsionsfeldern in der Natur entdeckt zu haben.

Anatoly Akimow und sein Team sehen im Quantenvakuum das universale Ausbreitungsmedium von Torsionswellen. Dem Torsionsfeld wird die Eigenschaft zugeschrieben, isotropisch den gesamten Raum auszufüllen, einschließlich der darin enthaltenen materiellen Strukturen. Das Feld hat eine Quantenstruktur, die im ungestörten Zustand nicht beobachtbar ist. Verletzungen von Symmetrie und Gleichförmigkeit des Vakuums erzeugen jedoch abweichende und der Beobachtung im Prinzip zugängliche Zustände.

Die Torsionsfeld-Theorie ist eine modifizierte Form des ursprünglichen Elektronen-Positronen Modells der »Dirac-See«: Das Vakuum wird als ein System von rotierenden Elektronen- und Positronen-Wellenpaketen betrachtet (und nicht mehr als ein Ozean aus Elektron-Positron-Paaren). An Orten, an denen die Wellenpakete in wechselseitigem Ausgleich in das Vakuum eingebettet sind, ist dieses elektrisch neutral. Wenn die eingebetteten Wellenpakete Spins, also Eigendrehimpulse mit entgegengesetzten Vorzeichen tragen, kompensieren sich nicht nur die Ladungen des Systems, sondern auch seine klassischen Eigenschaften Spin und magnetisches Moment. Ein derartiges System wird als »Phyton« bezeichnet. Dichte Ensembles von Phytonen werden als Näherungsmodell des physikalischen Vakuumfeldes betrachtet.

Bei gegebener Kompensation des Eigendrehimpulses nehmen die Phytonen innerhalb des Gesamtensembles eine beliebige Orientierung ein. Wenn eine Ladung q als Störung einwirkt, ruft sie die von der Quanten-Elektrodynamik verlangte Polarisierung der Ladung des Vakuums hervor. Ist die Quelle der Störung eine Masse m, erzeugen die Phytonen längs der Richtungsachse der Störung eine symmetrische Oszillation. Das Vakuum tritt in einen Zustand ein, der durch die Oszillation der Phytonen längs ihrer Eigendrehimpuls-Polarisationslängsachse gekennzeichnet ist. Dieser Zustand wird als Gravitationsfeld (G-Feld) interpretiert. Das Gravitationsfeld ist somit das Ergebnis einer vom jeweiligen Polarisationspunkt ausgehenden Dekompensation des Quantenvakuums, eine Idee, die erstmalig von Andrej Sacharow vorgeschlagen wurde. Da das Gravitationsfeld somit offensichtlich durch Längswellen gekennzeichnet ist, kann es nicht sichtbar gemacht werden – ein Befund, der durch Beobachtung und Experiment bestätigt wird.

Somit wird ein G-Feld erzeugt, wenn eine Masse als Störfaktor auftritt, und ein elektromagnetisches Feld, wenn die Störung von einer Ladung ausgeht. Die russischen Physiker gehen aber noch weiter.

Nach einer von Roger Penrose vorgetragenen These können die Vakuumgleichungen auch in spinorer Form aufgestellt werden, wodurch sich ein System nicht-linearer Spinorengleichungen ergibt, bei denen die Potentiale der Torsionsfelder als Zwei-Komponenten-Spinoren dargestellt werden. Mit diesen Gleichungen können sowohl geladene als auch neutrale Quanten und klassische Teilchen beschrieben werden. Man kann somit davon ausgehen, daß das Vakuum nicht nur von Ladungen und Massen, sondern auch durch den klassischen Spin eine Störung erfährt. In diesem Fall behalten jene Phytonen, die in der gleichen Richtung ausgerichtet sind wie der Eigendrehimpuls der Störung, ihre Orientierung bei. Die Phytonen mit einem der Störquelle entgegengesetzten Spin erfahren eine Umkehrung, wobei die von der Störung betroffene lokale Region des Vakuums in einen Zustand transversaler Spinpolarisation übergeht. Das ergibt ein »Spinfeld« (S-Feld), das als ein Kondensat aus Fermionenteilchen betrachtet werden kann.

Wir können daher das Vakuum als ein physikalisches Medium auffassen, das verschiedene Polarisationszustände einnehmen kann. Bei Polarisation der Ladungen manifestiert sich das Vakuum als elektromagnetisches Feld; bei Polarisation der Massen als Gravitationsfeld; bei Spinpolarisation als Spinfeld. In dieser revolutionären Theorie entsprechen *sämtliche* in der Physik bekannten fundamentalen Felder Polarisationszuständen des Vakuums.

3 DER KOSMISCHE REIGEN

Wenn die Naturwissenschaft einmal erkannt hat, daß der gesamte Kosmos unablässig subtil vernetzt ist, wird sie in der Lage sein, eine durchgängige Erklärung all der Dinge zu liefern, die in Raum und Zeit vorkommen – von den Atomen bis zu den Galaxien, von den Bakterien bis zu den Menschen. Die zeitgenössische Naturwissenschaft nähert sich dieser bedeutungsvollen Schwelle: Die Schaffung einer wahrhaft Vereinheitlichten Theorie ist zur konkreten Möglichkeit geworden. Sie wird uns eine nahezu vollständige Betrachtung der beobachtbaren Welt ermöglichen.

QTV, die quasi totale Vision, verspricht eine faszinierende Aussicht, wobei einiges schon in Umrissen erkennbar ist. Wir wollen hier die wichtigsten Eckpunkte markieren, wobei wir uns erneut mit dem Bild des Kosmos, der Materie, des Lebens und des Bewußtseins beschäftigen werden.

DAS NEUE BILD DES KOSMOS

In einem Universum, in dem ein alles umspülender Ozean aus Energie die Phänomene verbindet, können viele Paradoxien zur Auflösung gebracht werden, die in einem rein geometrischen raumzeitlichen Universum rätselhaft bleiben. Vor allem das große Rätsel der Kosmologie – warum eigentlich das Universum so erstaunlich für das Leben prädisponiert ist – erscheint in einem neuen Licht.

Wie schon im fünften Kapitel angemerkt, liegt das Rätsel in der feinen Abstimmung der kosmischen Grundkonstanten. Diese Grundanpassung der physikalischen Eigenschaften des Universums an die Erfordernisse der Biophysik und der Biochemie des Lebens hat, wie schon erwähnt, unter Wissenschaftlern Anlaß zu ungewöhnlichen Höhenflügen der Phantasie gegeben.

Für die Urknall-Kosmologie muß die Frage, warum die physikalischen

Konstanten des Universums genau jene im Urknall selbst angenommenen Werte aufweisen, stets unlösbar bleiben – der Schoß, aus dem das Universum hervorgegangen ist, entzieht sich dem Geltungsbereich des Standardmodells. Bei den jüngsten multizyklischen Kosmologien verhält es sich jedoch anders. Wenn das Universum nicht in einem Urknall geboren, sondern nur mit einem Knall wiedergeboren wurde, können wir vielleicht etwas über den Schoß erfahren, aus dem es hervorgegangen ist. Es ist nicht ausgeschlossen, daß der kosmische Schoß bereits Informationen in sich trug, die aus Universen stammen, die dem unsrigen vorausgegangen sind. Unser Kosmos könnte Züge aufweisen, die er von früheren Universen geerbt hat.

Eine solche Erbfolge liegt durchaus im Bereich des Möglichen, vorausgesetzt, es gibt ein physikalisches Medium, das in der Lage ist, Merkmale des »Eltern-Universums« an ein »Nachkommen-Universum« zu übertragen. Wenn die derzeitigen Forschungen auf dem richtigen Weg sind, gibt es tatsächlich ein solches Medium, nämlich das im Vakuum gründende Holofeld. Wenn dieses Feld nicht erst mit der Geburt unseres eigenen Universums geschaffen wurde und wenn es zudem das Gedächtnis aller jemals geschaffenen Universen darstellt, könnte es für die Übertragung der Spuren früherer Universen auf unser eigenes gesorgt haben. Unser Universum wäre dann nicht »mit leeren Händen« auf die Welt gekommen. Der Vakuum-Energieozean, dem es entsprang, hätte dann die Spuren sämtlicher früherer Universen in verschlüsselter Form in sich getragen. Wir wollen uns nun ein Bild davon machen, wie dieses kosmische Gedächtnis funktioniert haben könnte.

Zusammen mit der Evolution der früheren Universen fand auch eine Evolution des Vakuum-Holofeldes statt. Diese führte zu einer gegenseitigen Annäherung der physikalischen Voraussetzungen, die das Leben ermöglichen, an die Lebensprozesse als solche. Der heilige Reigen von Materie, Leben und Feld trat in eine kosmische Dimension ein. Im Verlaufe von unzähligen Äonen lernten die Partner dieses Tanzes immer raffiniertere Schrittfolgen in immer größerer gegenseitiger Harmonie auszuführen.

In jedem der aufeinanderfolgenden Universen passen sich die Atome,

Moleküle, Zellen und Organismen an die Grundkonstanten an, die ihnen die Parameter ihrer Evolution vorgeben. Die Konstanten ihrerseits passen sich den Atomen und Organismen an, die in den vorangegangenen Universen zur Entwicklung gelangt sind. Auf diese Weise erzeugt das Gedächtnis tragende Quantenvakuum bei der explosiven Geburt jedes Universums mit größter Präzision jene kleinräumigen Abweichungen des explosiven Geschehens, die Galaxien mit Sternen und Sterne mit Planeten entstehen lassen. Zudem synthetisiert es genau jene Menge an Materie mit genau jenen in Wechselwirkung stehenden Kräften, daß daraus Moleküle und Zellen und auf geeigneten Planeten auch lebende Organismen und eine vollständige Biosphäre hervorgehen können.

Diese Hypothese läßt uns verstehen, weshalb unser Universum, das vor 15 (oder vielleicht nur vor 7 oder 8) Milliarden Jahren durch eine Explosion geboren wurde, überaus genau den Bedingungen entspricht, die das Leben zu seiner Entwicklung braucht. Unser Universum ist möglicherweise aus einer langen Reihe früherer Universen hervorgegangen, die sich nacheinander im zeitlosen Schoß eines alles überspannenden »Meta-Universums« entfaltet haben.

Wenn dem so ist, können wir uns nun der Frage zuwenden, wann dieses Meta-Universum geboren wurde. Wie lange vor der Entstehung unseres eigenen Universums fand diese Geburt statt?

Die empirischen Wissenschaften können darauf keine befriedigende Antwort geben. Doch völlig hilflos ist die Naturwissenschaft ihr gegenüber dennoch nicht – sie kann zwar nicht sagen, *wann* der »Ur-Urknall« stattgefunden hat, aber sie kann uns etwas darüber mitteilen, *wie* es dazu gekommen ist.

Hier können die Theorien des russischen Kosmologen Andrej Linde Auskunft geben. Wie er meint, könnte der Ur-Urknall ein retikuläres Geschehen gewesen sein, sich also in mehreren voneinander getrennten Regionen ereignet haben. In dieser Hinsicht könnte er etwa einer Seifenblase geglichen haben, die aus mehreren aneinanderhaftenden Blasen besteht. Wenn man eine solche Seifenblase aufbläst, trennen sich die kleineren Blasen ab, um dann eine eigene, unabhängige Blase zu bilden. Ähnliches könnte sich beim allerersten Urknall abgespielt haben. Diese kosmische Explosion umfaßte möglicherweise eine Vielzahl von Regionen. Jede Region hat sich danach zu einem eigenen Universum aufgebläht. Die Größe und das Entwicklungspotential der einzelnen Regionen können sehr unterschiedlich gewesen sein: Die meisten dürften sich zu Universen entwickelt haben, in denen keine Galaxien, Sterne, Planeten und Lebewesen möglich waren. Doch unter einer großen Zahl solcher »Totgeburten« müßten sich auch einige Universen befunden haben, die die Fähigkeit hatten, Leben hervorzubringen. Das Universum, in dem wir uns befinden, würde zu der letztgenannten Kategorie gehören. Offensichtlich war unsere »Blase« groß und körnig genug, um Galaxien und Sterne sowie einige Sterne mit Planeten und zumindest einen Planeten mit Leben entstehen zu lassen – das war gewiß kein bloßer Zufall. In einem anderen Universum hätten wir uns niemals entwickeln können.

Anhand dieser Theorie der Aufblähung nach dem Ur-Urknall wurden Berechnungen angestellt, die zeigen, daß in Regionen der Urexplosion, wo ein gutes Evolutionspotential gegeben war, die darauffolgenden »Blasen« ähnlich günstige Entwicklungsbedingungen aufweisen. Damit wäre aber die Frage nach dem Rätsel der glücklichen Feinabstimmung der physikalischen Größen lediglich auf den allerersten Urknall zurückverschoben.

Das wäre nicht störend, falls wir nachweisen könnten, daß die gegenwärtigen Eigenschaften des Universums kein reiner Glücksfall sind – sie haben sich in der Abfolge verschiedener Universen nach und nach *entwickelt*. Zu diesem Ergebnis gelangen wir, sobald wir das Bild um das im Vakuum gründende Holofeld bereichern. Wie wir bereits gesehen haben, müssen wir dieses Feld zur Erklärung heranziehen, wenn wir verstehen wollen, daß die entferntesten Regionen des Weltalls die gleichen Strukturen und die gleichen Entwicklungsmuster aufweisen. Informationen, die sich mit Lichtgeschwindigkeit ausbreiten, können nicht eine Verbindung zwischen Regionen hergestellt haben, die 15 oder mehr Milliarden Lichtjahre voneinander entfernt sind – doch Wellen, die sich im Vakuum ausbreiten, sind dazu in der Lage. Sie pflanzen sich schneller fort als das Licht, vielleicht – falls die russischen Torsionsfeld-Theorien stimmen – eine Milliarde mal schneller als die Lichtgeschwindigkeit C. Auf diese

Weise kann das im Vakuum gründende Holofeld alle Teile des Kosmos »informieren« und für Vernetzungen sorgen.

Wir gehen davon aus, daß das Holofeld seine Informationen von einer kosmischen »Blase« in die nächste überträgt. Die schon existierende Substruktur des Vakuums überdauert unzerstört die periodische Abfolge der einzelnen »Urknalle«. Dieses im darunterliegenden allumfassenden Mega-Universum verankerte, transzyklische Gedächtnis garantiert nicht nur, daß Kontinuität und Zusammenhalt in jedem einzelnen kosmischen Zyklus erhalten bleiben, es sorgt auch dafür, daß die Evolution zyklusübergreifend weiterläuft. Da jedes »Nachkommen-Universum« die in den früheren »Eltern-Universen« angehäuften Informationen erbt, wird die Anpassung an die Erfordernisse des Lebens in jedem sich neu entwickelnden Universum immer besser als im vorangegangenen Kosmos. Die Abfolge der in den einzelnen Urknallen entsprungenen Universen ergibt eine Lernkurve. Unser eigenes Universum, das letzte Glied einer Kette früherer Universen, wurde bei seiner Geburt »informiert« und geprägt durch die Spuren, die seine Vorgänger hinterlassen haben. Deshalb ist es so ausgezeichnet auf die Erfordernisse des Lebens abgestimmt.

Dies ist die Perspektive eines sich selbst erzeugenden Kosmos, der sich kontinuierlich, aber äußerst differenziert aus urtümlicher Eintönigkeit zu seiner gegenwärtigen bis in die tiefsten Schichten verknüpften Vielfältigkeit entwickelt hat. Sie findet ihre Entsprechung in einem intuitiven Wissensschatz, der seit unvordenklichen Zeiten im menschlichen Bewußtsein gegenwärtig ist. Die Schöpfungsmythen der unterschiedlichsten Kulturen stimmen überein, daß die Welt der Dinge und Lebewesen aus einer Konkretisierung oder Verfestigung der Grundenergie des Kosmos entstanden ist, die sich ihrerseits aus einem Urquell herleitet. Die materielle Welt ist eine Widerspiegelung der vibrierenden Energie von Welten, die feiner aufgebaut sind und ihrerseits als Widerspiegelungen von noch feineren Kraftfeldern aufgefaßt werden. Dieses »Leitmotiv« läuft wie ein roter Faden durch fast alle mystischen Lehren.

In den indischen Upanishaden ist die Urquelle ein mit Energie aufgeladener Raum, der zusammen mit dem Kosmos entstand: der *akasha*. Nach der Lehre Swami Vivekanandas erfüllt Akasha den ganzen Raum und läßt alles, was darin existiert, aus sich entstehen. Luft, Feuer, Wasser und Erde existieren auf der Grundlage von Akasha und werden von ihm durchdrungen. Am Anfang war nichts als Akasha, und am Ende wird nur noch Akasha sein. Akasha wird zur Sonne, zum Mond, zur Erde, zu den Sternen und den Kometen. Akasha wird auch Tier, Mensch, Pflanze und alles, was es sonst gibt. Am Ende einer Seinsphase wird alles wieder im Akasha aufgehen, um in der nächsten Phase erneut aus ihm hervorzugehen.

»Prana« hingegen ist die unermeßliche und allgegenwärtige Kraft, die auf Akasha einwirkt. Prana ist Bewegung, Schwerkraft und Magnetismus. Es ist gegenwärtig im menschlichen Handeln, in den Nervenströmen des Körpers, selbst in der Kraft der Gedanken. Am Ende werden sich sämtliche Kräfte wieder im Prana auflösen, ganz wie die Dinge wieder im Akasha aufgehen werden. Bemerkenswerterweise speichert Akasha die Spuren von allem, was je im Kosmos stattgefunden hat. Dies ist das »akashische Register«, das unauslöschliche Gedächtnis des sich selbst erschaffenden Universums.

Die modernste Strömung der kosmologischen Physik läßt auch das altehrwürdige Bild Vishnas wieder zu Ehren gelangen: Wie eine Lotosblume entfaltet sich die manifeste Welt immer wieder aufs neue aus dem turbulenten, flüssigen und schöpferischen Urstoff, aus dem ursprünglichen Energieozean, der überall und allzeit die Dinge erschafft und nährt. Nichts anderes bedeutet es, wenn man sagt: Das Universum entsteht aus dem supraflüssigen Quantenvakuum, entwickelt sich in Raum und Zeit und geht wieder in das Vakuum ein – um stets aufs neue in feurigen Pulsschlägen kosmischer Kreativität daraus hervorzugehen.

Die Naturwissenschaft wird nach ihrem nächsten Entwicklungsschritt bei der Erklärung, weshalb der Kosmos dem Leben so günstige Bedingungen bietet, darauf verzichten können, sich entweder auf eine göttliche Intervention oder auf einen in seiner Wahrscheinlichkeit schon nicht mehr vorstellbaren glücklichen Zufall zu berufen. Die Lebensfreundlichkeit des Kosmos verdankt sich weder einem Schöpfungsakt noch dem blinden Walten des Zufalls – sie ist begründet in der fortschreitenden kosmischen Evolution, die sich in einer langen Serie von miteinander vernetzten kosmischen Zyklen entfaltet.[1]

DER NEUE MATERIEBEGRIFF

Die abendländische Vernunft ist immer davon ausgegangen, daß die Welt letzten Endes nur aus zwei Komponenten besteht: Materie und Raum. Die Materie befindet und bewegt sich im Raum – sie ist die primäre Realität. Der Raum ist ihr Hintergrund und ihr Behältnis. Solange der Raum keine materiellen Körper enthält, kann ihm kaum eine Realität in sich zugesprochen werden.

Diese Vorstellung geht auf die altgriechischen materialistischen Naturphilosophen zurück und war eine tragende Säule der Newtonschen Physik. In Einsteins relativistischem Universum wurde sie (durch die Einführung der Raumzeit als einer integrierten vierdimensionalen Matrize) einer radikalen Revision unterzogen. Ähnliches geschah in der Quantenwelt von Bohr und Heisenberg. Jetzt müssen wir sie abermals neu überdenken.

Die quasi totale Version der neuen Naturwissenschaft legt uns nahe, diese Grundannahme über das Wesen der Wirklichkeit erneut abzuwandeln. Es ist nicht mehr möglich, die Materie weiterhin als das Primäre und den Raum als das Sekundäre zu betrachten: Der Raum – oder vielmehr das Feld, das den Raum erfüllt – muß zur primären Wirklichkeit erhoben werden.

Wie wir gesehen haben, kann die Materie sinnvollerweise als ein Produkt des Raumes – oder besser: als ein Produkt des raumerfüllenden Nullpunktfeldes – verstanden werden. Die scheinbar so festen Gegenstände wie auch das Fleisch und Blut unseres Körpers sind aus nicht weiter reduzierbaren kleinsten Bausteinen aufgebaut, die wir mit der Bezeichnung »Materie« belegen könnten. Das, was wir Materie nennen und dem die Naturwissenschaft die Eigenschaften Trägheit und Gravitation zuordnet, ist das Ergebnis subtiler Wechselwirkungen in der Tiefe dieses Feldes. In der neuen Betrachtungsweise gibt es keine »absolute Materie«, sondern ein absolutes Materie erzeugendes Energiefeld.

Die Physiker mußten feststellen, daß beim Vordringen in die kleinsten Maßstäbe die Materie auf einmal »verdunstet«, indem die Elementarteilchen aufhören, in Form von isolierten oder isolierbaren Größen zu existieren. Es gibt nur Quarks und das Quantenfeld, in das sie eingebettet sind. Quarks können nur als eine kollektive Gesamtheit existieren und bilden dann die verschiedenen Hadronen: Protonen, Neutronen und Mesonen. Man kann sie nicht voneinander trennen, und es ist daher nicht möglich, so etwas wie ein Gas aus Quarks zu erzeugen. Die Atome und Moleküle, aus denen der Materieanteil des Universums besteht, sind also letztlich aus mannigfachen Kombinationen von Quarks aufgebaut, die nicht voneinander getrennt oder abgespaltet werden können. Die »Materie« bildet sozusagen eine bunt gemusterte Folie, die sich über das darunterliegende Energiefeld gelegt hat. Materielle Körper und Gegenstände tummeln sich deshalb nicht im Raum wie in einem Behältnis; sie sind vielmehr Kondensationen oder kritische Knotenpunkte des den Weltraum erfüllenden Energiefeldes.

In das Denken der Mehrheit der Naturwissenschaftler haben die Konsequenzen dieser neuen Art der Betrachtung noch keinen vollen Eingang gefunden. Wenn unter den Physikern Einhelligkeit herrschen würde, müßten sie die Photonen und Elektronen und andere Quanteilchen als kondensierte Quarkströme in einem supraflüssigen Raum betrachten (genauer: im Nullpunktfeld des Quantenvakuums). Doch selbst die Teilchenphysiker tun sich schwer, den herkömmlichen Standpunkt zu überwinden. Dieser geht davon aus, daß die Photonen quer durch den Raum auf die technischen Meßeinrichtungen aus Spiegeln und Schirmen geschossen würden – wie beispielsweise in dem berühmten Doppelspalt-Experiment. Die Versuchsanordnung wird dabei implizit als ein Gebilde aus klar definierten physikalischen Körpern verstanden, mit dem die Photonen auf mannigfache (und oft rätselhafte) Weise zusammenstoßen. Die primäre Realität bleibt das abgestrahlte Elementarteilchen und die materielle Beschaffenheit der Versuchsapparatur. Man weiß zwar, daß der dazwischenliegende Raum voll ist von Quantenfluktuationen, doch das wird zur sekundären Realität herabgestuft.

Die Naturwissenschaftler könnten es sich eigentlich nicht mehr leisten, Photonen und Elektronen als diskrete Einzelerscheinungen aufzufassen, die man quer durch den Raum auf Schirme und Spiegel schießen kann. Betrachtet man die physikalische Wirklichkeit in einer ihr angemessenen Weise, dann muß man selbst die Schirme und Spiegel und die Laborapparaturen als »gequantelte« Wellen des zugrundeliegenden Vakuum-Energiefeldes interpretieren. Wenn die Physiker in diesem Feld Photonen und Elektronen messen, messen sie eigentlich Wellenmuster. Bei der Durchführung von Quantenexperimenten laboriert eine Gruppe von stehenden Wellen – nämlich die Physiker – mit einer Gruppe von sich ausbreitenden Wellen – den Elektronen und Photonen.

Für den gesunden Menschenverstand scheint diese Betrachtungsweise zwar alles auf den Kopf zu stellen, doch bei genauerem Hinsehen zeigt sich, daß sie den alltäglichen Vorstellungen vom Wesen der Natur eher entspricht als das Standardmodell der heutigen Physik. Quantenfelder sind zum Beispiel keine abstrakten Einheiten mehr, die lediglich die Größe von Potentialen angeben, sondern sie werden zu physikalisch realen Gebilden, die die Verbindung zwischen echten Elementarteilchen und wirklichen Gegenständen herstellen. Der hohe Abstraktionsgrad, der den Physikstudenten der ersten Semester zu schaffen macht, ist auf einmal verschwunden: Licht und Gravitation sind keine phantomartigen Wellen mehr, die durch einen leeren Raum sausen. Die Raumzeit ist nicht nur eine Geometrie à la Einstein, sondern eine grundlegende physikalische Wirklichkeit, ein Medium, das für Störungen empfänglich ist – ein umfassendes Medium, das Muster und Wellen hervorbringen kann. Licht und Klang sind Wellen, die sich in diesem kontinuierlichen Medium ausbreiten, während Tische und Bäume, Felsen und Schwalben sowie andere scheinbar feste Gegenstände stehende Wellen sind, die sich darin gebildet haben.[2]

So scheinen die neuesten Erkenntnisse die ältesten Einsichten zu bestätigen. Die mystische Vorstellung, daß der Raum den Schöpfungsurgrund der Materie darstellt, kommt der Wahrheit wieder nahe. Im asiatischen Kulturkreis ist sie schon 5000 Jahre alt oder noch älter. Nach Ansicht der altindischen *rishis* (Seher) ist der Raum nicht nur das bloße Gerüst für die Kapriolen der materiellen Gegenstände, die das einzige seien, was wirklich ist. Er ist vielmehr eine eminente Realität, eine feine Substanz, die genauso real und wahrnehmbar ist wie die vier Elemente von Luft, Feuer, Wasser und Erde. Dieses Denken kehrt in der Lehre einiger zeitgenössischer indischer Philosophen wieder. Gopi Krishna zum Beispiel, der Gründer der Kundalini-Bewegung, sagte, daß die Energien der sichtbaren Welt aus der dem kreativen Potential eigenen Urenergie stammen. Der Kosmos ist wie ein endloser Ozean, auf dem immer wieder Eisberge schwimmen. Der kosmische Ozean durchdringt Raum und Zeit – er ist die Grundlage aller Dinge. Unsere Sinne können ihn nicht wahrnehmen, doch die gigantischen Eisformationen, die lediglich eine andere Erscheinungsform des sie umgebenden Wassers sind, können wir bemerken. Wenn wir die Welt mit unseren Sinnesorganen betrachten, sehen wir nur die Eisberge. Doch wenn wir die Realität mit dem inneren Auge schauen, im *samadhi* (Zustand der Erleuchtung), dann verschwinden die Eisberge, und wir sehen ringsum nur noch Wasser.

Eddingtons prosaisches Bild von der Ehefrau als eines Satzes komplizierter Differentialgleichungen kann im neu-alten Materiebegriff durch ein zwar weniger abstraktes, jedoch kaum weniger prosaisches Bild ersetzt werden. Die sich abzeichnende umfassende Theorie der QTV sagt uns, daß unser Ehepartner – wie wir selbst und alles, was kreucht und fleucht ebenso wie alle unbelebten Dinge – in einem kosmischen Ozean von unsichtbarer, doch physikalisch realer Energie eine komplexe stehende Welle bildet.

DAS NEUE BILD VOM LEBEN

Die subtile Beziehung zwischen den materiellen Dingen, denen wir in unserer Erfahrung begegnen, und dem Energiefeld, das bis in die Tiefen des Kosmos reicht und das den Dingen unterlegt ist, bedeutet einen großen Wandel für alles, was wir über das Leben und die Welt des Lebendigen wissen. Das Bild, das sich am wissenschaftlichen Horizont abzeichnet, läßt eine vernetzte Natur erkennen, die alles, was wir beobachten können, in einem kontinuierlichen, organischen Prozeß der Selbstschöpfung hervorbringt.

Der neue Ansatz gibt uns zu verstehen, daß lebende Organismen nicht als das Ergebnis einer Reihe von Zufällen zu betrachten sind: Der genetische Informationspool des Organismus ist nicht von seiner Umwelt abgekoppelt, und seine Variationen sind keineswegs dem Walten des blinden Zufalls unterworfen. Zwischen dem Genom und dem Organismus besteht eine direkte, unmittelbare, wenn auch sehr subtile Verbindung, die bis in das Umfeld des Organismus hinausgreift. Die Mutationen, die neue Arten entstehen lassen, sind »adaptiv« und keineswegs eine willkürliche Rekombination der Gene – sie sind eine flexible Reaktion der genetischen Substruktur des Organismus auf Veränderungen, die aus seinem Milieu auf ihn zurückwirken.

Führende Denker und Wissenschaftler haben bei zahllosen Gelegenheiten darauf hingewiesen, daß adaptive Mutationen wohl im Bereich des Möglichen liegen. Selbst auf die Gefahr hin, das Gespenst des Lamarckismus heraufzubeschwören (eine schon seit langem widerlegte Lehrmeinung, daß auch die von einem Organismus während seines Lebens *erworbenen* Eigenschaften auf die Nachkommen vererbt werden können), haben führende Forscher eine Ankopplung des Genoms an die Erfordernisse des jeweiligen Milieus immer wieder für möglich erklärt. Die Theorie der adaptiven Mutation, die noch während der achtziger Jahre ein stürmisches Für und Wider hervorgerufen hat, ist im Lichte neuerer Forschungsergebnisse zur Zeit wieder im Gespräch.

Die Erkenntnis, die sich anbahnt, ist kein Rückfall in veraltete und längst überholte Vorstellungen. Hier soll nicht die Behauptung aufgewärmt werden, daß die Giraffe ihren langen Hals bekam, weil Generationen von Giraffen die Hälse recken mußten, um an das Blattwerk immer höher gelegener Äste heranzukommen. Das neue Konzept befaßt sich vielmehr mit der Anpassungsfähigkeit des Genoms, jenes genetischen Informationspools, in dem der lange Hals ebenso verschlüsselt ist wie sämtliche anderen körperlichen Merkmale eines Organismus. Das Genom ist »flüssig«, wie die Mikrobiologen inzwischen sagen.

In kontrollierten Versuchen zeigten sich zahllose Umwelteinflüsse, die auf das Genom einwirken und einen Anpassungsdruck erzeugen. Beim Flachs konnte man beispielsweise nach der Behandlung mit künstlichen Düngemitteln gerichtete Veränderungen im Genom feststellen. Man weiß, daß sich bei einer ganzen Reihe von Insektenarten, die Insektiziden ausgesetzt waren, eine vererbbare Vergrößerung jener speziellen Gene entwickelt hat, die die Toxine entgiften und Resistenz gegen diese Chemikalien erzeugen. Bekanntermaßen sind ähnliche Veränderungen als Folge von elektromagnetischen und chemischen Einflüssen auch im genetischen Pool anderer Arten aufgetreten.

Es hat den Anschein, daß das Genom über – oder durch – die Veränderungen seiner Umweltbedingungen »informiert« wird. Die Doktrin, daß das Erbgut eines Organismus von den Wechselfällen seines Lebens absolut unberührt bleibt – einer der Stützpfeiler des klassischen Darwinismus –, ist unter Beschuß geraten und wird wohl bald aufgegeben werden müssen. Organismus und Umwelt sind Teilaspekte eines Gesamtsystems, das sich im Laufe der Zeit als Ganzes entwickelt. Die Tage des nackten Zufalls sind gezählt – selbst hinsichtlich der Mutationen des Genoms ist man zunehmend der Ansicht, daß sich die Variationen im Rahmen eines hochgradig strukturierten »epigenetischen Systems« bewegen.

Immer mehr Biologen gelangen zu der Ansicht, daß die Stabilität des Erbgutes nichts mit der Isolation des Genoms zu tun hat und daß die Lebenstüchtigkeit einer Art nicht das Ergebnis einer natürlichen und dem reinen Zufall überlassenen Selektion ist. Die Rolle der natürlichen Selektion für die Evolution wird dabei keineswegs bestritten. Variationen, die für das Überleben und die Reproduktion nachteilig sind, werden dadurch ausgemerzt, und das trägt zu der beobachteten Anpassung der Organismen an ihre Umwelt bei. Die natürliche Selektion wird allerdings inzwischen eher als ein negativer denn als ein schöpferischer Faktor betrachtet. Sie sorgt zwar für die Ausmerzung der untauglichen Mutanten, doch kann sie lebensfähige Mutanten nicht erzeugen. Wie die Biologen inzwischen feststellen, liegt der positive Faktor in einer engen Verknüpfung von Organismus und Umwelt innerhalb eines in stetiger und konsequenter Selbstentwicklung begriffenen Gesamtsystems. Dieser Faktor beschränkt das Spiel des Zufalls und koppelt das »flüssige« Genom an solche Mutationen des Systems, durch die sich größere Entwicklungssprünge ankündigen.

Die enge Verbindung zwischen Genomen, Phänomenen und Umwelten wird auf immer mehr Gebieten der biologischen Forschung deutlich. Anstelle der Sichtweise des klassischen Darwinismus, die von einer ausschließlich dem Zufall unterliegenden natürlichen Auslese ausgeht, und der auf Gene ausgerichteten Auffassungen der »modernen Synthese« erkennen die post-Darwinschen Evolutionsforscher, daß Evolution mehr ist als nur das zufällige Zusammenspiel einzelner Faktoren: Ein ganzes Bündel von Faktoren und Bedingungen wirkt zusammen, um Arten ihrer Umwelt und Umwelten den in ihnen lebenden Arten anzupassen und um neue Arten zu schaffen, die neu entstehende ökologische Nischen füllen. Diese Auffassung konzentriert sich nicht auf Gene, Individuen oder auch Gruppen als primäre Einheiten der Selektion, sondern auf die funktionalen Beziehungen zwischen einer ganzen Reihe von biologischen »Einheiten« auf allen Organisationsniveaus von den Genomen bis zu ganzen Ökologien. Der primäre Faktor ist nicht etwa »Überlebensfähigkeit«, sondern »Wechselwirkung«: Wechselwirkungen zwischen Genen, Zellen, Organismen sowie zwischen diesen und ihrer Umwelt. Kontakt und Kommunikation erscheinen in Kooperation und kulminieren in Synergie und Symbiose. Dies schafft das totale System, das sich anpaßt und erhält oder mutiert und sich entwickelt. Das Hauptaugenmerk verlagert sich von den »egoistischen Genen« und Organismen, die nur als Vehikel zum Test ihrer auf sich selbst bezogenen Ziele dienen, zu inhärenten Zwängen innerhalb der lebenden Systeme auf den unterschiedlichsten Niveaus ihrer Organisation. Der Mechanismus der Evolution erweist sich als grundsätzlich kooperativ: Er ist vielmehr »Symbiogenese« und »synergische Selektion« als etwa genetische Mutation, die der natürlichen Auslese ausgesetzt ist.

Die Wechselbeziehungen, die auf allen Niveaus des Lebens und der Evolution wirksam werden, legen die Wirkung fortgesetzter Felder nahe, die auf subtile Weise alle biologischen Einheiten durch ein überall bestehendes Netz des Lebens in der Biosphäre miteinander verknüpfen. Diese subtilen Verknüpfungen werfen auch ein neues Licht auf unsere eigenen Körper.

Das neue Bild vom Leben wirft auch ein neues Licht auf die Natur unseres eigenen Körpers – wir sind nicht bloß biologische Maschinen. Das bedeutet eine radikale Abkehr vom bis heute gültigen klassischen Konzept der Schulmedizin und -psychologie, das die Körperfunktionen der physiologischen Struktur und die physiologische Struktur den chemischen Vorgängen zuordnet. In dieser überholten Betrachtungsweise hängt die Gesundheit von der Integrität der physiologischen Struktur ab, und diese Integrität wiederum beruht auf dem ausgeglichenen Ablauf einer Vielzahl von organischen und anorganischen chemischen Reaktionen im Körper. Daraus wird abgeleitet, daß bei einer Fehlfunktion des Körpers die Ursache in einem strukturellen Defekt liegen muß, der sich aus einer Störung des chemischen Gleichgewichts ableitet.

Die »biochemische« Medizin hat auf vielen Gebieten bemerkenswerte Erfolge zu verzeichnen, doch das kann nicht darüber hinwegtäuschen, daß sie bei einer Reihe von organischen Gesundheitsstörungen der Situation nicht gerecht wird. Zur Steuerung der Interaktionen, von denen die Funktionen, die Struktur und die Chemie des Körpers abhängen, muß eine weitere Komponente herangezogen werden, nämlich das bioenergetische Feld.

Auf den ersten Blick scheint das bioenergetische Feld des Menschen (auch Biofeld genannt) ein elektrisches oder magnetisches Feld zu sein. Neurophysiologische Untersuchungen haben ergeben, daß die Reizung bestimmter Gehirnregionen durch schwache elektrische Ströme die gleichen Wirkungen auslöst wie die Injektion bestimmter chemischer Reizstoffe für das Gehirn. Andere Forschungen ergaben, daß an den entsprechenden Körperregionen angelegte elektrische Ströme die Regeneration der Zellen anregen, was Knochenbrüche schneller heilen läßt und die Neubildung von Gewebe fördert. Röntgendiagnostik, Kurzwellentherapie und neuerdings auch die Kernspinresonanz-Tomographie zeigen, daß elektromagnetische Felder im körperlichen Geschehen eine nicht zu vernachlässigende Rolle spielen. Unausgeglichenheiten in diesem Feld weisen auf mögliche Beeinträchtigungen der chemischen Vorgänge im Körper hin und können gesundheitliche Störungen ankündigen. Die »Energiemedizin« hat sich als wichtige Ergänzung zur biochemischen Medizin gesellt.

Doch mit dem biomagnetischen Feld ist es noch nicht getan: Unser Körper wird durch noch zartere und feinere Energien beeinflußt. Solche Energien kann man kaum oder auch überhaupt nicht messen und beobachten, weshalb ihre Existenz von konservativen Forschern oft bestritten wird. Dennoch machen Naturheiler und immer mehr Ärzte von diesen Energien systematisch Gebrauch. Ihre Erfahrungen zeigen, daß feine Energien das Biofeld des Körpers beeinflussen und auf diese Weise auch die Gesundheit.

Die Natur- oder alternative Medizin hat in den letzten Jahren immer mehr an Legitimation gewonnen. Zu den jüngsten Entwicklungen gehören die Gründung des »Office of Alternative Medicine« am National Health Institute in Washington, die Herausgabe zahlreicher Fachzeitschriften, eine zunehmende Verbreitung von Büchern sowie Kongresse über Fragen der Forschung und der klinischen Praxis. Die Forschung befaßt sich mit Problemen wie dem Wechselspiel zwischen Bewußtsein und Körper, das zum Beispiel bei der Selbstheilung eine Rolle spielt. Eine andere Frage sind die Art und Weise, über die jemand mittels seines eigenen Bewußtseins auf Bewußtsein oder Körper anderer Personen direkt oder indirekt Einfluß nehmen kann. Es ist auch die Frage, wie derartige Einflüsse ohne Rücksicht auf Raum und Zeit übertragen werden können – also das telesomatische Phänomen, das bei einer wachsenden Zahl von Untersuchungen und Experimenten nachgewiesen worden ist.

Aus den laufenden Untersuchungen geht hervor, daß zu der Interaktionskette, die in unserem Körper die Verbindung zwischen Funktion, Struktur und Biochemie schafft und diese drei wiederum an das elektromagnetische Biofeld ankoppelt, eine weitere Komponente hinzutreten muß. Im Kontext der hier vorgestellten neuen wissenschaftlichen Betrachtungsweise ist dieser zusätzliche Faktor, der herkömmlicherweise mit der Bezeichnung »ätherisch«, »geistig« oder »spirituell« versehen wurde, das Holofeld des Quantenvakuums. Wie jeder andere lebende Organismus ist auch der menschliche Körper in dieses Feld eingebettet.

Keine unserer fundamentalsten Vorstellungen vom Leben bleibt von der Tatsache unberührt, daß sich unser Körper in einem unaufhörlichen Reigen mit dem Vakuum-Holofeld befindet. Deshalb bewegen wir uns nicht auf dem Spielfeld des klassischen Darwinismus, wo ein Kampf aller gegen alle stattfindet, wo jede Spezies, jeder Organismus und jedes Gen gegen alle anderen um die bessere Position kämpft. Organismen sind keine von Haut umschlossenen, selbstsüchtigen Größen, und die Konkurrenz ist niemals uneingeschränkt. Ebenso wie das Universum entwickelt sich auch das Leben in dem heiligen Reigen mit dem kosmischen Holofeld. Dadurch werden alle Lebewesen zu Elementen eines umfassenden Netzwerks, das die gesamte Biosphäre umspannt und sich bis in die Tiefen des Kosmos fortsetzt.

In der Biosphäre der Erde reicht das Netzwerk feingesponnener Beziehungen von den Sequenzen der DNS im Chromosom der Zelle bis zur Ökosphäre in ihrer globalen Gesamtheit. Der genetische Code in unserem Körper existiert nicht ohne Beziehung zu unserer lebenserhaltenden Umwelt. Auch zwischen den einzelnen Individuen gibt es keine Kluft, die sie kategorisch voneinander trennt. Feine Energien übertragen Informationen über die dynamische Struktur unseres Organismus in jede Zelle unseres Körpers und ebenso von den unsere Umwelt formenden dynamischen Prozessen auf den genetischen Code in unseren Zellen. Sie koppeln unser Gehirn und unseren Körper an die menschlichen und natürlichen Systeme, in denen wir leben.

Das Weltbild, das sich ankündigt, begreift alle lebenden Organismen als miteinander vernetzt – eingebettet in das den ganzen Kosmos durchdringende Feld, das Informationen holographisch speichert und überträgt. Alles Lebendige tanzt miteinander den kosmischen Reigen.

DAS OFFENE KONZEPT VON GEIST UND BEWUSSTSEIN

Der kosmische Reigen läßt das Leben aus dem nicht Lebendigen hervorgehen und das Bewußtsein aus den höheren Gefilden des Lebens. Sobald das Bewußtsein auf den Plan getreten ist, wird es zu einem gestaltenden Bestandteil dieses Tanzes. Es ist durch seine Beziehung zum übrigen Universum geformt und wirkt seinerseits sanft formend auf dieses Universum zurück. Hier kommt eine uralte Vorstellung in neuem Gewand wieder zu Ehren.

Seit Jahrtausenden haben die Philosophen darüber nachgedacht, welchen Platz Geist und Bewußtsein in der Natur einnehmen. Die Zahl der aufgestellten Theorien ist Legion, doch sie lassen sich in einer Handvoll

Alternativen zusammenfassen. Um besser zu verstehen, was an der gegenwärtigen Konzeption alt ist und was neu, wollen wir uns im folgenden kurz die fünf wichtigsten Alternativen ansehen.

Alternative 1:
Das Bewußtsein ist ein Produkt des Gehirns – oder genauer: ein Nebenprodukt der Überlebensfunktionen, die das Gehirn für den Organismus leistet.

Mit zunehmender Komplexität brauchen die Organismen auch einen komplexeren »Computer« zu ihrer Steuerung, um sich Nahrung, einen Sexualpartner und alles, was für ihr Überleben und ihre Fortpflanzung wichtig ist, zu sichern. An einem bestimmten Punkt dieser Entwicklung tritt das Bewußtsein auf. Es ist daher keine Größe, die in der realen Welt vorgegeben ist, sondern ein »Epiphänomen« (eine abgeleitete Erscheinung), das sich nur bei solchen Organismen verwirklichen kann, die über ein hinreichend komplexes Gehirn verfügen. Dies ist die klassische Position des *Materialismus*.

Alternative 2:
Geist und Bewußtsein sind die eigentliche und letzte Realität. Die Materie ist lediglich eine vom Bewußtsein erzeugte Illusion.

Bei der Evolution des Universums gingen Geist und Bewußtsein allem anderen voran, und sie sind immer noch die primäre (und vielleicht sogar einzige) Realität. Das materielle Universum ist lediglich eine Schöpfung des menschlichen Bewußtseins, das über die – ihrer wahren Natur nach geistige – Welt nachdenkt, die uns umgibt. So lautet die altehrwürdige Position des *Idealismus*.

Alternative 3:
Sowohl das Bewußtsein als auch die Materie sind fundamentale, doch völlig unterschiedliche Gegebenheiten. Sie werden durch das menschliche Gehirn zueinander in Beziehung gesetzt.

Geist und Bewußtsein können nicht über die organischen Systeme erklärt werden, durch die sie sich manifestieren, selbst wenn es sich dabei um etwas so Komplexes handelt wie das menschliche Gehirn. Im Falle des

Menschen ist das Bewußtsein an die materielle Struktur des Gehirns gekoppelt, doch das Gehirn ist nur der Sitz des Bewußtseins und mit diesem keineswegs identisch. Wenn Materie sowie Geist und Bewußtsein gleichzeitig anerkannt, aber als getrennte Wirklichkeiten verstanden werden, haben wir die Position des *Dualismus* vor uns.

Alternative 4:
Materie sowie Geist und Bewußtsein bilden ein Ganzes, das weder theoretisch noch in der realen Welt geteilt werden kann.

Die Unterteilung in Materie und Geist (die durch Descartes in das abendländische Denken eingeführt wurde) ist nicht haltbar: Wenn man der Sache auf den Grund geht, bilden Materie und Geist ein integriertes Ganzes. Ohne Rücksicht darauf, wo und in welcher Form sich Materie und Geist manifestieren, kommen wir nicht darum herum, diese Ganzheit anzuerkennen. Diese Position ist relativ neu und wird *Holismus* genannt.

Alternative 5:
Sowohl Materie als auch Geist und Bewußtsein sind real, doch sie sind keine fundamentalen Größen. Sie haben sich gemeinsam aus einer noch grundlegenderen Ebene der Realität heraus entwickelt.

Materie und Geist wurzeln beide in einer tieferen Ebene der Realität, die an sich weder geistig noch materiell ist.

Die letztgenannte Position – Alternative 5 – ist das Kernstück der neuen wissenschaftlichen Betrachtungsweise. Sie hat bislang noch keinen klar definierten Namen – die Bezeichnung »Evolutionismus« paßt vielleicht am besten. Wir haben es hier mit einer dynamischen Konzeption zu tun, die weder die Realität auf eine träge, nicht lebendige Materie reduziert wie es im Materialismus geschieht, noch macht sie wie der Idealismus die Realität zur Begleiterscheinung eines mysteriösen, materielosen Geistes. Materie und Geist gelten hier als real, doch anders als im Dualismus werden sie nicht zu Grundelementen der Realität erhoben. Materie sowie Geist und Bewußtsein haben sich aus einem bemerkenswerten gemeinsamen Schoß *entwickelt* – aus dem Nullpunkt-Energiefeld des kosmischen Quantenvakuums.

Der evolutionistische Ansatz läßt sich detailliert nachzeichnen. Als der Selbstschöpfungsprozeß einsetzte, begann auch die gemeinsame Evolution von Materie und Geist zu immer höheren und komplexeren Formen. Selbst die Elementarteilchen hatten (und haben noch) eine Art Protobewußtsein, eine Vorform des Geistes. Mit der Entwicklung der materiellen »Trägersysteme« – der Atome, Moleküle, Zellen und Organismen – zu höheren Graden der Komplexität gewann dieser Geist zunehmend an Komplexität und Erkennbarkeit. Den hochentwickelten Geist, der sich zusammen mit unserem höchst komplexen Gehirn entwickelt hat, erleben wir Menschen als unser persönliches Bewußtsein. Obwohl sich dieses Phänomen auf unserem Planeten mit beeindruckender Deutlichkeit präsentiert, ist deshalb noch nicht einzigartig: Alle anderen Organismen und selbst Moleküle, Atome und Elementarteilchen haben je nach dem Grad ihrer Entwicklung einen mehr oder minder ausgeprägten Geist.

Dieser Ansatz muß noch um ein zusätzliches Element erweitert werden, das in der Ideengeschichte nicht neu ist: das Element der Vernetzung. Die materiell-geistigen Systeme, die sich im Kosmos entwickeln, sind durch den kosmischen Schoß, der sie geboren hat, ständig und dauerhaft miteinander verbunden. Dieser Schoß – das Quantenvakuum – ist keine inzwischen wirkungslos gewordene Realität von gestern, sondern ein aktiver nährender, mütterlicher Faktor, der alles, was aus ihm hervorgegangen ist, in seinen Reigen einbezieht.

Der Tanz unseres Geistes mit dem Quantenvakuum setzt uns mit den anderen Trägern von Geist und Bewußtsein in Beziehung und darüber hinaus mit der Biosphäre unseres Planeten. Dieser Reigen macht unser Bewußtsein offen für die Gesellschaft und die Natur. Mystikern, Propheten, Metaphysikern und sensiblen Menschen ist diese Offenheit seit alters bekannt, aber von der modernen Naturwissenschaft und von allen, die den naturwissenschaftlichen Ansatz als einzig statthaften Weg zum Verständnis der Wirklichkeit postulierten, wurde sie geleugnet. In der neuesten Naturwissenschaft hat das Konzept der Offenheit jedoch wieder Einzug gehalten. Die heraufdämmernde und bislang noch revolutionäre Erkenntnis lautet, daß die Informationen, die unserem Gehirn über die Vorgänge und Eigenschaften der Welt jenseits unserer Schädelkapsel zur Verfügung stehen, sich nicht auf das sichtbare Spektrum der elektromagnetischen Wellen und den hörbaren Bereich der Schallwellen beschränken, sondern auch Wellen umfassen, die vom Holofeld des Quantenvakuums ausgehen. Dieses Feld ist das subtile Netz, das unseren Geist mit dem Rest des Universums verbindet.

Den modernen Gesellschaften ist diese Einsicht abhanden gekommen, wahrscheinlich deshalb, weil sie von der Alltagserfahrung wenig gestützt wird. Das liegt nicht daran, daß unsere Verwobenheit in größere Zusammenhänge unwirklich wäre und nicht funktionieren würde – der Grund ist vielmehr, daß diese Tatsache sich normalerweise nicht in unserem Wachbewußtsein bemerkbar macht. Wir neigen dazu, aus unserem modernen und vernunftbezogenen Alltagsbewußtsein alles das auszuschließen, was mit unserer modernen Erwartungshaltung nicht zusammenpaßt.

In den traditionellen nicht-westlichen Kulturen ist das anders – dort sind bemerkenswerte Formen des Mitgefühls mit den Mitmenschen und der Natur vorhanden. Die Taoisten Ostasiens halten es für das höchste Gut, dem Naturgesetz zu folgen, während im Westen die Indianer Amerikas ihre Einheit mit der ganzen Natur zum Ausdruck brachten. Der Häuptling Seattle sagte: »Dieses wissen wir. Alles ist Eines wie das Blut, das eine Familie vereint. Alles steht miteinander in Verbindung. Was der Erde geschieht, geschieht auch den Söhnen der Erde.«

Ein solches Lebensgefühl steht in scharfem Kontrast zu den Einsamkeitsgefühlen der Menschen in der modernen Gesellschaft, in der unsere Unterschiedlichkeiten zu Lasten unserer Bindungen und Gemeinsamkeiten überbetont sind. Letzten Endes hat unsere Jagd nach dem individuellen und selbstgeschaffenen Lebensglück zu dem Irrglauben geführt, daß wir kategorisch von der übrigen Gesellschaft und der Natur getrennt und in das Gefängnis unserer Haut eingesperrt sind.

Es gab natürlich auch Ausnahmen. Große Dichter wie John Donne und William Blake haben unsere Einheit mit dem Universum besungen, und avantgardistische Wissenschaftler wie Gregory Bateson und Arne Naess haben ein detailliertes Verständnis dieses Verhältnisses gesucht. Einstein schrieb: »Der Mensch ist ein Teil des Ganzen, das wir Universum nennen, ein Teil, das durch Raum und Zeit begrenzt ist. Er erlebt seine Gedanken und Gefühle als etwas vom Übrigen Getrenntes – als eine Art optische Täuschung seines Bewußtseins. Diese Täuschung ist für uns wie ein Gefängnis, denn sie wirft uns auf unsere persönlichen Vorlieben und die Zuneigung zu den wenigen Personen zurück, die uns nahe sind.«

Das Gefühl der Vereinzelung, das sich durch die moderne Gesellschaft zieht, setzt den Menschen allerdings nicht 24 Stunden am Tag zu. Wenn wir schlafen, meditieren oder in einen anderen veränderten Bewußtseinszustand geraten, ändert sich die Wahrnehmung. Es ist wichtig zu wissen, daß das normale Wachbewußtsein, so umfassend es auch erscheint, lediglich einen kleinen Teil unserer Gehirntätigkeit ausmacht.[3]

Die alltäglichen überschreitenden Bewußtseinszustände sind real, und wir können Zugriff auf sie nehmen. William James bemerkte vor einem Jahrhundert: »Unser normales Wachbewußtsein … ist nur eine besondere Art des Bewußtseins, während ringsum und nur durch eine allerfeinste Schicht davon getrennt gänzlich andere mögliche Formen des Bewußtseins angesiedelt sind. Wir mögen ohne die geringste Ahnung von ihrer Existenz durch unser Leben gehen, doch laß nur den geeigneten Reiz einwirken, und schon stellen sie sich wie auf Knopfdruck in schönster Vollständigkeit ein.« Menschen in »primitiven« und in den antiken Kulturen wußten, wie man sich den geeigneten Reiz verschafft – manche Ethnien wie die !Kung-Buschleute in der Kalahari-Wüste Afrikas verstanden es, sich gemeinsam in einen erweiterten Bewußtseinszustand zu versetzen. Die alten Völker der verschiedenen Erdteile benutzten eine Kombination aus Gesängen, Atemtechniken, Trommelschlagen, rhythmischen Tänzen, Fasten und bestimmten Formen des körperlichen Schmerzes, um veränderte Bewußtseinszustände hervorzurufen. Die Stammeskulturen Afrikas und des präkolumbianischen Amerika gebrauchten diese Techniken bei schamanistischen Ritualen, bei Heilungszeremonien und bei Initiationsriten; die Hochkulturen Asiens verwendeten sie in den vielfältigen Systemen des Yoga, Vipassana und Zen, ebenso im tibetischen

Vajrayana, im Taoismus und Sufismus, die Alten Ägypter setzten sie im Tempelkult von Isis und Osiris ein, und im antiken Griechenland machte man sich diese Techniken in den Bacchanalen, in den Attis- und Adonis-Riten und im eleusischen Mysterienkult zunutze. Bis zum Aufstieg der westlichen Industriekultur standen erweiterte Bewußtseinszustände wegen der ungewöhnlichen Erfahrungen, die sie vermitteln konnten, und wegen ihres Vermögens zu heilen und persönliche Nähe und Kommunikation herzustellen, in hohem Ansehen.

Die neue Disziplin der Bewußtseinsforschung, die sich mit der Untersuchung erweiterter Bewußtseinszustände befaßt, wird heute in den führenden Kreisen der Naturwissenschaft anerkannt. Wie den Forschern bekannt ist, können diese Zustände nicht nur mittels der herkömmlichen schamanistischen und Yogapraktiken und durch psychedelische Drogen herbeigeführt werden, sondern auch durch einfache Atemübungen (wie zum Beispiel Stanislav Grofs »holotropisches Atmen«) und im therapeutisch induzierten Zustand der Tiefenentspannung. Ähnliche Zustände treten auch bei tiefer Versenkung ins Gebet, bei höchster Konzentration und manchmal ganz spontan auf, unabhängig vom Willen des Betroffenen.

Wie Charles Tart, ein Pionier dieser Forschungsrichtung, betont hat, ist das Bemerkenswerte an diesen Bewußtseinszuständen, daß sie unabhängig von ihrer jeweiligen Ausprägung stets unsere unterschwelligen Verbindungen zu anderen Menschen und zu unserer Umwelt deutlicher hervortreten lassen. Das gilt schon für einen traumreichen Schlaf. Bereits in den zwanziger Jahren dieses Jahrhunderts spekulierte C.G. Jung darüber, ob sich in unseren Träumen nicht das kollektive Unbewußte der Menschheit widerspiegle, da ihnen die Eigenschaft des »Numinosen« zukomme. Ein ähnlicher Standpunkt wird heute von einer Reihe von Psychologen vertreten. Unsere Träume, wie der Traumforscher Montague Ullmann meint, stellen unsere verlorenen Verbindungen wieder her. Sie unterstützen unser Streben nach einem Leben im Einklang mit der Natur und dem Universum. Anders als die Freudsche Theorie, die davon ausgeht, daß im Traum die verschiedenen Schichten der Psyche zum Kampf gegeneinander antreten, schafft die Ullmannsche Traumtheorie eine Beziehung zwischen dem Träumen und unserer Einbettung in ein umfassendes Ganzes.

Die Ansicht, daß wir durch die tieferen Schichten unseres Bewußtseins miteinander verbunden sind, wird auch von dem Physiker Alan Wolf geteilt. Er behauptet, daß wir den wahren Sachverhalt verkennen, wenn wir den Sitz des Bewußtseins im einzelnen Gehirn suchen. »Mein« Geist und Bewußtsein existieren nicht nur unter »meinem« Schädeldach, sondern auch als ein weitläufiges Feld außerhalb davon.

Diese Position findet in den Arbeiten des Psychologen Stanislav Grof eine glänzende Bestätigung. Seine »Neue Kartographie des Bewußtseins« (die, wie in Kapitel II, 4 dargestellt, zusätzlich zum üblichen Bereich auch einen »transpersonalen« Bereich umfaßt) stützt sich auf Erfahrungen, die Grof mit zahllosen Patienten gemacht hat, die sich in erweiterten Bewußtseinszuständen befanden. Wenn Grofs Patienten in den erweiterten Bewußtseinszustand eintauchten, lieferten sie ihm Sitzung um Sitzung Informationen, die sie unmöglich mit ihren eigenen Augen und Ohren aufgenommen haben konnten. Grof schloß daraus, daß uns in derartigen Bewußtseinszuständen praktisch alles, was das Universum umfaßt, als Informationsquelle dienen kann. Er berichtet über Verschmelzungserfahrungen mit einer einzelnen anderen Person, die zu einem doppelten Identitätsgefühl bis hin zum völligen Aufgehen in der anderen Persönlichkeit führen konnten. Ferner gab es Erfahrungen des Aufgehens im Bewußtsein einer ganzen Gruppe, wie auch Bewußtseinserweiterungen eines solchen Ausmaßes, daß der eigene Geist die ganze Menschheit in sich spürte. Manche überschreiten gar die dem Menschen gesetzten Grenzen der Erfahrung und identifizieren sich mit so etwas wie dem Bewußtsein von Tieren, Pflanzen und selbst von anorganischen Gegenständen und Prozessen. Laut Grof ist es auch möglich, das Bewußtsein der ganzen Biosphäre, des ganzen Planeten und des gesamten Universums zu erfahren.[4]

Grof steht mit diesen Behauptungen nicht allein, und sie sind keineswegs neu – sie gehen auf die fernöstliche Philosophie zurück und wurden schon in den »Yoga Sutras« des Patañjali systematisch erläutert. Diese alten Schriften beschreiben »den Weg«, auf dem man das eigene Bewußtsein an die Kräfte des Universums koppelt, und nennen ihn die Kunst des Yoga. Wer diesen Weg beschreitet, kann sein Bewußtsein erweitern, ohne dazu übernatürliche Kräfte und Wesen – nicht einmal einen Therapeuten – bemühen zu müssen.

Die Beherrschung des Geistes *(vibhuti)*, die Patañjali beschreibt, verleiht erstaunliche Kräfte und Fähigkeiten. Der deutsche Bewußtseinsforscher Franz-Theo Gottwald zählte in den »Yoga Sutras« nicht weniger als 33 entsprechende Stellen, die von der Meisterschaft über die eigenen Sinne bis zur Beherrschung der materiellen Wirklichkeit reichen. Die am häufigsten genannten Kräfte umfassen die Kenntnis des Geistes und der Gedanken der anderen Geschöpfe, der Sprache von allem, was lebt, das Wissen von Vergangenheit und Zukunft und von verborgenen oder entfernten Dingen sowie vom früheren Dasein. Die *siddhis* erwarben sich diese beinahe totale Meisterschaft über Körper und Geist und das erweiterte Bewußtsein, das damit einhergeht. Ihr »vibhuti« verschaffte ihnen die Erkenntnis des Kosmos in seiner Gesamtheit.

Einige der Kräfte der *siddhis* werden heutzutage in der Praxis tiefer Meditation wiederentdeckt. Nach Grof weisen die Erfahrungen, die in diesen Geistes- und Bewußtseinszuständen in Erscheinung treten, »eindeutig darauf hin, daß auf bislang ungeklärte Weise jeder von uns die Information des gesamten Universums und über alles, was existiert, in sich trägt, über den potentiellen erfahrungsmäßigen Zugriff auf alle Bestandteile des Universums verfügt und in gewisser Hinsicht selbst das ganze kosmische Netzwerk *ist*...«

Diese Behauptung ist nicht übertrieben. Zur Zeit haben die Psychologen zwar noch keine wissenschaftlichen Nachweise für ihre Erkenntnisse zur Hand, doch bei dem gewaltigen Tempo, mit dem die Forschung voranschreitet, dürfte sich die Wissenschaft bald in der Lage sehen, einige dieser seltsamen Phänomene besser zu erklären. Der Ansatz, der sich allmählich herausschält, erinnert an C. G. Jungs intuitives Konzept, daß die menschliche Psyche eine die gesamte Gattung umfassende Kontinuität habe. Zwischen unserem Gehirn und Bewußtsein und der übrigen Welt herrscht eine dauernde Rückkopplung. Wir strahlen unsere Gedanken, Eindrücke und Gefühle auf andere Menschen aus, und wir empfangen die Gedanken, Eindrücke und Gefühle, die von anderen Menschen ausgestrahlt werden. Was immer sich in unserem Bewußtsein abspielt, hinterläßt seine Spuren im Nullpunktfeld des Quantenvakuums, und alles, was in der Welt vorgeht, kann von unserem Gehirn empfangen werden. Wie Vaclav Havel bemerkte, ist es, als hätten wir eine Art Antenne zu unserer Verfügung, die die Signale eines Senders empfangen kann, der die Gedanken der gesamten Menschheit überträgt.

Wir verfügen in der Tat in unserem Körper über eine solche Antenne, doch anders als bei anderen Spezies ist diese Antenne bei uns nicht zu einem speziellen Empfangsorgan entwickelt. Andere Gattungen von Lebewesen nehmen ebenfalls Informationen aus den Feldern auf, von denen unser Planet umgeben ist. Fische orientieren sich am Magnetfeld der Erde – die wahrgenommene Feldstärke hängt davon ab, in welcher Richtung sich der Fisch relativ zur Richtung der Feldlinien bewegt –, Bienen benutzen das Magnetfeld zur Orientierung und für die Kommunikation, Brieftauben reagieren auf Feldstärkeänderungen des irdischen Magnetfeldes bis zu einigen Nanotesla, und Zugvögel fliegen entweder im rechten Winkel oder parallel zu den Feldlinien. Aber der Mensch kann die Felder, die ihn umgeben, ohne spezielle Empfangsorgane spüren. Forscher haben herausgefunden, daß wir auf elektromagnetische Impulse und Störungen mit einer ganzen Reihe von Symptomen reagieren, die sich direkt in unserem vegetativen Nervensystem bemerkbar machen. Dazu gehören unter anderem Verdrängungen in zwanzigsekündigen Intervallen unter dem Einfluß atmosphärischer elektromagnetischer Wechselfelder zwischen 10 und 50 Kilohertz, Störungen des Wach- und Schlafrhythmus, des Enzymstoffwechsels und der Hormonproduktion. Quasi statische und niederfrequente elektromagnetische Felder greifen als elektrische Information, die auf den elektromechanischen Code (Photonen-Phononen) im Informationsübertragungs- und Speicherungsmechanismus unseres Nervensystems einwirkt, unmittelbar in die Prozesse unseres Organismus ein.

In ähnlicher Weise könnte unser Gehirn ohne Zuhilfenahme eigens dafür zuständiger körperlicher Rezeptoren wie Auge und Ohr Informationen aus dem im Vakuum gründenden Holofeld aufnehmen. Die Beobachtungsdaten weisen darauf hin, daß die Raum und Zeit überspringenden Informationen in unser Bewußtsein einfließen, wenn wir in einen freischwebenden veränderten Bewußtseinszustand eintreten. Solch ein Zustand ist zum Beispiel der Dämmerzustand zwischen Schlafen und Wachen, die Versunkenheit in Meditation oder Gebet sowie die speziellen Zustände, die durch bewußte Atemtechniken und systematische Konzentration hervorgerufen werden können.

Unser dauernder, wenn auch nicht unbedingt bewußter Reigen mit dem Geist und Bewußtsein der Mitmenschen sowie der Natur sollte für uns Anlaß zu einem neuen Verantwortungsgefühl sein. Unsere Gedanken und Gefühle sind nicht nur unsere Privatsache: Was wir denken und fühlen, wirkt sich auch jenseits von Worten und Verhaltensweisen auf die anderen aus. Unser Einfluß ist subtil, aber deswegen nicht weniger wirkungsvoll. Wenn jemand im erweiterten Bewußtseinszustand in die Persönlichkeit eines anderen Menschen schlüpft, handelt es sich dabei nicht bloß um ein Sich-Erinnern an diese Person und deren Schicksal, sondern, wie Psychologen und Psychotherapeuten wissen, *wird* der oder die Betreffende zu dieser Person, fühlt deren körperliche Befindlichkeit, empfängt deren visuelle und sonstigen Sinneswahrnehmungen und erlebt deren Gefühlswelt. Selbst in den Fällen, in denen es nicht zur völligen Identifikation kommt, hinterläßt eine solche Erfahrung einen bleibenden Eindruck, der sich unauslöschlich ins Bewußtsein einprägt und das Denken und Fühlen des Betreffenden bis zu seinem Lebensende beeinflußt. Auch wenn andere Personen diesen Einfluß nicht bewußt wahrnehmen, hinterlassen unsere Gedanken und Gefühle tiefe Spuren in ihrem Unbewußten. Schließlich sind wir miteinander durch ein stetiges Strömen von Bildern, Gedanken, Eindrücken und Gefühlen verbunden, die gestaltend auf unser Bewußtsein einwirken, ob wir es merken oder nicht.

KONTUREN DES NEUEN WELTBILDES

Gustav Fechner, der Begründer der modernen Experimentalpsychologie, schrieb kurz nach seiner Genesung von einer fast tödlich verlaufenen Krankheit: »Wenn einer von uns stirbt, ist es, als ob sich ein Auge der Welt geschlossen hätte, denn alle wahrnehmbaren Beiträge von dieser speziellen Seite hören auf. Doch die Erinnerungen und das Vorstellungsgefüge, die sich um die Eindrücke dieses Menschen gesponnen haben, bleiben im umfassenden Erdenleben so klar erkennbar wie eh und je, fließen in neue Beziehungen ein und wachsen und entwickeln sich in alle Zukunft, genauso wie die einzelnen Gegenstände unseres Denkens, wenn sie erst einmal in das Gedächtnis eingegangen sind, sich neu verknüpfen und sich bis zu unserem Lebensende weiterentwickeln.« Ist Fechner hier vielleicht der Wahrheit auf die Spur gekommen?

Auch wenn wir damit auf ein Gebiet vorstoßen, das traditionellerweise die Domäne der Mystiker und Metaphysiker ist, können wir es wagen, eine Antwort zu geben, indem wir ein wenig über den Horizont des in diesem Kapitel gezeichneten wissenschaftlichen Weltbildes hinausgreifen. Eine solche Vorahnung könnte sich an der vordersten Linie der modernen Forschung bald bestätigen. Es ist möglich, daß unser Bewußtsein gewissermaßen unsterblich ist.

Die Bestätigung dieser altehrwürdigen Ahnung kann nicht, wie es in den mystischen Traditionen der Fall war, unmittelbar aus der Überprüfung unserer eigenen Geistes- und Bewußtseinsinhalte gewonnen werden. Vielmehr ist hierfür eine wissenschaftlich tragfähige Erklärung der Erfahrungen erforderlich, die durch die Versenkung ins eigene Innere gewonnen werden können.

Eine Erklärung könnte das vernetzende Feld liefern, das unseren Geist am kosmischen Reigen teilnehmen läßt – es möchte uns begreiflich machen, daß es falsch wäre, den Gedanken an die Unsterblichkeit von der Hand zu weisen. Erinnerungen an eine anscheinend frühere Existenz haben vielleicht eine wissenschaftlich erklärbare Grundlage – es könnte sich dabei um Informationen handeln, die über ein gemeinschaftliches Bewußtseinsfeld zugänglich sind. Unsere Gefühle, Gedanken und Empfindungen könnten unaufhörlich in das holographische Spektrum des Quantenvakuums eingelesen und dort gespeichert werden. Unsterblichkeit wächst uns dann deshalb zu, weil wir die Spuren unseres Leibes und unserer Seele in diesem kosmischen Register hinterlassen.

Es besteht noch eine weitere Möglichkeit. Könnte es sein, daß die Erfahrungen, die unser mit Bewußtsein begabter Körper in den kosmischen

Informationspool einfließen läßt, sich nicht im gesamten Pool verteilen, sondern als zusammengehöriges Ganzes erhalten bleiben – etwa wie eine Homepage im Internet? Wenn dem so ist, dann gehen sämtliche Erfahrungen unseres Lebens und sämtliche Gedanken, Empfindungen und Vorstellungen, die uns einmal durch den Kopf geschossen sind, in diesen Speicherplatz ein und bilden dort eine Einheit mit allem, was dort bislang schon eingetragen ist. Unsere eigene Homepage besteht sozusagen als ein persönliches Verzeichnis ein ganzes Leben lang – und darüber hinaus. Denn wenn die im Feld gespeicherten Informationen nicht zugleich mit den Quanten und Körpern verschwinden, die sie hervorgerufen haben, sondern als »Phantom-Muster« erhalten bleiben, besteht das integrierte Verzeichnis unseres gesamten Lebens über die Dauer unseres Lebens hinaus. Und es könnte jedem zugänglich sein, der den »Code« besitzt, mit dem er diese Informationen aus dem Verbindungsfeld herauslesen kann.

Ein Fötus, der irgendwo auf der Welt im Schoß seiner Mutter heranwächst, gerät vielleicht per Zufall (oder möglicherweise durch eine bestimmte Veranlagung) an den Schlüssel, der ihm den Zugang zu den gespeicherten Erfahrungen eröffnet, die wir im Laufe unseres Lebens angesammelt haben. Er würde dann Erinnerungen in sich aufnehmen, die nicht seine eigenen, sondern die unsrigen sind. Sein Auszug aus unseren Erinnerungen würde sich auf die letzten Zugänge auf unserem Erinnerungskonto konzentrieren, nämlich auf die Erfahrungen, die unserem Tod voraus- (und damit einher-)gegangen sind. Auch würden Ereignisse, die wir selbst mit größter Intensität erlebt haben, auf unserer eigenen Homepage besonders herausstechen und deshalb auf dem Auszug des Fötus eine zentrale Stelle einnehmen. Diese Punkte wären dem Fötus, dann dem Neugeborenen und später dem heranwachsenden Kind zugänglich, und es könnte sie zusätzlich zu seinen eigenen Erinnerungen reproduzieren. Auf diese Weise würde ein solches Kind nicht nur mit Erinnerungen ins Leben treten, die aus seiner eigenen kurzen Existenz stammen, sondern auch mit Erinnerungen, die bei uns einen besonders tiefen Eindruck hinterlassen haben.

Diese Folgerungen wären zu ziehen, wenn die Informationen des Holofeldes wie eine Seite im Internet stets mit den neuesten Informationen überschrieben werden. Falls dem so ist, hätten wir eine wissenschaftlich befriedigende Lösung für die so oft beobachteten, aber bislang noch geheimnisumwitterten Phänomene des Karma und der Reinkarnation.

Wir sind nun bis zur tiefsten Dimension der menschlichen Erfahrung vorgedrungen, bis zum äußersten Rand der quasi totalen Perspektive, der im Lichte der jüngsten Fortschritte der Naturwissenschaften erkennbar wird. Daß wir ein so fernes Ufer überhaupt erreichen konnten, ist für sich allein schon bemerkenswert, denn daraus ist abzuleiten, daß die Kluft zwischen der Naturwissenschaft und dem Bereich der spirituellen Erfahrung nicht unüberbrückbar ist. Im Zuge der wissenschaftlichen Revolution, die sich vor unseren Augen ereignet, kann diese Kluft eines Tages überwunden werden.

Das bestimmende Merkmal der sich allmählich herauskristallisierenden quasi totalen Perspektive von Kosmos, Materie, Leben und Bewußtsein ist die dauernde und subtile zeitliche und räumliche Vernetzung. Die Evolution ist keine Suche nach einem schon vorhandenen Ziel, sie ist auch kein Spiel mit Beliebigkeit und Zufall. Sie ist eine systematische, ja systemische Entwicklung, die einem Ziel zustrebt, das der Evolutionsprozeß aus sich selbst erzeugt. Dieser Prozeß entfaltet sich, weil wir, wie alle Elemente des Universums, ein in sich verwobenes Ganzes bilden – wir sind Tänzer in einem kosmischen Reigen, der unseren Körper und unseren Geist kontinuierlich »informiert«.

Anmerkungen

1 Dieser Gedanke verfolgte den russischen Nobelpreisträger Andrej Sacharow. Er vermutete, daß nach Milliarden von Milliarden Jahren etwas von der Intelligenz des Universums die superdichten Bedingungen (des Urknalls) überstehen könnte und dann das nächste Universum informiert. Sacharow bemerkte jedoch dazu, er habe es nie gewagt, seine Gedanken in einer wissenschaftlichen Publikation preiszugeben. (»Reflections«, in »Science and Life«, Nr. 6, 1991, S. 29, in russischer Sprache)

2 In der Fachsprache der Physik sind Photonen und Elektronen eine »spin-gefangene vektorielle Wellendeformation« des Vakuumfeldes, während Beobachtungsschirme und andere feste Körper

»stehende vektorielle Wellen« in diesem Vakuum darstellen. Die erstgenannten sind Wellen, die sich ausbreiten wie Wellen, die über den Meeresspiegel rollen, während letztere eine Art Wellen sind, wie sie sich in einem Becken bei gleichmäßigem Zu- oder Abfluß von Wasser bilden. Alle materiellen Gegenstände sind stehende Wellen; es sind relativ stabile Wellenmuster, die nur den Eindruck erwecken, sie wären feste Körper.

3 Eine einfache Rechnung zeigt den riesigen Unterschied zwischen der Gehirnauslastung bei bewußten Denkprozessen und der Gesamtkapazität des Gehirns. Die Berechnung wird am besten auf der Basis von »Bits« durchgeführt, wobei ein Bit die Informationsmenge ist, die eine Ja/Nein-Antwort auf eine Frage oder der Entweder/Oder-Entscheidung bei zwei gegebenen Möglichkeiten entspricht. Ein Bit wird üblicherweise mit der Wahl zwischen den beiden Ziffern 0 und 1 wiedergegeben. Um eine Informationsmenge von einem Bit zu übertragen oder zu speichern, muß das Gehirn zwei potentielle Zustände zur Verfügung haben: 0 und 1. Bei zwei Bits sind es schon vier potentielle Zustände (00, 01, 10 und 11), bei drei Bits bereits acht (000, 001, 010, 100, 110, 101, 011 und 111). Die maximale Informationsmenge, die das Gehirn verarbeiten kann, ist gleich dem Logarithmus auf der Basis 2 von der Zahl seiner möglichen Zustände. Wir können schätzen, daß die Verarbeitung der von den Sinnesorganen gelieferten Daten ungefähr 10 Milliarden Bits pro Sekunde erfordert. Das setzt eine wahrhaft astronomische Zahl von möglichen Gehirnzuständen voraus, die durch ein Netzwerk aus 10 Milliarden Gehirnzellen mit 1 Billiarde von Querverbindungen geschaffen werden. Die Informationsverarbeitung auf bewußter Ebene erfordert jedoch selten mehr als zehn Bits pro Sekunde. Der Rest der Verarbeitung erfolgt auf der unbewußten Ebene – und dort findet die Codierung, Speicherung und Übertragung ebenso wie der Empfang und die Decodierung der überwiegenden Mehrzahl der Botschaften statt, die das Gehirn mit der Außenwelt verbinden.

4 Das Erleben der »doppelten Identität« ist charakterisiert durch die Lockerung und Auflösung der Grenzen des körperlichen Ich sowie durch ein Gefühl der Verschmelzung und des Einswerdens mit einer anderen Person. Bei diesem Vorgang bleibt bei der betreffenden Person trotz der Verschmelzung mit jemand anderem das Gefühl der eigenen Identität erhalten. In einer verwandten Erfahrung verliert der Betreffende das Gefühl der eigenen Identität und geht völlig in der anderen Persönlichkeit auf. Dies kann ein lebender Zeitgenosse sein wie jemand, den man aus der eigenen Kindheit kennt, oder ein Vorfahr. Es kann auch jemand sein, der anscheinend aus einem früheren Leben stammt oder eine historische Persönlichkeit, sogar eine mythologische oder archetypische Figur. Die Identifikation umfaßt das körperliche Erscheinungsbild, die körperlichen Empfindungen, die emotionalen Reaktionen und Haltungen, die Gedankenabläufe, Erinnerungen, das Mienenspiel, typische Gesten und Eigentümlichkeiten, Körperhaltungen, Bewegungsabläufe, selbst den Stimmfall. Bei der Identifikationserfahrung mit einer Gruppe geht die Erweiterung des Bewußtseins noch weiter. Derjenige, der diese Erfahrung macht, identifiziert sich nicht mit einem einzelnen Menschen, sondern hat das Gefühl, in einer ganzen Gruppe von Menschen aufzugehen, die durch gemeinsame rassische, kulturelle, nationale, ideologische, politische oder berufliche Merkmale gekennzeichnet ist. Im extremen Fällen kann die Identifikation das gesamte Menschengeschlecht und sein Schicksal umfassen – seine Freuden, seine Wut und seine Leidenschaften, seine Trauer, Größe und Tragik.

WIE SOLL DAS NEUE FELD HEISSEN? EIN VORSCHLAG AN DIE WISSENSCHAFT DES 21. JAHRHUNDERTS

Wie wollen wir das Feld nennen, das uns und die gesamte Natur zu organischen Bestandteilen eines subtil vernetzten Kosmos werden läßt? Wenn dieses Feld ein wesentliches, ja, das wesentlichste Element des Universums ist, verdient es auch einen eigenen Namen. Die Bezeichnung »im Vakuum begründetes Nullpunkt-Holofeld« ist zwar korrekt, aber umständlich, während seine Benennungen aus der vorangegangenen Zeit nicht mehr den Erkenntnissen entsprechen, die mittlerweile über die Beschaffenheit dieses kosmischen Feldes zutage treten.

Es zeichnet sich ab, daß dieses Feld sowohl morphogenetisch wie auch morphophoretisch, das heißt gestaltschaffend und gestalttragend zugleich ist. Dabei ist es aber mehr als etwas, das Gestalt erzeugt und in sich trägt – es ist eine interaktive Substruktur innerhalb des fundamentalsten Faktors des Universums: im Quantenvakuum. Dieses Vakuum ist »real« (auch wenn das Wort »Vakuum« im täglichen Sprachgebrauch für einen völlig leeren Raum gebraucht wird und ein »reales« Vakuum daher ein Widerspruch in sich selbst zu sein scheint) und allgegenwärtig durch Raum und Zeit. Seine holographische Substruktur »informiert« das physikalische Universum und ebenso die Welt des Lebendigen und den Bereich des menschlichen Geistes und Bewußtseins.

Nachdem das vernetzende Feld ein fundamentales Element der Wirklichkeit ist und gleichzeitig ein Faktor, der in alle unsere Beziehungen mit dieser Wirklichkeit eingeht, steht ihm nichts Geringeres zu als ein griechisches Symbol. Wir kennen Betateilchen und Gammastrahlen, Alphawellen und Omegafaktoren – warum sollten wir das im Vakuum gründende kosmische Holofeld nicht ψ-Feld (Psi-Feld) nennen?

Warum gerade ψ? Es würde auf der Hand liegen zu antworten: Weil dieses Feld mit Psi-Phänomenen zu tun hat und sie vielleicht sogar erklärt. Doch das wäre zu einfach – das universale Holofeld hat eine bedeutend größere Bewandtnis, als nur Erscheinungsformen der außersinnlichen Information zu vermitteln: Es besorgt die Vernetzung von Quanten und Organismen, von Geist und Bewußtsein, von ganzen Völkern und Kulturen. Die Begründung für die Verwendung von ψ erschöpft sich nicht in der Parapsychologie – sie greift über die Psychologie und Neurophysiologie und die Biologie und Ökologie hinaus. Sie umfaßt die Physik und die Kosmologie und das gesamte Spektrum der modernen Naturwissenschaften.

Es gibt in der Tat einen dreifachen Grund, das im Vakuum gründende Holofeld als ψ-Feld zu definieren.[1]

- *Erstens:* In bezug auf die Welt der Physik ermöglicht dieses Feld eine vollständigere Bestimmung des Quantenzustands – es liefert eine zusätzliche Spezifikation der Wellenfunktion eines Teilchens. Das um das ψ-Feld erweiterte Universum erfüllt die Bedingungen der Schrödinger-Gleichung für den Quantenzustand – $\psi(x,t)$ – , ähnlich wie die geometrische Struktur der Raumzeit die Bedingungen von Einsteins Gravitationskonstante und das elektromagnetische Feld die Bedingungen der Maxwellschen Gleichungen erfüllt.
- *Zweitens:* Hinsichtlich der Welt des Lebendigen stellt das ψ-Feld einen Faktor der Selbstrückkopplung dar. Es »informiert« den Organismus fortlaufend über seine eigene Morphologie und über die seines Milieus und kann daher als eine gewisse Erscheinungsform der Intelligenz im Kosmos betrachtet werden – als die allgemeinste Form der Psyche, die im Schoß der Natur am Werk ist.
- *Drittens:* Im Bereich von Geist und Bewußtsein erzeugt das ψ-Feld eine spontane Kommunikation zwischen menschlichen Gehirnen wie auch zwischen dem Gehirn von Menschen und der Umwelt der »Gehirnbesitzer«. Die Wirkungen des Feldes sind zwar nicht auf ESP (außersinnliche Wahrnehmung) und andere esoterische Phänomene begrenzt, doch sie vermitteln jene Erfahrungen, die herkömmlicherweise mit dem Begriff der »Psi-Phänomene« belegt werden.

Anmerkung

1 Diese Definition des ψ-Feldes wurde erstmalig von mir im Jahr 1993 in meinem Buch »The Creative Cosmos« vorgeschlagen.

SCHLUSSGEDANKEN

Wissenschaftliche Theorien und Konzepte sind nicht lediglich ein Anlaß für technologische Systeme, sondern auch ein Quell der Sinngebung und indirekt ein Quell der Wertvorstellungen, die wir an die Sinngebung knüpfen. Bei eingehender Betrachtung hängt unsere Beziehung zum Mitmenschen und zur Natur davon ab, welche Vorstellungen wir von der Natur, vom Leben und vom Menschen als denkendem und fühlendem Wesen haben, also von Vorstellungen, die zwar unbewußt, aber trotzdem erheblich von der Wissenschaft geprägt sind. Solange wir der Meinung sind, daß die Natur ein lebloser Mechanismus ist, werden wir zu der Überzeugung neigen, daß wir damit nach Belieben umgehen können, sofern wir uns nicht unmittelbar schaden. In unserer Technologie werden sich diese Überzeugungen widerspiegeln: Wir werden bestrebt sein, uns einen möglichst kraftvoll motorisierten Maschinenpark zu schaffen, um die Energien und Materialien, die wir in unserer Umwelt vorfinden, an uns zu bringen, umzuwandeln, zu verbrauchen und dann wieder loszuwerden. Solange wir Tiere und unsere Mitmenschen ebenfalls als wenn auch etwas komplexere Maschinen betrachten, werden wir mit ihnen willkürlich verfahren: Wir werden versuchen, ihre dysfunktionalen Körperteile und Organe herauszuschneiden, ihre Gene aufzuspalten und ihr Gehirn neu zu verdrahten. Wir werden auch vor dem sozialen und politischen Verhalten der Menschen nicht haltmachen und in ihre Arbeit, ihren Lebensstil, ihr Konsumverhalten und ihre Freizeitaktivitäten manipulierend eingreifen.

Aber was ist, wenn die Natur – oder der Kosmos überhaupt – kein passiver Steinbrocken und kein lebloser Mechanismus ist? Wenn die Menschen mehr sind als eine komplexe Maschine und wenn sie zutiefst, wenn auch äußerst subtil, miteinander verkoppelt sind? Was ist, wenn der gesamte Kosmos vor schöpferischer Selbstorganisationsenergie pulsiert und sich fortwährend entwickelt? Wenn dies die Vorstellungen wären, die uns die Wissenschaft nahelegt, und wenn wir sie mit dem Verstand begreifen und mit dem Herzen aufnehmen würden – könnten wir dann unser Verhältnis zueinander und zu unserer Umwelt unverändert beibehalten?

Wie wir in diesem Buch gesehen haben, vermittelt die neue Wissenschaft ein Bild, das diesen organischen Vorstellungen mehr und mehr entspricht. Wir haben erfahren, daß die Welle der Neuerungen, die derzeit durch die Naturwissenschaften rollt, die letzten Reste der alten mechanistischen Betrachtungsweise von Leben, Bewußtsein und Kosmos mit sich fortschwemmt. Raum und Zeit vereinen sich zum dynamischen Hintergrund des beobachtbaren Universums; die Materie verschwindet als fundamentales Merkmal der Wirklichkeit, kontinuierliche Felder treten als fundamentale Elemente eines von Energie überschäumenden Kosmos an die Stelle einzelner Elementarteilchen. Die letzte Bestimmung dieser Welt müssen wir nicht mehr im Abschwung in das graue, leere, laue und auf ewig unveränderliche Nichts des Wärmetods sehen, sondern in einer zyklischen Selbsterneuerung innerhalb eines selbstschöpferischen, sich eigenständig mit Energie versorgenden Mega-Universums.

Der gegenwärtige Wandel des wissenschaftlichen Weltbildes weg vom leblosen Steinbrocken und hin zu einem vernetzten und quasi lebendigen Universum ist in unserer Zeit von gewaltiger Bedeutung und sinngebender Kraft. Das Konzept einer subtil vernetzten Welt, in dem und durch das wir aufs vertrauteste miteinander und mit dem Universum verbunden sind, ist ein Bestandteil der Antwort der Menschheit auf die Herausforderungen, denen wir uns heute gemeinsam gegenübersehen. Unsere Entfremdung voneinander und von der Natur ist die Wurzel vieler unserer Probleme, und wenn wir sie überwinden wollen, müssen wir unsere vernachlässigten, aber zu keiner Zeit ganz vergessenen Verbindungen wiederentdecken. Unerwarteterweise, aber wohl keineswegs zufällig, könnte das Weltbild, das sich in der wissenschaftlichen Avantgarde herausbildet, die Inspiration zu neuen Denk- und Verhaltensweisen liefern. Diese könnten den Bemühungen zur Abwendung des Schreckgespenstes einer globalen Krise und zu deren Umwandlung in den Glanz einer humanen und tragfähigen Zivilisation ein großes Stück entgegenkommen.

Mit der Intuition des Dichters stellte T.S. Elliot die Frage: »Welche

Wurzeln finden Halt, welche Zweige wachsen auf diesem steinigen Grund? Menschensohn, du kannst es weder sagen noch erraten, denn du kennst nur einen Scherbenhaufen aus zerbrochenen Bildern…« Die neuen Wissenschaften werden uns helfen, aus dieser mißlichen Lage herauszukommen. Sie lassen uns einen organischen Kosmos erblicken, in dem alles mit allem vernetzt ist. Eine wichtige Erkenntnis wird erkennbar, die eine Bestätigung für das Bild liefert, das der Psychologe und Philosoph William James geprägt hat: Wir sind wie Inseln im Ozean – an der Oberfläche voneinander getrennt, aber in der Tiefe miteinander verbunden.

Komm,
laß uns segeln auf einem stillen Gewässer.
Die Ufer liegen im Dunst,
das Wasser ist glatt.
Wir sind Schiffchen auf dem Gewässer
und das Gewässer sind wir.

Das Kielwasser breitet sich sacht hinter uns aus
und rollt über die dunstigen Wasser dahin.
Seine sanften Wellen zeugen von unserer Fahrt.

Dein Kielwasser und meins plätschern ineinander
und bilden ein Muster,
das deine Bewegung bekundet und meine.
Andere Schiffchen, und auch das sind wir,
segeln auf dem Gewässer, das wir ebenfalls sind;
Ihre Wellen überschneiden sich mit denen von uns zweien.
Der Wasserspiegel wird lebendig,
Welle um Welle macht ihn kräuseln.
Sie sind die Erinnerung an unsere Bewegung,
die Spuren unseres Seins.

Das Geflüster der Wasser dringt von dir zu mir und von mir zu dir und von uns beiden zu all den andern, die das Gewässer befahren:

Unser Getrenntsein ist Illusion;
wir sind miteinander verwobene Teile des Ganzen –
wir sind ein Gewässer, das sich bewegt und erinnert.
Unsere Wirklichkeit ist größer als du und ich
und als alle Schiffe, die auf dem Gewässer segeln,
und als alle Gewässer, auf denen sie sich bewegen.

QUELLEN- UND LITERATURHINWEISE

1. Kapitel

Einen allgemeinen Überblick über das Standardmodell der Urknalltheorie und die wesentlichen Stufen der kosmischen Entwicklung liefern neben anderen Eric Caisson, *Universe: An Evolutionary Approach to Astronomy*, Prentice-Hall, Englewood Cliffs, 1988; Eugene T. Mallove, *The Quickening Universe: Cosmic Evolution and Human Destiny*, St. Martins Press, New York, 1987 und George Greenstein, *The Symbiotic Universe*, William Morrow, New York, 1987.

Eine sehr gut lesbare Abhandlung über Schwarze Löcher und das Schicksal der Materie gibt Stephen Hawking in seinem Buch *Eine kurze Geschichte der Zeit*, Rowohlt, Reinbek bei Hamburg, 1988.

Das Thema Omega-Punkt und das Schicksal des Universums erörtert John Gribbin in dem Buch *The Omega-Point: The Search for the Missing Mass and the Ultimate Fate of the Universe*, Bantam Books, New York, 1988.

2. Kapitel

Die Zitate über das Rätsel der physikalischen Natur stammen aus Arthur S. Eddingtons Buch *The Nature of the Physical World*, Macmillan, New York, 1929, aus einem Interview mit James Jeans in: *Living Philosophers*, Simon & Schuster, New York, 1931, aus dem Beitrag »The Philosophy of Niels Bohr« in: *Bulletin of the Atomic Scientist*, Vol. XIX, Juli 1971; aus Werner Heisenberg, *The Physicists Conception of Nature*, Hutchinson, London, 1955 [wahrscheinlich: *Das Naturbild der heutigen Physik*, Rowohlt, Reinbek bei Hamburg, 1955]; ders., *Philosophic Problems of Nuclear Science*, Fawcett, New York, 1952; und ders., »Development of concepts in the history of quantum theory«, in: *American Journal of Physics*, Vol. 43, Mai 1975.

Einsteins Standpunkt findet sich in *The Bohr-Einstein Letters*, Macmillan, London, 1971. John Wheelers »in Rauch gehüllter Drache« erscheint in einigen seiner Schriften, darunter »Bits, quanta, meaning«, in: *Problems of Theoretical Physics*, A. Giovannini, F. Mancini and M. Marinaro, (Hrsg.), University of Salerno Press, Salerno, 1984.

3. Kapitel

Der Wandel von der klassischen Physik und Thermodynamik zum Konzept der nicht gleichgewichtigen Prozesse wird von Ilya Prigogine in seinem Buch *Thermodynamics of Irreversible Processes*, 3. Aufl., Wiley-Interscience, New York, 1967, beschrieben. Eine populärere Darstellung liefert der Autor zusammen mit Isabelle Stengers in *Order out of Chaos: Man's New Dialogue with Nature*, Bantam Books, New York, 1984. Die Implikationen für ein neues Evolutionskonzept stellt der Autor des vorliegenden Buches dar in: Ervin Lazlo, *Evolution: the General Theory*, Hampton Press, Cresskill, NJ, 1966, ebenso Sally J. Goerner in: *Chaos and the Evolving Ecological Universe* (The World Futures General Evolution Studies), Gordon and Breach, New York und London, 1994.

William Days Ausführungen über die Beschleunigung der Evolution finden sich in: William Day, *Genesis on Planet Earth*, Yale University Press, New Haven, 1984.

4. Kapitel

Zum Standpunkt des Autors zum Problem Gehirn/Bewußtsein, siehe Ervin Lazlo, *Introduction to Systems Philosophy: Toward a New Paradigm of Contemporary Thought*, Gordon & Breach, New York, 1972, Reprint

1987, und ders., *The Systems View of the World*, durchgesehene und erweiterte Fassung, Hampton Press, 1966.

Eine sehr gut lesbare Darstellung der Beziehung zwischen Wahrnehmung und Gehirnfunktionen im Lichte der aktuellen neurophysiologischen Forschung findet sich unter anderem in: Jeremy Hayward, *Perceiving Ordinary Magic*, New Science Library, Shambhala, Boston und London, 1989.

Sir John Eccles liefert die hier zitierte Abhandlung über das Gedächtnis in: John Eccles and Daniel N. Robinson, *The Wonder of Being Human*, Shambhala, Boston and London, 1985. Karl Lashleys Schlußfolgerungen aus seinem Experiment stehen in seinem Aufsatz »The problem of cerebral organization in vision«, in: *Bioligical Symposia*, Vol. VII, Visual Mechanisms, Jacques Cattel Press, Lancaster, 1942.

Über Edelmans Theorie, siehe Gerald M. Edelman, *Neural Darwinism: The Theory of Neuronal Group Selection*, Basic Books, New York, 1987, und Gerald B. Edelmann and V.B. Mountcastle, *The Mindful Brain: Cortical Organization and the Group-Selective Theory of Higher Brain Function,* MIT Press, Cambridge, MA, 1978. Eine populäre Abhandlung des Themas findet sich in: Gerald M. Edelmann, *Bright Air, Brilliant Fire*, Basic Books, New York, 1992. Über das tierische Gedächtnis, siehe I. S. Beritashvili, *Vertebrate Memory: Characteristic and Origin*, Plenum Press, New York, 1971.

5. Kapitel

Die hier zitierte Verteidigung der Urknalltheorie stammt aus dem Artikel von P.J.E. Peebles, D.N. Schramm, E.I. Turner und P.G. Kron, »The case for the relativistic hot Big Bang cosmology«, in: *Nature*, August 1991. Über den Standpunkt von James Jeans siehe *Astronomy and Cosmogony*, Cambridge University Press, Cambridge, 1929.

Die Theorie der Quasi-Steady-State-Cosmology wurde neben anderen Autoren von F. Hoyle, G. Burbidge and J.V. Narlicar in dem Artikel »A quasi-steady state cosmology model with creation of matter«, in: *The Astrophysical Journal*, Vol. 410, Juni 1993, vorgestellt. Die andere multizyklische Theorie, die unter der Bezeichnung »self-consistent non-big bang cosmology« bekannt ist, wurde von E. Gunzig, J. Geheniau and I. Prigogine in dem Artikel »Entropy and Cosmology«, in: *Nature*, Dezember 1987, veröffentlicht, ferner von I. Prigogine, J. Geheniau, E. Gunzig and P. Nardone in dem Artikel »Thermodynamics of cosmological matter creation«, in: *Proceedings of the National Academy of Sciences, USA,* Vol. 85, 1988.

Die klassische Darstellung des Rätsels der Naturkonstanten und seine mögliche Erklärung findet sich in: D. Barrow and Frank J. Tipler, *The Anthropic Cosmological Principle*, Oxford University Press, New York, 1986. Die Berechnungen von Roger Penrose stammen aus seinem Buch *The Emperors New Mind*, Oxford University Press, New York, 1989, S. 340. Der Schätzwert von Paul Davis ist seinem Buch *God and the New Physics*, Simon & Schuster, New York, 1983, S. 168, entnommen.

6. Kapitel

Eine knappe und gut lesbare Zusammenfassung vieler erstaunlicher Quantenexperimente bietet J.C. Polkinghorne in seinem Buch *The Quantum World*, Longman, London, 1984.

Das EPR Gedankenexperiment stammt aus der klassischen Studie von Albert Einstein, Boris Podolsky und Nathan Rosen, »Can quantum description of physical reality be considered complete?«, in: *Physical Review Letters*, Vol. 47, 1935. John S. Bells nicht minder klassische Analyse findet sich in seinem Artikel »On the Einstein Podolsky Rosen paradox«, in: *Physics*, Vol. 1, 1964. Über das Experiment von Aspect wird berichtet in einer Studie von A. Aspect, P. Grangier, and G. Roger im *Physikal Review Letters*, Vol. 49, Sept. 1982.

Eine allgemeine Diskussion der Implikationen von Schrödingers Gedankenexperiment bietet John Gribbins Buch *In Search of Schrödingers Cat*, Bantam Books, New York, 1984. Über Hegerfelds Entdeckung des Problems von Fermis Berechnungen wurde in *Physical Review Letters*, Vol. 72, 1995, berichtet.

Polkinghornes Bemerkungen zur Quantentheorie finden sich in: J.C. Polkinghorne, *The Quantum World*, Longman, London 1984, S. 76.

Die technische Studie von »Josephson-Effekten« in lebenden Systemen findet sich in: E. Del Giudice, S. Doglia, M. Milani, C.W. Smith und G. Vitiello, »Magnetic flux quantization and Josephson behaviour in living systems«, in: *Physica Scripta*, Vol. 40, 1989. Mit den »zufälligen Übereinstimungen« im grundlegenden Aufbau der Materie des Universums beschäftigt sich Sir Fred Hoyle in: *The Intelligent Universe*, Michael Joseph Ltd., London, 1983.

7. Kapitel

Eine maßgebliche Darstellung der Theorie vom labilen Gleichgewicht geben Miles Eldredge und Stephen Gould in dem Artikel »Punctuated equilibria: an alternative to phylogenetic gradualism«, in: *Models of Paleobiology*, Schopf (Hrsg.), Freeman, Cooper, San Francisco, 1972, und Gould and Eldredge, »Punctuated equilibria: the tempo and mode of evolution reconsidered«, im *Paleobiology, Vol.* 3, 1977. Mehr darüber in: Miles Eldredge, *Time Frames: The Rethinking of Darwinian Evolution and the Theory of Punctuated Equilibria*, Simon & Schuster, New York, 1985; Miles Eldredge, *Unfinished Synthesis: Biological Hierarchies and Modern Evolutionary Thought*, Oxford University Press, Oxford, 1985; und Stephen J. Gould, »Irrelevance, submission and partnership: the changing role of paleontology in Darwin's three centennials, and a modest proposal for macroevolution«, in: D. Bendall (Hrsg.), *Evolution from Molecule to Men*, Cambridge University Press, Cambridge, 1983.

Denton formulierte seine Kritik am darwinistischen Evolutionismus in: Michael Denton, *Evolution: Theory in Crisis*, Burnett Books, London, 1986.

Die Kommentare von Jean Dorst und Etienne Wolff, sowie von M. Schutzenberger und Giuseppe Sermonti stammen aus einem Interview mit Jean Staune im *Figaro Magazine*, 26. Okt. 1991.

Über die Entdeckungen von Walter Gehring berichtete *Nature* im März 1995.

Die Ansichten Francis Jacobs sind seinem Buch *The Logic of Life: A History of Heredity*, Pantheon, New York, 1970, entnommen.

8. Kapitel

Einen allgemeinen Überblick über die neuen Trends der Bewußtseinsforschung geben unter anderen M. Barinaga in dem Artikel »The mind revealed?«, in: *Science*, Vol. 249, 1990, und J. Gray mit dem Beitrag »Consciousness on the scientific agenda«, in: *Nature*, Vol. 358, 1992. Populärere Darstellungen liefern John Horgan, »Can science explain consciousness«, in: *Scientific American*, Juli 1994, und David Freedman, »Quantum Consciousness«, in: *Discover*, Juni 1994.

Der »Klassiker« der inzwischen schon ziemlich umfangreichen Literatur über Nah-Todeserfahrungen ist das Buch von Elisabeth Kübler-Ross *On Death and Dying*, Macmillan, New York, 1969. David Lorimer liefert eine umfassende Zusammenfassung von Nah-Todeserfahrungen in: *Whole is One: The Near Death Experience and the Ethic of Interconnectedness*, Arcana, London, 1990. Die maßgebliche Arbeit über Erfahrungen aus einem Leben in der Vergangenheit ist das Buch von Ian Stevenson *Children Who Remember Previous Lives*, University of Virginia Press, Richmond, 1987. Sehr bekannte, wenn auch umstrittene Veröffentlichungen sind von Morris Netherton und Nancy Shiffrin, *Past Lives Therapy*, William Morrow, New York, 1978; Roger Wooler, *Other Lives, Other Selves*, Doubleday, New York, 1987, und Thorwald Dethlefsen, *Schicksal als Chance*, Bertelsmann, München, 1979.

Elkin berichtet über seine anthropologischen Forschungsergebnisse in: A.P. Elkin, *The Australian Aborigines*, Angus & Robertson, Sydney, 1942.

Über transpersonale, telepathische und ähnliche esoterische Erfahrungen gibt es eine umfangreiche Literatur. Zu den Studien mit unmittelbarer Relevanz für dieses Buch gehören Russel Targ and Harold Puthoff, »Information transmission under conditions of sensory shielding«, in: *Nature*, Vol. 251, 1974; Russel Targ and K. Harary, *The Mind Race*, Villard Books, New York, 1984; M. Ullman and S. Krippner, *Dream Studies and Telepathy: An Experimental Approach*, Parapsychology Foundation, New York, 1970; und M.A. Persinger and S. Krippner, »Dream ESP experiments and geomagnetic activity«, in: *The Journal of the American Society for Psychical Research*, Vol. 83, 1989.

Über die Experimente von Grinberg-Zylberbaum berichtet der Beitrag von Jacobo Grinberg-Zylberbaum, M. Delaflor, M.E. Sanchez-Arellano, M.A. Guevara und M. Perez, »Human communication and the electrophysiological activity of the brain«, in: *Subtle Energies*, Vol. 3, März 1993.

Michael Murphy führt über fünfundzwanzig Studien an, die ergeben haben, daß Meditation eine Synchronisation der Gehirnwellenaktivitäten zwischen der rechten und linken Gehirnhälfte und auch zwischen den vorderen und den hinteren Gehirnregionen auslösen kann. Siehe Michael Murphy, *The Future of the Body*, Jeremy Tarcher, Los Angeles, 1993.

Einen allgemeinen Überblick über telepathische Experimente liefern Harold E. Puthoff und Russel Targ in dem Aufsatz »A perpetual channel for information transfer over kilometer distances: historic perspective and recent research«, in: *Proceedings of the IEEE*, Vol. 64, 1976. Über die mit dem »Gehirn-Holotester« durchgeführten Experimente von Cyber, Ricerche Olistiche of Milan, wurde berichtet in der Zeitschrift *Cyber*, November 1992.

Daniel Benor lieferte einen vollständigen Überblick über Fernheilungs-Experimente in: *Healing Research*, Vol. I, Helix Editions, London, 1993. Ein nennenswerter Beitrag zu diesem Thema sind die Bücher von Larry Dossey, *Recovering the Soul: A Scientific and Spiritual Search*, Bantam Books, New York, 1989, und *Healing Words: The Power of Prayer and the Practice of Medicine*, HarperSanFrancisco, San Francisco 1993.

Erwähnenswert unter den zahlreichen bisherigen wissenschaftlichen Studien über telesomatische Experimente ist der Beitrag von W. Braud und M. Schlitz, »Psychokinetic influence on electrodermal activity«, in: *Journal of Parapsychology*, Vol. 47, 1983.

Die grundlegende Untersuchung über die Wirkung von Meditation auf eine Gemeinde stammt von Elaine und Arthur Aron, *The Maharishi Effekt*, Stillpoint Publishing, Walpole, NH, 1986. Randolph C. Byrd berichtete über seine bahnbrechenden Untersuchungen der Wirkung von Gebeten in: *Southern Medical Journal*, Vol. 81, Juli 1988.

Die vom Autor angeregte Studie von Ignazio Masulli trägt den Titel »Analogies in some morphologies of ancient civilizations« (vervielfältigtes Manuskript).

Art and Physics von Leonard Shlain ist erschienen bei William Morrow, New York, 1991. Über das Experiment mit »schwarzer Magie« berichten J.M. Rebmann, Dean I. Radin, R.A. Hapke und U.Z. Gaughen in dem vervielfältigten Manuskript »Remote influence of the automatic nervous system by ritual healing technique«. Der Psychiater Stanislav Grof hat seine Vorstellungen über die neue Kartographie des Bewußtseins in dem Buch *The Adventure of Self-Discovery*, SUNY Press, Albany, NY, 1988, vorgetragen.

9. Kapitel

Einen allgemeinen Überblick über die Arbeiten an der Großen Vereinheitlichten Theorie liefert Barry Parker, *The Search for a Supertheory: From Atoms to Superstrings*, Plenum Press, New York, 1987. Einen historischen Überblick, der sich eher an die

Fachwelt wendet, legte Stephen Weinberg vor in seinem Beitrag »The search for unity: notes for a history of quantum field theory«, in: *Daedalus, Discoveries and Interpretations: Studies in Contemporary Scholarship* (II), Herbst 1997.

Murray Gell-Mann hat seine Quark-Theorie in einem wissenschaftlichen Aufsatz veröffentlicht: »A schematic model of baryons and mesons«, in: *Physics Letters*, Vol. 8, März 1964. In leichter zugänglicher Form hat er sie erneut vorgetragen in seiner »Oppenheimer Memorial Lecture«, *Elementary Particles*, The Institute for Advanced Studies, Princeton, NJ, Oktober 1974.

10. Kapitel

Aus der Vielzahl von Bohms Veröffentlichungen sei sein grundlegendes Buch empfohlen: *Wholeness and the Implicate Order*, Routledge & Keagan Paul, London, 1980. Eine rein wissenschaftliche Darstellung findet sich bei David Bohm and B.J. Hiley, »Non relativistic particle systems«, in: *Physics Reports*, Vol. 828, 1986.

Die Zitate von Werner Heisenberg stammen aus *Daedalus*, 87, 1958, S. 99–100, und aus seinem Buch *Physics and Philosophy*, Harper & Row, New York, 1985, S. 54. Die Theorie von Henry Stapp wird dargestellt in seinem Buch *Matter, Mind, and Quantum Mechanics*, Springer Verlag, New York, 1993.

11. Kapitel

Zu den Theorien von Bohm, Stapp und Prigogine, siehe Anmerkungen zum 10. Kapitel.

12. Kapitel

Das Beispiel von Sir Fred Hoyle stammt aus seinem Buch *The Intelligent Universe*, Michael Joseph, London 1983. Das Beispiel mit den »zwanzig Fragen« hat John Wheeler dem Autor im persönlichen Gespräch vorgetragen.

Olivier Costa de Beauregard hat sein Konzept in einer Fachvorlesung über »Information theory in classical and quantum physics« bei der Adriatico Research Conference 1995 vorgestellt.

Das Shapely-Zitat ist aus Harlow Shapely, »Life, hope, and cosmic evolution«, in: *Zygon*, 1. Sept. 1966, das Zitat von Tiller aus William A. Tiller, »Subtle energies in emergency medicine«, in: *Frontier Perspectives*, Vol. 4, 2, Frühjahr 1995.

Goodwins Konzept findet sich in Brian Goodwin, »Development and evolution«, in: *Journal of Theoretical Biology*, Vol. 97, 1982, in: »Organisms and minds as organic forms«, in: *Leonardo*, Vol. 22, 1989. Die Theorien von Inyushin sind nachzulesen in dem in russischer Sprache verfaßten Textbuch *Elementy teorii biologicheskogo polia*, herausgegeben von der kasachischen Staatsuniversität, Alma Ata, 1978.

Die komplette Darstellung von Rupert Sheldrakes Theorien erstreckt sich über drei Bücher, *A New Science of Life*, Blond & Briggs, London, 1981; *The presence of the Past*, Times Books, New York, 1988; und *The Rebirth of Nature*, Bantam Books, New York, 1991.

Der Bericht über Valerie Hunts Biofeldexperimente stammt aus ihrem Buch *Infinite Mind*, Malibu Publications, Malibu, CA, 1996.

13. Kapitel

Die vollständige Theorie von Gazdag liegt bislang nur in ungarischer Sprache vor: *A Relativitás Elméleten Túl* (Jenseits der Relativitätstheorie), Szenci Molnár Társaság, Budapest, 1995. Einige Aspekte davon wurden jedoch bereits auf Englisch veröffentlicht: László Gázdag, »Superfluid mediums, vacuum spaces«, in: *Speculations in Science and Technology*, Vol. 12, 1, 1989, und »Combining of the gravitational and electromagnetic fields«, *ibid.*, Vol. 16, 1, 1993.

Die bahnbrechende Untersuchung über die Trägheit stammt von Alfonso Rueda und H.E. Putthoff, »Inertia as a zero-point-field Lorentz force«, in: *Physical review A*,

Vol. 49. 2, Feb. 1994. Eine populärere Darstellung findet sich in dem Artikel von Bernhard Haisch, Alfonso Rueda, and H. E. Putthoff, »Beyond E=mc²«, in: *The Science*, November/Dezember 1994.

Die umfassende fachliche Abhandlung der Torsionsfeldtheorie liefert G.I. Shipov in: *A Theory of Physical Vacuum*, Moskau, 1995 (vervielfältigtes Manuskript). Ein Überblick über die Ergebnisse der zahllosen in Rußland veröffentlichten Studien findet sich in: Anatoly Akimov, »Heuristic discussion of the problem of finding long-range interactions«. EGS-Concepts, Center of Intersectoral Science, Engineering and Venture, Non-Conventional Technologies (CISE VENT), Vorabdruck von Nr. 74, Moskau, 1991. Implikationen für die Erforschung des Bewußtseins werden dargestellt in der gemeinschaftlich verfaßten Arbeit *Consciousness and Physical World*, CISE-VENT, Moskau, 1995 (in russischer Sprache, mit englischen Zusammenfassungen). Berichte über die »Phantom-DNS« stehen in: P.P. Gariaev and V.P. Poponin, »Vacuum DNA phantom effect in vitro and its possible rational explanation«, in: *Nanobiology*, 1995, in P.P. Gariaev, K.V. Grigo'ev, A.A. Vasil'ev, V.P. Poponin und V.A. Shcheglov, »Investigation of the fluctuation dynamics of DNA solutions by laser correlation spectroscopy«, in *Bulletin of the Lebedev Physics Institute*, Nr. 11–12, 1989, S. 23–30. Poponin und seine Mitarbeiter schlagen des weiteren vor, eine allgemeine Erklärung der »Phantom«-Phänomene in der nonlinearen lokalisierten Anregung (engl: nonlinear localized excitation = NLE) zu suchen, wie sie in einem anharmonischen Fermi-Pasta-Ulam Gitter auftritt. Siehe: V.P. Poponin, »Modeling of NLE dynamics in one dimensional anharmonic FPU-lattice«, in *Physics Letters A*, (im Druck).

14. Kapitel

Swami Vivekananda erläutert sein Konzept von »Akasha« und »Prana« in seinem Buch *Raja-Yoga*, herausgegeben von Advaita Ashrama, Mayavati, Almora, University Press of India, 1937. Die Zitate Gopi Krishnas stammen aus »Kundalini for the new age«, *The Odyssey of Science, Culture and Consciousness*, Kishore Gandhi (Hrsg.), Abhinav Publications, New Dehli, 1990.

Zum Thema adaptive Mutationen siehe unter anderen die wissenschaftlichen Aufsätze von R. Harris, S. Longerich, and S. Rosenberg, »Recombination in adaptive mutation«, in: *Science*, Vol. 264, 8. April 1994, von E. Culotta, »A boost for ›adaptive‹ mutation«, in: *Science*, Vol. 265, 15. Juli 1994, und von J. Radicella et al., »Adaptive mutation in Escherichia coli: a role for conjugation«, in: *Science*, Vol. 268, 21. April 1995, ebenso von James Shapiro, »Adaptive mutation: who is really in the garden?«, in: *Science*, Vol. 268, 21. April 1995. Das postdarwinistische developmentalistische Konzept der Rolle der natürlichen Auslese wird untersucht in: M.W. Ho und P.T. Saunders (Hrsg.), *Beyond Neo-Darwinism: Introduction to the New Evolutionary Paradigm*, Academic Press, London, 1984. Weitere Aspekte des neuen biologischen Paradigmas finden sich in: *Evolutionary Processes and Metaphors*, M.W. Ho and S.W. Fox (Hrsg.), Wiley-Interscience, London, 1986, und in: Roberto Fondi, *La Revolution Organistice*, le Labyrinthe, Paris, 1986.

Einsteins Votum über unsere verfehlte Selbstwahrnehmung zitiert Erwin Schrödinger in seinem Buch *What is Life?*, Cambridge University Press, Cambridge, 1967.

Das Zitat von William James stammt aus seinem Buch *The Varieties of Religious Experience*, Modern Liberary, New York, 1902, Neudruck 1929. Montague Ullman erläutert seine Theorie zur Traumdeutung in seinem Beitrag »Wholeness and dreaming«, in: *Quantum Implications: Essays in Honour of David Bohm*, B.J. Hiley and F. David Peat (Hrsg.), Routledge and Keagan Paul, London und New York, 1987. Fred Alan Wolfes Votum zur uneingerenzten Natur des Bewußtseins findet sich in seinem Beitrag »The Dreaming Universe«, in: *Gnosis*, 22, Winter 1992.

Die bemerkenswerten Berichte über transpersonale Erfahrungen stammen aus

Stanislav Grof, *Beyond the Brain,* State University of New York Press, Albany, NY, 1985. Die Aufzählung der erstaunlichen geistigen Fähigkeiten der »Siddhis« liefert Franz-Theo Gottwald in dem Beitrag »Vubhuti oder Siddhi, Theorie und Praxis der Erweiterung menschlicher Fähigkeiten nach den ›Yoga-Sutras des Patanjali‹«, in: *Psyche und Geist*, Andreas Resch (Hrsg.), Resch Verlag, Innsbruck, 1986. Gustav Fechners visionäres Votum wird zitiert von William James, in: *The Pluralistic Universe*, Longmans, Green & Co., London, New York and Bombay, 1909.

Vom kosmischen Lichtblitz des Urknalls bis zum Homo sapiens des Computer-Zeitalters herrscht ein durchgehendes Gesetz, das der Evolution: Wir sind aus Sternenstaub gemacht, stammen von Galaxien, Bakterien und Affen ab, und jeder von uns trägt ein Stück Ur-Ozean in sich. Ein bewohnter Planet am Rande einer unscheinbaren Galaxie: Es war von Anfang an möglich ...
Die schönste Geschichte der Welt, die auch die *aufregendste* heißen könnte, denn es ist unsere Geschichte, erzählen uns drei weltberühmte Wissenschaftler: Von der Frühgeschichte des Kosmos berichtet der Astrophysiker Hubert Reeves, Kultautor und Professor in Montreal und Paris; von der Entstehung des Lebens aus der unbelebten Materie bis hin zu den Sauriern erzählt der Biologe Joël de Rosnay, Direktor der Cité des Sciences in Paris; und die Entwicklung des Menschen in den Schluchten Afrikas schildert der Paläontologe Yves Coppens, Mitentdecker von »Lucy«. Mit ihnen unterhält sich Dominique Simonnet, Chefredakteur von *L'Express*.

»Das Ergebnis ist ein gleichermaßen amüsantes wie fesselndes Buch.«
DIE ZEIT

ISBN 3-404-60475-X

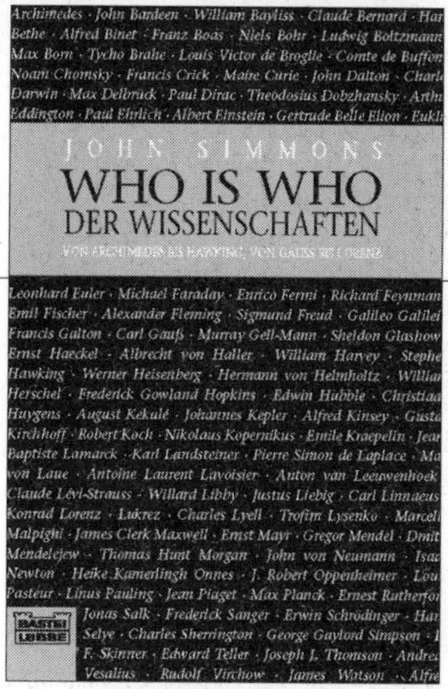

Von Archimedes bis Hawking und von Gauß bis Lorenz – das WHO IS WHO der 100 einflußreichsten Wissenschaftler aller Zeiten ist ein einzigartiges Nachschlagewerk und Lesevergnügen. John Simmons stellt in diesem Buch die Wissenschaftler vor, deren Einfluß auf unsere Welt, wie wir sie heute kennen, überall zu spüren und nicht mehr wegzudenken ist. Sie formulierten die Bewegungsgesetze, entdeckten das Prinzip der Elektrizität und die Relativitätstheorien. Sie zerlegten chemische Substanzen in ihre Elemente und fanden sie in der Sonne, im Mond und im Mittelpunkt der Erde wieder. Sie entwickelten die Evolutionstheorie und erhellten das Wesen der emotionalen und kulturellen Entwicklung des Menschen u.v.m.
Die Kurzmonographien geben Einblick in das Leben und die wichtigsten Ideen und Erkenntnisse von 100 wissenschaftlichen Genies, die ihre Zeit prägten.

ISBN 3-404-60467-9

BASTEI LÜBBE

Vor unvorstellbar vielen Jahrtausenden entstand das Universum. Vor viel weniger unvorstellbaren Jahrtausenden bildeten sich das Sonnensystem und unsere Erde. Und schließlich gab es den Menschen, der den Himmel betrachtete und zu erforschen begann, um seine Schönheit zu verstehen – Kopernikus, Galilei, Kepler, Newton, später Einstein und noch viele mehr. Sie irrten und erkannten, sie wurden verfolgt, verbannt, geächtet, aber sie wußten, daß sie etwas gesehen hatten.

»Sie haben es längst herausgehört: Ich bin von diesem Buch begeistert!«

Reinhard Völker, Radio Darmstadt

ISBN 3-404-60491-1